Unityによる
モバイルゲーム開発

作りながら学ぶ2D/3Dゲームプログラミング入門

Jon Manning, Paris Buttfield-Addison 著
鈴木 久貴 + あんどうやすし + 江川 崇 + 安藤 幸央 + 高橋 憲一 訳

本書で使用するシステム名、製品名は、いずれも各社の商標、または
登録商標です。
なお、本文中では™、®、©マークは省略している場合もあります。

Mobile Game Development with Unity
Build Once, Deploy Anywhere

Jon Manning and Paris Buttfield-Addison

Beijing · Boston · Farnham · Sebastopol · Tokyo

©2018 O'Reilly Japan, Inc. Authorized Japanese translation of the English edition of Mobile Game Development with Unity. ©2017 Jonathon Manning and Paris Buttfield-Addison. All rights reserved. This translation is published and sold by permission of O'Reilly Media, Inc., the owner of all rights to publish and sell the same.

本書は、株式会社オライリー・ジャパンがO'Reilly Media, Inc.の許諾に基づき翻訳したものです。日本語版についての権利は、株式会社オライリー・ジャパンが保有します。

日本語版の内容について、株式会社オライリー・ジャパンは最大限の努力をもって正確を期していますが、本書の内容に基づく運用結果について責任を負いかねますので、ご了承ください。

賞賛の声

モバイルプラットフォーム向けに作ろうとしているゲームがどのようなものであったとしても、Unityから目をそらすことはできないでしょう。この本は、インディーゲーム開発者にとって最高のゲームエンジンのひとつであるUnityでゲームを開発するための非常に優れた、詳細で本当におもしろいガイドブックです。

—— Adam Saltsman
Creator of Canabalt and Overland at Finji

ゲームエンジンの使い方を学ぶ最も良い方法は、実際に自分の手を動かして何か作ってみることです。この本では、パリスとジョンとともに2つのまったく異なるタイプのゲームの開発を進めながら、Unityの幅広い機能を実際に使用して学ぶことができます。

—— Alec Holowka
Lead Developer of Night in the Woods and Aquaria at Infinite Ammo

この本は私の人生を変えました。今では心配事もなくなり、これからも折に触れて読み返すことになるだろうと確信しています。

—— Liam Esler
Game Developers' Association of Australia

訳者まえがき

　本書『Unityによるモバイルゲーム開発』を手に取っていただきありがとうございます。本書は、Secret Lab（https://www.secretlab.com.au/about/）のParis Buttfield-AddisonとJon Manningによる『Mobile Game Development with Unity』（O'Reilly Media刊）の全訳です。今までUnityを触ったことがないUnity初学者でも、Unityによるモバイルゲーム開発をしっかり学んでいける構成の本です。

　私が原著を読んだのは2017年の11月頃でした。オライリー・ジャパンから発行された『UnityによるARゲーム開発』の打ち上げをしているときに今回の翻訳の話が出ました（その本に私は査読者として参加していました）。本書の共訳者でもある高橋憲一さんに以前から「本を書いてみたいんですよ！！」と言っていた私は、この翻訳の話が出たときに真っ先に飛びつきました。すぐにでも翻訳に取りかかりたい気持ちだったのですが、Unityによるゲーム開発の初学者向けの本（いわゆる、Unity本）は本屋にもAmazonにも溢れているので、とりあえずは原著を読んで内容を判断してみることになりました。

　私がUnityを使い始めたのは2013年です。当時、研究室にあったVRヘッドセットOculus RiftのDevelopment Kit 1（DK1）向けのコンテンツを作るために初めてUnityエンジンに触れました。大学院の研究でもUnityを利用していたので、4年以上はUnityを使った開発経験があります。その間に研究のためにKinectやOculus Riftを使ったエンターテインメントコンテンツをいくつか開発して展示会に出展しました。しかし、Unityによる本格的なモバイルゲームの開発経験はありませんでした。

　そんな私ですが、原著を読み終えてすぐ担当編集の宮川さんに「この本は翻訳する価値があります！ぜひやらせてください！」とメールをしていました。そのあと、宮川さんの強いプッシュもあったおかげで、こうして本書を読者の手元に届けることができた次第です。

　前置きが長くなりましたが、私がこの本のどこに翻訳する価値を見出したのかというお話をしたいと思います。

　端的に言って、本書の良い点は以下の3つです。

1. Unity初学者に伝えたいことがまとまった第Ⅰ部
2. ゲーム作りの進め方
3. 成果物が、「多くのサンプルゲーム」ではなく、2D/3Dの「完成されたゲーム」

訳者まえがき　vii

1点目の「Unity初学者に伝えたいことがまとまった第I部」ですが、本書は実に丁寧に解説してます。1章でUnityの導入、2章でUnityエディター、そして3章ではC#によるスクリプティングについてまとめています。この手の本でよく見かけるのは、Unityエディターの解説までしたら、C#によるスクリプティングは、実際に手を動かしながら見ていきましょうというパターンです。Unityだと、コーディングした結果をとても簡単に3Dグラフィックスで確認できるため、ひとつひとつ手を動かして見ていくというのもわかるのですが、手を動かす前にまとまった知識を学んでおくことは重要です。コーディングについて知っておくべき機能は、一通りこの3章にまとまっています。

　2点目の「ゲーム作りの進め方」というのは、ゲームを作るときはまずそのゲームの「ジャンル」「達成目標」「どんな操作をするのか」といったゲームデザインを議論するのですが、その部分がこの本ではしっかりと描かれています。これから読者に作成していただくゲームがどうしてそのようなデザインになっているのかというのが、この本で作成する2つのゲームそれぞれについて述べられています。

　3点目は、とても大事なことだと私は考えています。よくUnity本で見かけるパターンは、Unityの機能を説明するためのサンプルゲームをたくさん作成するというものですが、この本では最終的にでき上がるのは完成された2つのゲームです。もちろんたくさんのサンプルゲームを作成する本は、目的があってそういう構成になっているので否定はしませんが、せっかくゲームを作ったのなら友だちに遊んでもらいたいと思うものです。友だちに見せたときに、ゲームが未完成だったために「敵が全員球の形なのはなんで？」とか、「敵を倒したときのスコアはないの？」といった質問はされたくありません。本書で作成するゲームは、基本的にはひとつのUnity本の教育用のゲームという域を出ませんが、それをそのあとで読者に改造してもらえるように原著者らによるアセットが豊富に提供されています。ですので、一通り本書の説明の範囲内のゲーム開発を終えたら、ぜひともアセットを使ってオリジナリティーを増してください。

　本書訳出中の2018年5月に、Unity 2018が正式にリリースされました。原著では、Unity 2017を元にしたスクリーンショットになっていますが、日本語翻訳版の本書では一部の画面をUnity 2018に合わせています。さらに、Unity 2018からMonoDevelopが配布されなくなることを受け、Visual Studio 2017 Communityによるデバッグの方法を巻末付録として追加しました。また、Unity HubというUnityのプロジェクト管理ツールのベータ版もリリースされており、これからUnityを始める読者にオススメしたいのでこれも巻末付録として追加しました。ぜひご活用ください。

謝辞

　この本の翻訳に協力してくれた、あんどうやすし、江川崇、安藤幸央、高橋憲一（敬称略）に感謝します。「本を出したいんです！」という私にチャンスを与えてくれただけでなく、本の翻訳が初めてだった私の拙い訳文を丁寧にレビューしてくれました。そのおかげもあり、満足いく仕上がりになりました。この本の企画を強くプッシュし（これがなかったら何も始まっていなかった）、翻訳作業が始まってからのスケジュールをきっちり管理してくれた、オライリー・ジャパンの宮川さんに感謝します。

2018年6月吉日
訳者代表　鈴木 久貴

まえがき

『Unity によるモバイルゲーム開発』へようこそ！本書では、まったくゼロの状態から2つの完成されたゲームを開発するところまでを解説します。その過程で、Unity のコンセプトや技術の初歩的な内容から高度な内容を説明します。

本書は4部構成です。

「第Ⅰ部 Unity の基本」では、Unity ゲームエンジンを紹介し、Unity ではどのようにゲームを構成するのか、Unity におけるスクリプティングの基本（MonoDevelop、重要な関数、コルーチン、オブジェクトの扱い方など）について解説します。「第Ⅱ部 2D ゲーム『Gnome's Well』の開発」では、ノーム（小さな妖精）がロープで宝箱を獲得するゲームを題材として、Unity による完成された2D ゲームを開発します。「第Ⅲ部 3D ゲーム『Rockfall』の開発」では、宇宙船や隕石のほかさまざまなものが登場する完成された3D ゲームを開発します。「第Ⅳ部 高度な機能」では、ライティング、GUI システム、Unity エディター拡張、Unity アセットストア、ゲームのデプロイ、プラットフォーム固有の機能といった、より高度な Unity の機能を解説します。

サンプルコードのダウンロード

日本語版のサンプルコードとプロジェクトで使用する画像などのリソースは、以下から入手できます。

https://github.com/oreilly-japan/mobile-game-development-with-unity-ja

本書の Unity プロジェクトを章ごとにダウンロードできるように用意しています。ただし、Unity 標準アセットは含まれていないので、Unity でプロジェクトを開いたら上記サイトの指示に従って必要なものをインポートしてください。

Unity の標準アセットに含まれていないアート、音、その他のリソースは、以下から入手できます。

https://www.oreilly.co.jp/pub/9784873118505/MobileGameDevWithUnity1stEd-master.zip

対象読者と本書の構成

本書は、ゲームを開発してみたいがゲームの開発経験がないという人を対象にデザインされています。

Unityはいくつかの言語をサポートしています。本書ではC#を用います。なんらかのモダンなプログラミング言語での開発経験があることを想定していますが、基本的なプログラミング能力があれば最近のプログミングの経験がなくても問題ありません。

UnityエディターはmacOSとWindowsの両方で動作します。筆者らはmacOSを使っているので本書に掲載したスクリーンショットはmacOS版ですが、Windows版でもすべて同じです。ただし、ひとつ例外があります。それはiOS向けのゲームのビルドについてです。後ほど説明しますが、WindowsではUnityでiOS向けのゲームをビルドできません。WindowsでもAndroid向けは問題ありませんし、macOSはiOSとAndroidの両方のビルドに対応しています。

本書の進め方はUnity自身についてだけではなくゲームデザインの基本を理解していることが前提となるため、実際にゲームの開発を始める前に「第Ⅰ部 Unityの基本」においてそれらを説明します。それが済んだら、「第Ⅱ部 2Dゲーム『Gnome's Well』の開発」と「第Ⅲ部 3Dゲーム『Rockfall』の開発」では2Dゲームと3Dゲームの構築について順番に説明します。そのあと、「第Ⅳ部 高度な機能」にて、Unityのその他の押さえておくべき機能をすべて確認していきます。

本書では、読者が自身の使用するオペレーティングシステムとモバイルデバイス（iOSかAndroidか）の操作に慣れていると仮定しています。

画像や音声といったゲームの素材の作成方法は述べませんが、本書で開発していく2つのゲームで扱う素材については提供します。

表記上のルール

本書では、次に示す表記上のルールに従います。

太字（Bold）
新しい用語、強調やキーワードフレーズを表します。

等幅（`Constant Width`）
プログラムのコード、コマンド、配列、要素、文、オプション、スイッチ、変数、属性、キー、関数、型、クラス、名前空間、メソッド、モジュール、プロパティー、パラメーター、値、オブジェクト、イベント、イベントハンドラー、XMLタグ、HTMLタグ、マクロ、ファイルの内容、コマンドからの出力を表します。その断片（変数、関数、キーワードなど）を本文中から参照する場合にも使われます。

プログラムコードの先頭にある大なり記号（>）
ユーザーが追加で入力するコード行を表します。

ヒントや示唆を表します。

興味深い事柄に関する補足を表します。

ライブラリのバグやしばしば発生する問題などのような、注意あるいは警告を表します。

翻訳者による補足説明を表します。

サンプルコードの使用について

本書のサンプルコードはhttps://www.secretlab.com.au/books/unityから入手できます[*1]。

本書の目的は、読者の仕事を助けることです。基本的に、本書に掲載しているコードは読者のプログラムやドキュメントに使用してかまいません。コードの大部分を転載する場合を除き、許可を求める必要はありません。例えば、本書のコードの一部を使用してプログラムを作成したとしても許可は必要ありません。オライリー・ジャパンから出版されている書籍のサンプルコードをCD-ROMとして販売したり配布したりする場合には許可が必要です。本書や本書のサンプルコードを引用して質問などに答える場合、許可を求める必要はありません。ただし、本書のサンプルコードのかなりの部分を製品マニュアルに転載するような場合には、そのための許可が必要です。

出典を明記する必要はありませんが、そうしていただければ感謝します。Jon Manning、Paris Buttfield-Addison著『Unityによるモバイルゲーム開発』（オライリー・ジャパン発行）のように、タイトル、著者、出版社、ISBNなどを記載してください。

サンプルコードの使用について、公正な使用の範囲を超えると思われる場合、または上記で許可している範囲を超えると感じる場合は、permissions@oreilly.comまで（英語で）ご連絡ください。

[*1] 訳注：日本語版のサンプルコードはhttps://github.com/oreilly-japan/mobile-game-development-with-unity-jaから入手できます。

意見と質問

　本書（日本語翻訳版）の内容については、最大限の努力をもって検証、確認していますが、誤りや不正確な点、誤解や混乱を招くような表現、単純な誤植などに気がつかれることもあるかもしれません。そうした場合、今後の版で改善できるようお知らせいただければ幸いです。将来の改訂に関する提案なども歓迎いたします。連絡先は次のとおりです。

　　株式会社オライリー・ジャパン
　　電子メール　　　japan@oreilly.co.jp

本書のWebページには次のアドレスでアクセスできます。

　　https://www.oreilly.co.jp/books/9784873118505
　　http://shop.oreilly.com/product/0636920032359.do（英語）
　　https://www.secretlab.com.au/books/unity（原書コード）

　オライリーに関するそのほかの情報については、次のオライリーのWebサイトを参照してください。

　　https://www.oreilly.co.jp/
　　https://www.oreilly.com/（英語）

謝辞

　素晴らしい編集者の皆さんに感謝します。特にBrian MacDonald（@bmac_editor）とRachel Roumeliotis（@rroumeliotis）には、本書の実現にあたり多大な御尽力をいただきました。すべてのご厚意に感謝いたします！また、O'Reilly Mediaの素晴らしいスタッフに対しては、本書を執筆する喜ばしい機会を賜ったことに厚く御礼申し上げます。
　また、ゲーム開発を応援してくれた家族に感謝します。MacLabのすべての方とOSCON（あなたはあなた以外の何者でもありません）にも、彼らの応援と熱意に感謝します。特に、素晴らしい技術レビュアーであるDr. Tim Nugent（@the_mcjones）に感謝します。

目次

賞賛の声 v

訳者まえがき vii

まえがき xi

第 I 部　Unity の基本　　　　　　　　　　　　　　　　　　　　　　　1

1章　Unity とは 3

　1.1　本書の主題 3

　　　1.1.1　モバイルゲーム 3

　1.2　Unity の導入 4

　　　1.2.1　Unity は何をするためのものか？ 4

　　　1.2.2　Unity を始める 5

2章　Unity ツアー 7

　2.1　Unity エディター 7

　　　2.1.1　プレイモードとエディットモード 10

　2.2　シーンウィンドウ 11

　　　2.2.1　モードセレクター 11

　　　2.2.2　操作してみる 12

　　　2.2.3　ハンドルコントロール 12

　2.3　ヒエラルキーウィンドウ 13

　2.4　プロジェクトウィンドウ 14

　2.5　インスペクターウィンドウ 15

　2.6　ゲームウィンドウ 16

　2.7　まとめ 16

3章　Unity でのスクリプティング 17

　3.1　C#の集中コース 17

3.2 MonoとUnity 18
    3.2.1 MonoDevelop 19
3.3 ゲームオブジェクト、コンポーネント、スクリプト 20
    3.3.1 インスペクター 22
    3.3.2 コンポーネント 22
3.4 重要なメソッド 22
    3.4.1 AwakeとOnEnable 23
    3.4.2 Start 23
    3.4.3 UpdateとLateUpdate 24
3.5 コルーチン 25
3.6 オブジェクトの作成と破棄 27
    3.6.1 インスタンス化 27
    3.6.2 オブジェクトを0から作る 28
    3.6.3 オブジェクトの破棄 28
3.7 アトリビュート 29
    3.7.1 RequireComponent 29
    3.7.2 HeaderとSpace 29
    3.7.3 SerializeFieldとHideInInspector 30
    3.7.4 ExecuteInEditMode 30
3.8 スクリプト内での時間の扱い 31
3.9 コンソールへのログ出力 32
3.10 まとめ 32

第II部　2Dゲーム『Gnome's Well』の開発　33

4章　ゲーム開発の始まり 35
4.1 ゲームデザイン 36
4.2 プロジェクトの作成とアセットのインポート 39
4.3 ノームの制作 42
4.4 ロープ 48
    4.4.1 ロープのコーディング 49
    4.4.2 ロープの設定 59
4.5 まとめ 61

5章　ゲームプレイに向けた準備 63
5.1 入力 63
    5.1.1 Unity Remote 63
    5.1.2 チルトコントローラーの追加 64
    5.1.3 シングルトンクラスの作成 64

	5.1.4	InputManager シングルトンの実装	65
	5.1.5	ロープの操作	68
	5.1.6	カメラがノームに追従するようにする	71
	5.1.7	スクリプトとデバッグ	73
5.2		ノームのコードのセットアップ	76
5.3		ゲームマネージャーのセットアップ	86
	5.3.1	ゲームのセットアップとリセット	93
	5.3.2	新しいノームの作成	94
	5.3.3	古いノームの破棄	94
	5.3.4	ゲームのリセット	96
	5.3.5	接触を処理する	96
	5.3.6	出口に到達する	97
	5.3.7	一時停止と再開	97
	5.3.8	リセットボタンの扱い	98
5.4		シーンの準備	98
5.5		まとめ	100

6章　トラップと宝を用いたゲームプレイの構築 101

6.1		シンプルなトラップ	101
6.2		宝と出口	103
	6.2.1	出口の作成	103
6.3		背景の追加	107
6.4		まとめ	108

7章　ゲームを磨き上げる 111

7.1		ノームのアートの仕上げ	112
7.2		物理の更新	115
7.3		背景	119
	7.3.1	レイヤー	119
	7.3.2	背景の制作	120
	7.3.3	異なる背景	123
	7.3.4	井戸の底	125
	7.3.5	カメラの更新	126
7.4		ユーザーインターフェース	127
7.5		無敵モード	133
7.6		まとめ	135

8章　『Gnome's Well』の最終調整 137

| 8.1 | | トラップとレベルオブジェクトの増設 | 137 |

目次　xvii

8.1.1 トゲのオブジェクト	137
8.1.2 回転ノコギリ	138
8.1.3 ブロック	142
8.2 パーティクルエフェクト	142
8.2.1 パーティクルマテリアルの定義	142
8.2.2 血しぶき	143
8.2.3 血の大噴射	145
8.2.4 パーティクルシステムを使用する	147
8.3 メインメニュー	147
8.3.1 シーンのロード	149
8.4 オーディオ	152
8.5 まとめ	153

第III部　3Dゲーム『Rockfall』の開発　　155

9章　『Rockfall』の開発　157

9.1 ゲームデザイン	158
9.1.1 アセットの入手	162
9.2 アーキテクチャー	162
9.3 シーンの作成	163
9.3.1 宇宙船	164
9.3.2 宇宙ステーション	169
9.3.3 スカイボックス	171
9.3.4 キャンバス	175
9.4 まとめ	176

10章　入力と飛行の制御　177

10.1 入力	177
10.1.1 ジョイスティックを追加する	177
10.1.2 インプットマネージャー	181
10.2 飛行の制御	182
10.2.1 インジケーター	184
10.2.2 UI要素を作成する	184
10.2.3 インジケーターマネージャー	189
10.3 まとめ	191

11章　武器と照準の追加　193

11.1 武器	193
11.1.1 宇宙船の武器	196

| | 11.1.2 | Fire ボタン | 199 |

11.2　ターゲットレティクル 206

11.3　まとめ 207

12章　小惑星とダメージ 209

12.1　小惑星 209

　　　12.1.1　小惑星スポーナー 211

12.2　ダメージのやり取り 214

　　　12.2.1　爆発 218

12.3　まとめ 224

13章　オーディオ、メニュー、ゲームオーバー、爆発！ 225

13.1　メニュー 225

　　　13.1.1　メインメニュー 227

　　　13.1.2　一時停止画面 228

　　　13.1.3　ゲームオーバー画面 229

　　　13.1.4　一時停止ボタンを追加する 230

13.2　ゲームマネージャーとゲームオーバー 230

　　　13.2.1　スタートポイント 231

　　　13.2.2　Game Manager を作成する 231

　　　13.2.3　初期設定 234

　　　13.2.4　ゲームを開始する 235

　　　13.2.5　ゲームを終了する 236

　　　13.2.6　ゲームを一時停止する 237

　　　13.2.7　シーンを設定する 237

13.3　境界 241

　　　13.3.1　UIを作成する 241

　　　13.3.2　境界のコーディング 242

13.4　最後の仕上げ 248

　　　13.4.1　スペースダスト 248

　　　13.4.2　トレイルレンダラー 250

　　　13.4.3　オーディオ 254

　　　13.4.4　宇宙船 254

　　　13.4.5　武器の効果音 254

　　　13.4.6　爆発 256

13.5　まとめ 256

第Ⅳ部　高度な機能　　259

14章　ライティングとシェーダー 261

14.1　マテリアルとシェーダー 261
14.1.1　バーテックスフラグメント（Unlit、ライティングを考慮しない）シェーダー 269
14.2　グローバルイルミネーション 273
14.2.1　ライトプローブ 277
14.3　パフォーマンスについて 279
14.3.1　プロファイラー 279
14.3.2　デバイスからのデータ収集 283
14.3.3　一般的なTIPS 283
14.4　まとめ 284

15章　UnityでのGUIの作成 285

15.1　UnityでGUIはどのように動作するのか 285
15.1.1　Canvas 285
15.1.2　RectTransform 286
15.1.3　Rectツール 287
15.1.4　アンカー 288
15.2　コントロール 289
15.3　イベントとレイキャスト 290
15.3.1　イベントへの反応 291
15.4　レイアウトシステムの利用 292
15.5　Canvasの拡大縮小 293
15.6　画面間の遷移 294
15.7　まとめ 295

16章　エディター拡張 297

16.1　カスタムウィザードの作成 299
16.2　カスタムエディターウィンドウの作成 305
16.2.1　エディターGUI API 306
16.2.2　矩形とレイアウト 307
16.2.3　コントロールの仕組み 309
16.2.4　ボタン 309
16.2.5　テキストフィールド 310
16.2.6　スライダー 312
16.2.7　スペース 313
16.2.8　リスト 313

xx　　目次

16.2.9	スクロールビュー	314
16.2.10	アセットデータベース	315
16.3	カスタムプロパティードロアーの作成	316
16.3.1	クラスの作成	319
16.3.2	プロパティーの高さの設定	320
16.3.3	OnGUI メソッドのオーバーライド	320
16.3.4	プロパティーの取得	321
16.3.5	プロパティースコープの作成	321
16.3.6	ラベルの描画	321
16.3.7	矩形の計算	322
16.3.8	値の取得	322
16.3.9	変更のチェックの作成	323
16.3.10	スライダーの描画	323
16.3.11	フィールドの描画	323
16.3.12	変更されたかどうかの確認	323
16.3.13	プロパティーの保存	324
16.3.14	動作確認	324
16.4	カスタムインスペクターの作成	324
16.4.1	シンプルなコンポーネントの作成	324
16.4.2	カスタムインスペクターの作成	325
16.4.3	クラスのセットアップ	326
16.4.4	色とプロパティーの定義	327
16.4.5	変数の設定	327
16.4.6	GUI の描画	328
16.4.7	コントロールの描画	328
16.4.8	変更の適用	329
16.4.9	テスト	329
16.5	まとめ	330

17章　エディターを超えて　331

17.1	Unity サービスのエコシステム	331
17.1.1	アセットストア	331
17.1.2	PlayMaker	332
17.1.3	Amplify Shader Editor	338
17.1.4	UFPS	339
17.1.5	Unity Cloud Build	340
17.1.6	Unity Ads	341
17.2	デプロイ	341
17.2.1	プロジェクトの準備	341

	17.2.2	ターゲットを設定	343
	17.2.3	スプラッシュ画面	345
	17.2.4	特定プラットフォーム向けビルド	345
	17.2.5	iOS向けビルド	345
	17.2.6	Android向けビルド	348
17.3		次に行うこと	349

付録A　Unity Hubのすすめ 351

A.1	Unity Hub	351
	A.1.1　Unity HubでUnityをインストール	351
A.2	Unityプロジェクトを開く	354
A.3	その他の機能	357
A.4	まとめ	358

付録B　Visual Studio 2017 Communityによるデバッグの方法 359

B.1	VS2017 Communityのインストール	359
B.2	スクリプトエディターの変更	360
B.3	VS2017 Communityでデバッグする	361
B.4	まとめ	363

索引 365

第Ⅰ部
Unityの基本

本書では、Unityゲームエンジンを使ってモバイルゲームを効果的に開発するために皆さんが知っておくべきことを網羅的に解説します。第Ⅰ部は、UnityおよびUnity UIの基本、C#を用いたUnityプログラミングの基本についてです。

1章
Unityとは

　Unityゲームエンジンについて学び始める前に、Unityとは何か、どう使えるのか、そしてどうやって入手するのかといった基礎的なことから始めていきましょう。それと同時に、本書の主題について説明します。結局のところ本書の主題はモバイルゲーム開発であり、ゲーム開発の**すべて**についてではありません。すべてについて語ろうとすると物理的な本であれば非常に重たいものになりますし、電子書籍であればリーダーがクラッシュするほどの大きさになるでしょう。我々は本書でそのような不幸なことにならないように努めます。

1.1　本書の主題

　Unityについて深く解説する前に、本書で扱うモバイルゲームの領域についてもう少し詳しく見ていきましょう。

1.1.1　モバイルゲーム

　モバイルゲームとは何でしょう。モバイルゲームは他の種類のゲームとはどのように異なるのでしょうか？　もっと言うと、これらの違いは、読者がゲームを設計して、そのあと実装していく際の決定にどのように影響するでしょうか？

　15年前は、次の2つのどちらかに当てはまればモバイルゲームと言っていました。

- 操作やグラフィックス、複雑性を最低限に抑えた、信じられないほど単純なゲーム
- 上記ほど単純ではないが、特別なモバイルゲーム向け端末でのみ遊べる、高価な開発キットを使った一部の企業によって作られたゲーム

　このように分かれたのは、ハードウェアの複雑さと、配布できるかどうかの2つが要因です。もしとにかくいろいろなものを描画していろいろな機能を備えるような**複雑**なゲームを作りたければ、任天堂の高価なポータブル端末が扱えるような、より多くの処理能力を必要とするでしょう。コンソールのオーナーはゲームコンテンツの頒布経路も所有していて、その経路から頒布されるゲームの制御を徹底しているため、高価なポータブル端末向けのゲームを作る許可を得ることがひとつの課題になってきます。

　しかし、時間がたつにつれてそのような処理能力を備えた強力なハードウェアが安くなっ

3

てきたことで開発者の開発の選択肢が増えました。2008年にAppleはiPhoneを販売し、ソフトウェア開発者によるiPhone向けゲーム開発ができるようになりました。同年Googleの
Android向けゲーム開発もできるようになりました。それから何年か過ぎ、iOSとAndroidは
とても有能なプラットフォームになり、そしてモバイルゲームは世界で最も人気のあるビデオ
ゲームとなりました。

　近年では、一般的にモバイルゲームとは次の3つのうちのどれかに当てはまるものを指します。

- 洗練された操作、グラフィックス、複雑性を備えたシンプルなゲーム（ゲームデザインは
  これら3つの側面に最も影響されるため重要です）
- 前述のものよりも複雑で、特別なモバイルゲーム端末やスマートフォンで遊べるゲーム
- 家庭用ゲーム機やPC向けに開発されたゲームのモバイル移植

　Unityを使うとこれらすべてを開発できますが、本書ではひとつ目のアプローチに焦点を当てます。Unityについて触れ、どのように使えるか説明したあとに、前述した3つの側面を備えた2つのゲームを、順を追って作成していきます。

1.2　Unityの導入

　先ほど、本書でどのようなものを作っていくのかについて少し詳しく説明したので、それらを作るために用いるUnityゲームエンジンについて話をしましょう。

1.2.1　Unityは何をするためのものか？

　長年にわたって、Unityは**ゲーム開発の民主化**を目標にして活動してきました。それはつまり、誰でもゲームを作ることができて、可能なかぎり多くの場所（プラットフォーム）で利用
できるようにすることです。しかし、単体のソフトウェアパッケージがすべての状況に対して
完璧なソリューションであるということはありえないため、Unityが何に適しているのか、そしてUnity以外のソフトウェアパッケージを検討するべきときがいつかを知っておくことが重要です。

　Unityは以下のような状況において特に優れています。

モバイルデバイス向けのゲームを開発しているとき

　　Unityのクロスプラットフォーム対応は業界の中でも最高水準を誇り、マルチプラット
フォームで動作するゲーム（もしくはマルチ**モバイル**プラットフォーム向けゲーム）を開
発したいのであれば、Unityはそのための最良の選択です。

開発速度を重要視するとき

　　もしゲームエンジンをゼロから作ろうとすれば、自分の望む機能を持ったゲームエンジ
ンの開発に数か月を費やしてしまうことでしょう。そうする代わりに、Unityのような

サードパーティー製ゲームエンジンが利用できます。公平を期すために言うと、例えば、Unreal（https://www.unrealengine.com）やCocos2D（http://www.cocos2d.org）などの他のゲームエンジンもあります。しかし、これについては次のポイントにつながります。

完成された機能群を必要としていて、自分でツール開発を行いたくないとき
Unityにはモバイルゲーム開発に最適な機能が含まれています。Unityを使えばゲームをとても簡単に作ることができます。

逆にUnityを使うべきではないシチュエーションがいくつかあります。例えば次のような場合です。

開発しているものが頻繁な再描画を必要としないとき
Unityのエンジンは毎フレーム画面を再描画するため、グラフィックス性能をそこまで必要としないゲームには向きません。リアルタイムアニメーションには毎フレームの描画が必須ですが、その分、電力消費が激しくなります。

エンジンの挙動を正確に制御する必要があるとき
Unityのソースコードのライセンスを購入しないかぎり（可能であるが、一般的ではない）、エンジンの低レベルの挙動を制御する手段がありません。これは、Unityを使って細かい制御ができないというわけではないですが（ほとんどの場合、必要とする機能は提供されています）、読者の制御の範囲外のものがあるということです。

1.2.2　Unityを始める

UnityはWindows、macOS、Linuxで使用できます。Unityには「Personal」「Plus」「Pro」の3つのライセンスが存在します。

本書が出版された時点（2017年中旬）では、Linuxのサポートは実験的なものでした[*1]。

- PersonalエディションはUnityを使って個人でゲームを作りたい人向けに用意されています。Personalエディションは無料です。
- Plusエディションは個人または、少数チーム向けに用意されています。本書執筆時点では、Plusエディションの値段は月々4,200円でした。
- Proエディションは小さいチームから大きいチーム向けに用意されています。本書執筆時点では、Proエディションの値段は月々15,000円でした。

[*1]　訳注：2018年7月時点でも、Linuxのサポートはまだ実験的です。

大きいチーム向けにUnityはEnterpriseライセンスでの使用も可能ですが、筆者らは使ったことがありません。

　Unityソフトウェアの機能の大部分は各ライセンス間で共通です。無料版と有料版の大きな違いは、PersonalエディションはUnityロゴのスプラッシュ画面がゲーム起動時に挿入されます。無料版は年間100,000ドル以下の収入を得ている個人または団体のみが使えます。対して、Plusエディションではその上限が年間200,000ドル以下となっています。加えてPlusとProはやや良いサービスが含まれており、例えばUnityのクラウドビルドサービスで優先度が高いビルドキューを使えます（詳しくは「17.1.5 Unity Cloud Build」で解説します）。

　Unityをダウンロードするにはhttps://store.unity.comにアクセスしてください。Unityをインストールし終わったら、次の章でお会いしましょう。

2章
Unityツアー

　Unityのインストールが終わったなら、Unityについて学ぶために少しの時間をとることが今後の役に立ちます。Unityのインターフェースは合理的で単純ですが、ひとつひとつの要素をしっかり確認しておくことに価値があります。

2.1　Unityエディター

　初めてUnityを起動すると、ライセンスキーの入力とアカウントにサインインすることを求められます。ライセンスキーを持っていない場合や、サインインしたくない場合は、ログインをスキップできます。

ログインしなければ、UnityのCloud Buildやその他のサービスを利用できません。本書ではUnityのサービスについては「17章 エディターを超えて」で取り上げるため、出だしからそれらを多用するつもりはありませんが、サインインしておいたほうがよいでしょう。

　それが済んだら、Unityのスタート画面が現れ、新しいプロジェクトを作成するか、既存のプロジェクトを開くかを選択できます（**図2-1**）。

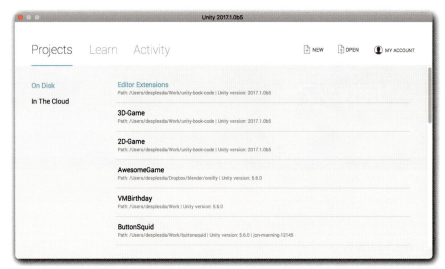

図2-1 サインインが済んだあとのスプラッシュ画面

　右上にある [NEW] ボタンをクリックすると、プロジェクト名、保存する場所、2Dと3Dのどちらのプロジェクトかといった、新しいプロジェクトを構築するためのいくつかの情報の入力を促されます (**図2-2**)。

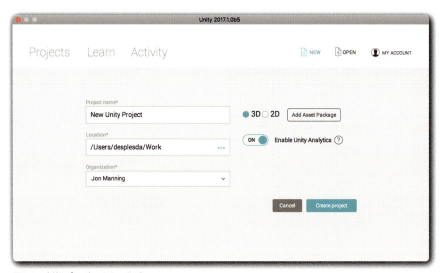

図2-2 新規プロジェクトの作成

2Dか3Dかという選択にはそれほど大きな違いはありません。2Dプロジェクトではデフォルトでカメラの設定がサイドビューですが、3Dプロジェクトではデフォルトは3Dパースペクティブビューです。この設定はEditor Settingsを選択して表示される [Inspector] からいつでも変更できます (「2.5 インスペクターウィンドウ」でアクセスの方法を確認してください)。

［Create project］ボタンを押したら、Unityはプロジェクトをディスクに生成してエディターで開いてくれます（**図2-3**）。

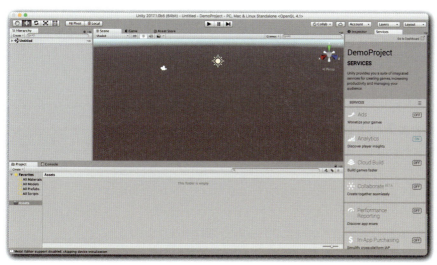

図2-3 エディター全体像

プロジェクトの構成

Unityのプロジェクトは単一のファイルではありません。これらはフォルダーになっていて、Assets、ProjectSettings、Libraryといった重要なサブフォルダーを含んでいます。Assetsフォルダーはゲームで使用するすべてのファイル、例えばシーン、テクスチャー、サウンド、スクリプトなどを格納しています。LibraryフォルダーはUnityの内部処理用のデータを含んでいます。そしてProjectSettingsフォルダーはプロジェクト設定のファイルを含んでいます。

基本的にはLibraryとProjectSettingsの中身には触る必要はありません。

加えて言うと、もしGitやPerforceといったソース管理システムを使用しているなら、Libraryフォルダーをリポジトリで管理する必要はありませんが、AssetsとProjectSettingsフォルダーは共同開発者があなたと同じアセットと設定を維持できるように管理する必要があります。

もしこれらの単語に馴染みがなければ、無視していただいてかまいませんが、コードを適切にソース管理することを強くお勧めします。きっとものすごく役立ちます！

Unityの画面はいくつかの**ウィンドウ**によって構成されています。各ウィンドウは左上にタブを持っていて、ドラッグすることでUnityの画面レイアウトを変更することができます。タ

2.1 Unityエディター 9

ブをUnityの外にドラッグすることで、単体のウィンドウにすることもできます。Unityのすべてのウィンドウがデフォルトで表示されているわけではなく、ゲームを開発していく中で、[Window]メニューから追加で開いていくことになります。

もしウィンドウの位置がわからなくなったなら、[Window]メニューから[Layouts]→[Default]を選択することでいつでもレイアウトをリセットできます。

2.1.1　プレイモードとエディットモード

　Unityエディターは常にエディットモードかプレイモードのどちらかのモードになっています。デフォルトではエディットモードになっており、シーンの作成、ゲームオブジェクトの設定とゲームのビルドを行えます。プレイモードでは、自分のゲームをプレイでき、シーンの操作もできます。

　プレイモードにするには、エディターウィンドウ上部のプレイボタン（図2-4）をクリックします。クリックするとUnityはゲームを実行します。プレイモードを抜けるには、もう一度プレイボタンをクリックします。

図2-4　プレイモードコントロール

command＋P（WindowsならCtrl＋P）を押すことでもプレイモードの切り替えができます。

　プレイモード中はプレイモードコントロールの中央にある一時停止ボタンを押すことで、ゲームを一時的に停止することができます。また、右のステップボタンを押すことで1フレームだけ進めることもできます。

シーンに対するいかなる変更もプレイモードを抜けたら元に戻ってしまいます。この変更というのは、ゲームが動作することによって起こった変更と、プレイモード中だと気づかずに開発者が加えた変更の両方を意味します。変更を加える前にしっかりチェックしましょう！

　それでは、デフォルトで表示されているタブについて詳しく見ていきましょう。本章の説明ではウィンドウはデフォルトレイアウトの位置にあることを想定しています（ウィンドウが見つからない場合は、デフォルトレイアウトになっていることを確かめてください）。

2.2 シーンウィンドウ

［Scene］はUnityエディターの中心にあるウィンドウです。［Scene］では、ゲーム**シーン**内のコンテンツがどうなっているかを確認できるので、ゲーム開発中はよく使います。

Unityのプロジェクトはシーンで構成されています。各シーンは複数のゲームオブジェクトを含んでおり、それらを作ったり変更を加えたりすることで自身のゲームワールドを作っていきます。

ひとつのシーンはひとつのレベルとして捉えることができますが、それだけではなくシーンはゲームを管理しやすい単位に分割するためにも使われます。例えば、ゲームのメインメニューはそれ自身がシーンであり、そのゲームのひとつのレベルです。

2.2.1 モードセレクター

［Scene］ウィンドウには6つの異なるモードがあります。最上部左に位置するモードセレクター（**図2-5**）を使って、［Scene］ウィンドウをどのように操作するかコントロールできます。

図2-5 ［Scene］ウィンドウのモードセレクター。これは移動・回転・スケールモードが選択されている状態

6つのモードは左から順に次のとおりです。

グラブモード
　このモードがアクティブなときは、左クリックしながらドラッグするとマウスはウィンドウ全体をパンします。

移動モード
　このモードがアクティブなときは、現在選択中のオブジェクトを移動することができます。

回転モード
　このモードがアクティブなときは、現在選択中のオブジェクトを回転することができます。

スケールモード
　このモードがアクティブなときは、現在選択中のオブジェクトを拡大・縮小することができます。

Rectツールモード

このモードがアクティブなときは、現在選択中のオフジェクトを、2次元を軸に移動と拡大・縮小することができます。この機能は2Dシーンのレイアウト時やGUIの作業中に役立ちます。

移動・回転・スケールモード

このモードがアクティブなときは、現在選択中のオフジェクトに対して、移動モードと回転モードとスケールモードのすべての変更が可能になります。基本的にはこちらのモードを使うとモード変更の手間が省けて便利です。

グラブモードのときにはオブジェクトの選択ができませんが、それ以外のモードではオブジェクトの選択ができます。

［Scene］ウィンドウのモードはモードセレクターを使って切り替えることができますが、他にもQ、W、E、R、Tキーを押すことで素早く切り替えることができます。

2.2.2 操作してみる

［Scene］ウィンドウを実際に操作してみましょう。

- グラブモードに切り替えるためにモードセレクターの手のアイコンをクリックし、左クリックしたままドラッグしてパンしてみます。
- optionキーを押したまま（WindowsではAltキー）、左クリックしてドラッグすることでウィンドウ内が回転します。
- シーン内のオブジェクトか、［Hierarchy］ウィンドウ（「2.3 ヒエラルキーウィンドウ」で解説します）にあるオブジェクトの名前を左クリックで選択し、マウスを［Scene］ウィンドウ上に置いて、Fキーを押すことで選択中のオブジェクトにフォーカスします。
- マウスの右ボタンを押したままマウスを移動することで、周囲を確認できます。マウスの右ボタンを押したままW、A、S、Dキーを押すことで、前方、左、後方、右に視点が移動できます。また、QとEキーを押すことで上方、下方に移動します。Shiftキーを押しておくと移動速度が上がります。

手のアイコンをクリックする代わりにQを押すことでもグラブモードに切り替わります。

2.2.3 ハンドルコントロール

モードセレクターの右側にはハンドルコントロール（図2-6）があります。ハンドルコントロー

ルはハンドルというオブジェクトを選択したときに現れる、移動、回転、拡大・縮小のコントロールの位置と向きを決定します。

図2-6　ハンドルコントロール。この図ではハンドルの位置は[Pivot]に、向きは[Local]に設定されている。

ハンドルの位置と向きの2つのコントロールの設定が可能です。
ハンドルの位置は[Pivot]か[Center]に設定できます。

- [Pivot]に設定したときは、ハンドルはオブジェクトのピボットの位置に現れます。例えば、人型の3Dモデルは慣例的に両足の間にピボットが位置します。
- [Center]に設定したときは、ハンドルはオブジェクトの中心に現れ、ピボットの位置は無視されます。

ハンドルの向きはローカル座標系かグローバル座標系のどちらで表すかを設定できます。

- [Local]に設定した場合、選択中のオブジェクトの回転に従ってハンドルの向きが決まります。つまり、オブジェクトを回転してオブジェクトの上方向が横に向いたとき、上向きだった矢印も横に向きます。これによってオブジェクトのローカル座標系における上方向に移動することができます。
- [Global]に設定されている場合、ハンドルの向きはワールド座標系に従うため、上方向の矢印は常に上を向いて、オブジェクトの実際の回転には従いません。すでに回転されているオブジェクトを移動するときに役立ちます。

2.3　ヒエラルキーウィンドウ

　[Hierarchy]ウィンドウ（図2-7）は[Scene]ウィンドウの左に位置しており、現在開いているシーンのオブジェクトのリストを表示します。複雑な構造のシーンを扱っている場合、[Hierarchy]ウィンドウを使うことで目当てのオブジェクトを名前で素早く見つけ出せます。

図2-7　[Hierarchy]ウィンドウ

ヒエラルキーには階層という意味がありますが、その名前のとおりオブジェクトの親子関係も表示します。Unityでは、あるオブジェクトは他のオブジェクトを子にすることができます。[Hierarchy]ウィンドウでそのオブジェクトツリーを見ることができます。もちろん、ドラッグ＆ドロップによってリストを再構築できます。

　[Hierarchy]ウィンドウの上部には検索ボックスがあります。ここにお目当てのオブジェクトの名前を入力して検索することができます。シーンが複雑な構成になってくると特に役立ちます。

2.4　プロジェクトウィンドウ

　[Project]ウィンドウ（**図2-8**）はエディターの下側にあり、プロジェクトのAssetフォルダーの中身を表示しています。ここからゲーム内で使うアセットの作業をしたり、フォルダー階層を管理したりできます。

アセットの移動、名前変更と削除は[Project]ウィンドウから行うべきです。これらの操作を[Project]ウィンドウ以外のところ（macOSのFinderや、Windows Explorerなど）から行うと、Unityはファイルの行方を追うことができませんが、[Project]ウィンドウから行えばUnityはこれらのファイルの行方を追うことができます。Unityがファイルの追跡に失敗するようになるとゲームは正しく機能しなくなります。

図2-8　プロジェクトウィンドウ（いろいろなアセットが表示されているが、新しく作成したプロジェクトでは空の状態）

　[Project]ウィンドウは1列または2列のレイアウトができます。2列のレイアウトは**図2-8**のようになり、左の列にはフォルダーのリストが表示され、右の列には現在選択されているフォルダーの中身が表示されています。2列表示のほうが幅広いレイアウトに適した表示になります。

　対照的に、1列のレイアウト（**図2-9**）はすべてのフォルダーとその中身をひとつのリストとして表示します。これは横幅がより狭いレイアウトに最適です。

14　2章　Unityツアー

図2-9 1列表示のプロジェクトウィンドウ

2.5　インスペクターウィンドウ

　［Inspector］ウィンドウ（図2-10）はエディター全体の中でも、［Scene］ウィンドウに次いで重要なウィンドウのひとつです。［Inspector］ウィンドウは選択中のオブジェクトの情報を表示し、ゲームオブジェクトを設定するときに使います。デフォルトでは、［Inspector］ウィンドウはエディターの右側に表示されていて、［Services］ウィンドウと同じタブグループに属します。

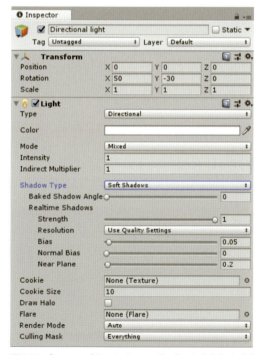

図2-10　［Inspector］にて Light コンポーネントを含むオブジェクトの情報を表示

[Inspector] は現在選択中のオブジェクトまたはアセットに付いているすべてのコンポーネントのリストを表示します。各コンポーネントは異なった情報を表示します。「第II部 2Dゲーム『Gnome's Well』の開発」と「第III部 3Dゲーム『Rockfall』の開発」でプロジェクトを作成していく過程で、いろいろなコンポーネントを確認していきます。作業を進めるにつれて [Inspector] とその中身についての理解が進むでしょう。

現在選択されているものの情報を表示することに加えて、[Inspector] はプロジェクトの設定も表示します。プロジェクトの設定には [Edit] → [Project Settings] メニューからアクセスできます。

2.6　ゲームウィンドウ

　[Game] ウィンドウは [Scene] ウィンドウと同じタブグループに属していて、ゲーム内の現在のアクティブなカメラのビューを表示します。プレイモード（「2.1.1 プレイモードとエディットモード」を参照）に入ったとき、[Game] ウィンドウは自動でアクティブになってゲームプレイができる状態になります。

[Game] ウィンドウ自体に対して何か操作できるというわけではなく、ゲーム内のカメラのレンダリング結果を表示するだけです。つまりエディターがエディットモードの状態では、[Game] ウィンドウに対して何か操作しても何も起こりません。

2.7　まとめ

　これで Unity エディターについて学んだので、Unity を使った開発に進むことができます。このような複雑なソフトウェアでは常に探求することがあるので、ぜひ調べる時間を作るようにしてください。

　次の章では、ゲームオブジェクトとスクリプトをどのように扱うのかについて説明します。それが終われば、ゲームを作る準備は完了です。

3章
Unityでのスクリプティング

　ゲームを動作させるには、ゲーム内で実際に**何が起きるか**を定義する必要があります。Unityはグラフィックの描画、プレイヤーの入力やオーディオの再生といったゲーム開発の基盤として必要なものを提供してくれますが、ゲーム固有の機能を追加していくのはあなた次第です。

　何かを起こすためにはスクリプトを書いてゲームオブジェクトに追加することになります。本章ではC#プログラミング言語を用いたUnityのスクリプティングシステムについて解説します。

Unityで使えるプログラミング言語

Unityプログラミングするときには言語を選択できます。Unityは公式にC#と「JavaScript」という異なる2つの言語をサポートしています。

JavaScriptを鍵括弧で囲んだのには理由があります。このJavaScriptは読者が広く親しんでいるかもしれないJavaScriptとは実際には違うものです。この言語はJavaScriptに似ていますが、いくつかの違いがあります。そのためUnityのユーザーやUnityチーム自身からはしばしば、「UnityScript」と呼ばれています。

本書では2つの理由によりUnityのJavaScriptは使用しません。ひとつ目の理由はUnityのリファレンス資料がJavaScriptよりもC#の情報がまとまっている傾向にあるからです。おそらくUnityの開発陣もC#を使うことを推奨しているのでしょう。

2つ目として、JavaScriptがUnityに特化したバージョンだったのに対して、C#をUnityで使用する場合はUnity以外で使うC#と同じ言語を使うことができます。つまり言語に関する情報を集めやすいということです。

3.1　C#の集中コース

　Unityで開発するゲームのスクリプトを書くときには、C#言語を使ってコーディングすることになります。本書ではプログラミングの基本について説明するつもりはありませんが（分量的な余裕もありません）、留意すべき点について触れておきます。

17

C#言語の素晴らしい一般的な参考書としては、Joseph AlbahariとBen Albahariによる『C# in a Nutshell』（O'Reilly Media刊）があります。

素早く紹介するために、C#コードのまとまりを使って重要な要素に焦点を当てていきます。

```csharp
using UnityEngine; // ❶

namespace MyGame { // ❷

    [RequireComponent(typeof(SpriteRenderer))] // ❸
    class Alien : MonoBehaviour { // ❹

        public bool appearsPeaceful; // ❺

        private int cowsAbducted;

        public void GreetHumans() {
            Debug.Log("Hello, humans!");

            if (appearsPeaceful == false) {
                cowsAbducted += 1;
            }
        }
    }
}
```

❶ usingキーワードはユーザーにどのパッケージを使おうとしているかを示しています。UnityEngineパッケージはUnityのコアな型を含んでいます。

❷ C#では型をnamespaceで囲むことができ、それにより名前の重複を避けられます。

❸ アトリビュートは角括弧で囲み、型や関数に対して追加情報を付加することができます。

❹ **クラス**はclassキーワードを使い、親クラスの定義は：（コロン）のあとに行います。クラスをMonoBehaviourクラスの派生クラスにした場合、そのクラスはスクリプトコンポーネントとして扱うことができます。

❺ クラスに追加された変数を**フィールド**と呼びます。

3.2　MonoとUnity

　UnityのスクリプティングシステムはMonoフレームワークの上に成り立っています。MonoはMicrosoftの.NET Frameworkのオープンソース実装です。つまりUnityをインストールしたときに追加されるライブラリには、.NETのライブラリも含まれているということです。

　よくある誤解はUnityがMono上に構築されているというものです。UnityはMono上に構築されてはいません。Monoをスクリプティングエンジンとして使用するだけです。UnityはMonoを通じてC#言語とUnityScript言語（Unityが「JavaScript」と呼んでいる言語です。前出

のノート記事「Unityで使えるプログラミング言語」を参照してください）の両方をサポートしています。

　Unityで使用可能なC#と.NET Frameworkのバージョンは最新のバージョンより古いものになります。本書を執筆している2017年始時点で、C#言語の使用可能バージョンは4、.NET Frameworkの使用可能バージョンは3.5です[*1]。これはUnityがMonoプロジェクトのメインブランチから数年前にフォークしている独自のMonoプロジェクトを使用していることが原因です。しかし同時に、Unityが主に使用するモバイル向けの独自のコンパイラー機能を追加できるということを意味しています。

　Unityは最新バージョンのC#言語と.NET Frameworkをユーザーが使用できるようにコンパイラーツールをアップデートしている途中です。それが完了するまでは、少し古いバージョンのコードになります。

　そのためC#のコードやアドバイスをWebで検索する場合、Unityでも扱えるコードを検索することになります。似たような理由から、Unity向けにC#でコーディングをしているときは、MonoのAPI（ほとんどのプラットフォームが提供する一般的なAPI）とUnityのAPI（ゲームエンジンに特化したAPI）を組み合わせて使用します。

3.2.1　MonoDevelop

　MonoDevelopはUnityに付属してくる統合開発環境です。MonoDevelopの主な用途はスクリプトを記述するときのテキストエディターですが、その他にもプログラミングを行いやすくする便利な機能が備わっています[*2]。

　[Project] 内の適当なスクリプトファイルをダブルクリックすると、Unityは現在設定されているエディターを開いてくれます。デフォルトでは、それはMonoDevelopになっていますが、好みのエディターに設定することもできます。

　Unityは [Project] 内のスクリプトで、MonoDevelopのプロジェクトを自動で更新し、Unityエディターに戻ってきたときにコードをコンパイルしてくれます。つまり、自身のスクリプトを編集するために行うことは変更を保存して、Unityエディターに戻ることだけです。

　MonoDevelopには開発の時間を短縮するいくつかの機能があります。

3.2.1.1　コード補完

　MonoDevelop内でCtrl＋Space（WindowsとMacで共通）を押すと、MonoDevelopは次に入力する候補のリストをポップアップで表示してくれます。例えば、クラスネームを半分だけ入力したら、MonoDevelopは候補を提供してくれます。上矢印キーと下矢印キーを押してリストから選択し、Enterキーで候補から決定します。

[*1]　訳注：2018年7月時点で、C#言語の使用可能バージョンは6、.Net Frameworkの使用可能バージョンは4.7.1です。

[*2]　訳注：Unity 2018をインストールした場合はMonoDevelopはパッケージに同梱されていません。代わりに、デフォルトのエディターとしてVisual Studio 2017 Communityが同梱されています。

3.2　MonoとUnity　　**19**

3.2.1.2　リファクタリング

Alt＋Enter（Macではoption＋return）を押したとき、MonoDevelopはソースコードを改変するためのいくつかのタスクを提案してくれます。例えばif文にカーソルを合わせてこれを行うと括弧の追加や削除ができたり、switch文にカーソルを合わせて行うとcaseラベルを自動で追加してくれたり、変数の宣言と値の代入の行を分けてくれたりします。

3.2.1.3　ビルド

Unityエディターに戻ったときに、コードは自動でリビルドされます。しかしながら、MonoDevelopにてF7キーを押した場合（Macではcommand＋B）、すべてのコードがMonoDevelopでビルドされます。その結果できたファイルはゲームでは使われませんが、これによりUnityに戻る前にコンパイルエラーがないことを確かめることができます。

3.3　ゲームオブジェクト、コンポーネント、スクリプト

Unityのシーンは**ゲームオブジェクト**によって構成されています。ゲームオブジェクト自身は不可視なオブジェクトで名前以外は何も持っていません。それらの振る舞いはそれらの**コンポーネント**によって決まります。

コンポーネントはゲームを構成する部品であり、[Inspector]に表示されているものすべてがコンポーネントです。各コンポーネントは異なる機能を担っています。例えば、Mesh Rendererは3Dメッシュを表示しますし、Audio Sourceは音声を再生します。読者が記述するScriptも同様にコンポーネントです。

スクリプトを作成するためには、

1. **スクリプトアセットを作成します**。[Assets]メニューを開いて、[Create] → [Script] → [C# Script]の順に選択します。
2. **スクリプトアセットに名前を付けます**。新しいスクリプトファイルは、[Project]で選択されているフォルダーに作成されますので、名前を付けてください。
3. **スクリプトアセットをダブルクリックします**。スクリプトはスクリプトエディターで開きます。デフォルトではMonoDevelopになっています。スクリプトの最初の状態は以下のようになっていると思います。

```
using UnityEngine;
using System.Collections;
using System.Collections.Generic;

public class AlienSpaceship : MonoBehaviour { // ❶

    // Use this for initialization
    void Start () { // ❷

    }
```

```
        // Update is called once per frame
        void Update () { // ❸

        }
    }
```

❶ クラスの名前を表します。この場合はAlienSpaceshipになっていますが、アセットのファイル名と同じになっていなくてはいけません。

❷ Start関数は最初のUpdate関数の呼び出しの前に呼ばれます。ここで変数の初期化、格納してあるプリファレンスの読み込みや、他のスクリプトとGameObjectの設定を行うコードを記述します。

❸ Update関数はフレームごとに呼ばれ、入力、他スクリプトの実行の引き金や、ものの移動など、起きることすべての処理を担うコードを記述するところになります。

 もしかしたら他のプログラミング環境にて**コンストラクター**に馴染みがあるかもしれません。Unityでは、MonoBehaviourの派生クラスはコンストラクターを必要としません。なぜならオブジェクトの構築はUnityによって行われるので、必ずしも開発者が考えるタイミングで起こるとはかぎらないからです。

Unityのスクリプトアセットが GameObjectにアタッチされるまでは、そのコードは実行されないため何も起きません（**図3-1**参照）。スクリプトをGameObjectにアタッチするには2つの方法があります。

1. **GameObject上にスクリプトアセットをドラッグします。**［Inspector］か、［Hierarchy］のどちらにドラッグしてもアタッチできます。
2. **［Component］メニューを使います。**［Project］に含まれるスクリプトはすべて、［Component］→［Scripts］で表示する項目に含まれています。

図3-1 GameObjectのInspectorにPlayer Movementというスクリプトがコンポーネントとして追加されている

スクリプトはGameObjectにコンポーネントとしてアタッチされることでUnityエディター内で公開されるため、Unityはスクリプト内で公開状態のプロパティーを編集可能な値とし

て［Inspector］に表示します。そうするためには、スクリプト内で変数に`public`修飾子を付けます。すべての`public`修飾子付きの変数はエディターに表示されます。もちろん変数を`private`修飾子を付けて宣言することもできます。

```
public class AlienSpaceship : MonoBehaviour {
    public string shipName;

    // Inspectorに編集可能なフィールドとして
    //「Ship Name」と表示されます。
}
```

3.3.1　インスペクター

スクリプトがゲームオブジェクトのコンポーネントとして追加されているときに、そのオブジェクトを選択するとスクリプトが［Inspector］に表示されます。Unityは自動で`public`修飾子の付いた変数をすべて、コード上で現れる順番で表示します。

`private`修飾子が付いた変数でも`[SerializeField]`アトリビュートが付いていれば表示されます。これはフィールドを［Inspector］で扱いたいけれども、他のスクリプトからはアクセスできないようにしたいときに有効です。

Unityエディターは変数の名前を単語ごとに区切って最初の文字を大文字にし、大文字の前にスペースを入れた状態で表示します。例えば変数`shipName`はエディターでは「Ship Name」と表示されます。

3.3.2　コンポーネント

スクリプトはGameObjectに付いている別のコンポーネントにアクセスできます。そのためには、GetComponentメソッドを使用します。

```
// もしこのオブジェクトにAnimatorコンポーネントが付いているなら、それを取得する
var animator = GetComponent<Animator>();
```

GetComponentメソッドを他のオブジェクトにおいて呼ぶことで、そのオブジェクトに付いているコンポーネントも取得できます。

また、あるオブジェクトの親オブジェクトや子オブジェクトに付いているコンポーネントもGetComponentInChildrenメソッドやGetComponentInParentメソッドを使うことで取得できます。

3.4　重要なメソッド

MonoBehaviourにはUnityで特に重要ないくつかのメソッドがあります。これらのメソッドはコンポーネントの生存期間において異なる回数呼ばれるもので、正しい挙動を正しいタイミングで行うための良い機会になっています。本節ではそれらのメソッドを、その実行順に紹介していきます。

3.4.1　AwakeとOnEnable

　Awakeはシーン内でオブジェクトが生成された直後に実行され、スクリプト内でコードを
実行する最初の機会になります。Awakeはオブジェクトの生存期間で一度だけ呼ばれます。

　対してOnEnableはオブジェクトが有効な状態になるたびに呼ばれます。

3.4.2　Start

　Startメソッドはオブジェクトの最初のUpdateメソッドが呼ばれる直前に呼ばれます。

3.4.2.1　StartとAwakeの違い

　読者の中には、AwakeとStartという初期化を行える機会が2つもあることに疑問を抱い
ている方がいるかもしれません。これはつまり、2つのメソッドのどちらかを適当に選んでも
よいということでしょうか。

　実はこれにはちゃんとした理由があります。シーンを実行したとき、シーン内のすべての
オブジェクトは自身のAwakeメソッドとStartメソッドを実行します。ここで、すべての
メソッドが同時に実行されるわけではありません。AwakeメソッドとStartメソッドには**実
行順序**があります。ゲームのすべてのオブジェクトのAwakeメソッドが実行し終わるまで、
Startメソッドは実行されないことがUnityでは保証されています。

　つまりオブジェクトのAwakeメソッドで行われる作業は、他のオブジェクトが自身の
Startメソッドを実行するときには完了しているということです。これは以下に示すオブジェ
クトAのセットアップ時にオブジェクトBのフィールドを使う例のような場合に有効です。

```
// ObjectA.csというファイル内で
class ObjectA : MonoBehaviour {

    // 他のスクリプトがアクセスするための変数
    public Animator animator;

    void Awake() {
        animator = GetComponent<Animator>();
    }
}

// ObjectB.csというファイル内で
class ObjectB : MonoBehaviour {

    // ObjectAスクリプトを取得する
    public ObjectA someObject;

    void Awake() {
        // someObjectが持っているanimator変数が
        // 初期化されたかどうか確認する
        bool hasAnimator = someObject.animator == null;

        // 先にどちらのAwakeメソッドが呼ばれるかに応じて
```

3.4　重要なメソッド　　23

```
        // trueになることもfalseになることもある
        Debug.Log("Awake: " + hasAnimator.ToString());
    }

    void Start() {
        // someObjectが持っているanimator変数が
        // 初期化されたかどうか確認する
        bool hasAnimator = someObject.animator == null;

        // ここでは「必ず」trueを返す
        Debug.Log("Start: " + hasAnimator.ToString());
    }
}
```

　この例ではObjectAスクリプトにはAnimatorコンポーネントもアタッチされています（ここではAnimator自身はなにもしませんし、どのような種類のコンポーネントであってもかまいません）。ObjectBスクリプトにはsomeObject変数があり、ObjectAスクリプトを持つオブジェクトに接続されるよう設定されています。

　シーンが始まるとObjectBスクリプトは2つログを出力します。ひとつはAwakeメソッド内で、もうひとつはStartメソッド内で出力されます。どちらの場合でも、someObject変数のanimatorフィールドがnullではないことを確認し、真か偽を出力します。

　この例を実行した場合、ObjectBのAwakeメソッドで出力する最初のログメッセージはどちらのAwakeメソッドが先に実行されたかによって真になることもあれば偽になることもあります（Unityで手動で実行順序を設定しないかぎり、どちらが先に実行されるかを知ることは不可能です）。

　しかしObjectBのStartメソッドで実行される2つ目のログメッセージは真を返すことが**保証されます**。なぜなら、シーンが開始されたときにすべてのオブジェクトは自身のAwakeメソッドをどのStartメソッドよりも先に実行するからです。

3.4.3　UpdateとLateUpdate

　Updateメソッドはスクリプトコンポーネントが有効で、アタッチしているオブジェクトがアクティブな状態であるかぎり、毎フレーム実行されます。

Updateメソッドは毎フレーム実行されるため、なるべく小さな作業を行うべきです。実行に時間を要することをUpdateメソッドで行うと、ゲームのほかの部分の動作が遅くなる原因になります。時間を要することを行わなければいけない場合はコルーチン（次節で説明します）を使うべきです。

　Unityはすべてのスクリプトに対してもし存在すればUpdateメソッドを呼び出します。その呼び出しが終わると今度はLateUpdateメソッドを持っているすべてのスクリプトに対し

て呼び出します。UpdateとLateUpdateはAwakeとStartと同じ関係を持っています。LateUpdateメソッドはすべてのUpdateメソッドの呼び出しが完了したあとで呼び出されます。

　この関係はほかのオブジェクトがUpdateで行った作業の結果に依存する作業を行いたいときにとても便利です。どのオブジェクトのUpdateメソッドを先に呼ぶかはコントロールできませんが、LateUpdateにコードを記述した場合は、Updateメソッドで行われる作業がすべて完了していることが保証されています。

Updateに加えてFixedUpdateメソッドも利用することができます。Updateが毎フレーム呼ばれるのに対して、FixedUpdateは固定された秒数ごとに呼ばれます。これは物理法則を実装していて、力を一定間隔で加えたいときなどに便利です。

3.5　コルーチン

　ほとんどの関数は作業を終えたらすぐに制御を返します。しかしながら時にはあることをある程度の時間実行していてほしいということがあります。例えば、オブジェクトにある位置から別の位置に、複数フレームの時間をかけてスライドしてほしいときなどです。

　コルーチンは複数フレームにかけて実行される関数です。コルーチンを作成するためにはまず、IEnumerator型を戻り値とする関数を作成する必要があります。

```
IEnumerator MoveObject() {

}
```

　次に、yield return文を使用して、コルーチンが一時的に停止するようにし、ゲームのほかの部分の実行が継続されるようにします。例えば、オブジェクトに毎フレーム[*1]一定量だけ前進してほしい場合以下のようにします。

```
IEnumerator MoveObject() {
    // 無限ループする
    while (true) {

        transform.Translate(0,1,0);  // 毎フレーム1単位分だけ
                                     // Y座標方向に移動する

        yield return null;  // 次のフレームまで待つ

    }
}
```

[*1] この実装は「3.8 スクリプト内での時間の扱い」で説明する理由で、あまり良い実装とは言えません。単純な例として捉えてください。

無限ループ（先の例のwhile (true)のような）を含む場合、その間に**必ず**yield文を記述してください。そうしなかった場合、このループはゲームのほかのコードに実行権を与えることなく永遠に実行され続けます。ゲームのコードはUnity内で実行されているので、無限ループに突入した場合はUnityがフリーズする危険があります。それが起きた場合は、Unityを強制終了する必要があるので、未保存の作業を失うかもしれません。

コルーチンからyield returnを実行すると、この関数の実行を一時的に停止したことになります。Unityはあとで実行を再開します。実行をいつ再開するかはどの値をyield returnしたかによります。

`yield return null`
次のフレームまで待機します。

`yield return new WaitForSeconds(3)`
3秒待機します。

`yield return new WaitUntil(() => this.someVariable == true)`
someVariableがtrueになるまで待機します。trueかfalseとして評価される式も使用できます。

コルーチンを終了するにはyield break文を使用します。
```
// このコルーチンを即座に終了する
yield break;
```
コルーチンは実行がメソッドの最後に到達したときにも自動で停止します。

コルーチン関数を用意できたら、それを開始することができます。コルーチンを開始するためには、関数自身を呼ぶ代わりにStartCoroutine関数と組み合わせて使用します。

`StartCoroutine(MoveObject());`

これを行うとコルーチンは実行を開始し、yield break文か関数の最後に到達するまで実行されます。

先ほどまで見てきたyield returnの例に加えて、yield returnをほかのコルーチンで行うこともできます。つまり、待機状態のコルーチンは、ほかのコルーチンの終了を待つことができるということです。

もちろんコルーチンをコルーチンの外側から止めることもできます。そのためには、StartCoroutineメソッドの戻り値への参照を保持しておいて、StopCoroutineメソッ

ドに渡します。

```
Coroutine myCoroutine = StartCoroutine(MyCoroutine());

// ... あとで ...
StopCoroutine(myCoroutine);
```

3.6 オブジェクトの作成と破棄

　ゲームプレイ中にオブジェクトを作成する方法は2つあります。ひとつ目は空のGameObjectを作成して、コードでコンポーネントをアタッチする方法です。2つ目はあるオブジェクトを複製して別のオブジェクトを作成する（**インスタンス化**と言います）方法です。2つ目の方法は1行のコードですべて行えるのでよく使われます。ここではインスタンス化から説明しましょう。

プレイモードで新しいオブジェクトを作成した場合、ゲームを停止したときにそのオブジェクトは消えてしまいます。もしそのオブジェクトに残っていてほしいなら以下の手順を行ってください。

1. 保存したいオブジェクトを選択します。
2. command＋C（WindowsならCtrl＋C）を押すか、[Edit] メニューから [Copy] を選択することでそれらをコピーします。
3. プレイモードを抜けます。オブジェクトがシーンからなくなります。
4. command＋V（WindowsならCtrl＋V）を押すか、[Edit] メニューから [Paste] を選択してペーストします。オブジェクトが再び現れるので、これでエディットモードでもオブジェクトに対して作業できます。

3.6.1 インスタンス化

　Unityにおいてオブジェクトをインスタンス化するということは、オブジェクトのコンポーネント、子オブジェクトと**その**コンポーネントをコピーするということです。これはインスタンス化するオブジェクトがプレハブのときに特に有効です。プレハブとは事前に構築してアセットとして保存したオブジェクトのことです。これは、ひとつのテンプレートなオブジェクトを作成して、そのコピーを異なるシーンでいくらでもインスタンス化できるということを意味します。

　オブジェクトのインスタンスを作成するにはInstantiateメソッドを使います。

```
public GameObject myPrefab;

void Start() {
    // myPrefabの新しいコピーを作成して、
    // このオブジェクトと同じ位置に配置します。
    var newObject = (GameObject)Instantiate(myPrefab);
```

```
            newObject.transform.position = this.transform.position;
    }
```

Instantiateメソッドの戻り値はGameObject型ではなくObject型です。そのためGameObjectとして扱うためにはキャストする必要があります。

3.6.2　オブジェクトを0から作る

オブジェクトを作成するほかの方法として、コードを使って自分で構築することもできます。そのためには、newキーワードを使用して新しいGameObjectを構成し、そのあとAddComponentメソッドを呼び出して新しいコンポーネントを追加します。

```
// 新しいゲームオブジェクトを作成
// これは[Hierarchy]にて「My New GameObject」と表示される
var newObject = new GameObject("My New GameObject");

// 作成したオブジェクトに新しいSpriteRendererを追加
var renderer = newObject.AddComponent<SpriteRenderer>();

// 新しいSpriteRendererがスプライトを表示するようにする
renderer.sprite = myAwesomeSprite;
```

AddComponentメソッドは追加したいコンポーネントの型をジェネリックパラメーターとして受け取ります。ここではComponentの派生クラスであればどれでも指定でき、そして追加されます。

3.6.3　オブジェクトの破棄

Destroyメソッドはオブジェクトをシーンから取り除きます。注意してください。**ゲームオブジェクトではなくオブジェクトです**！Destroyはゲームオブジェクトとコンポーネントの両方に用いることができるということです。

ゲームオブジェクトをシーンから取り除くには、Destroyを呼びます。

```
// このスクリプトがアタッチされているゲームオブジェクトを取り除く
Destroy(this.gameObject);
```

Destroyはコンポーネントとゲームオブジェクトの両方に作用します。Destroyを呼んでthisを引数に与えた場合、**現在のスクリプトコンポーネント**を意味しますので、ゲームオブジェクトは取り除かれることなく、そのゲームオブジェクトから現在のスクリプトが取り除かれます。そのあとはゲームオブジェクトは残りますが、スクリプトがアタッチされていない状態になってしまいます。

3.7 アトリビュート

アトリビュートはクラス、変数、そして関数にアタッチできる付加情報のことをいいます。Unityはクラスの振る舞いや、エディター上でどう見えるかを変化させる便利なアトリビュートをいくつか定義しています。

3.7.1 RequireComponent

RequireComponentアトリビュートをクラスにアタッチすることで、このスクリプトを使用するには別の型のコンポーネントが事前に存在する必要があるということをUnityに指示できます。これはスクリプトが別の型のコンポーネントなしには意味を成さない場合に便利です。例えば、あるクラスがAnimatorの設定を変更する場合、そのクラスがAnimatorが存在することを要求するのは理にかなっています。

あるコンポーネントが要求するコンポーネントの型を指定するには、以下のようにコンポーネントの型をパラメーターとして渡す必要があります。

```
[RequireComponent(typeof(Animator))]
class ClassThatRequiresAnAnimator : MonoBehaviour {
    // このクラスはAnimatorがGameObjectにアタッチされている
    // ことを要求します
}
```

特定のコンポーネントを必要とするスクリプトをGameObjectに追加して、そのGameObjectが指定されたコンポーネントを持っていない場合、Unityは自動でそれを追加します。

3.7.2 HeaderとSpace

Headerアトリビュートがフィールドに追加された場合、Unityは [Inspector] にてフィールドの上にラベルを表示します。Spaceアトリビュートも同様の動作をしますが、空白を追加します。両方とも [Inspector] での見た目の整理をするときに便利です。

例として図3-2に [Inspector] が以下のコードの情報を表示している様子を示します。

```
public class Spaceship : MonoBehaviour {

    [Header("Spaceship Info")]

    public string name;

    public Color color;

    [Space]

    public int missileCount;
}
```

図3-2 ラベルと空白を表示している[Inspector]

3.7.3　SerializeFieldとHideInInspector

通常は、publicなフィールドだけが[Inspector]に表示されます。しかしながら、変数をpublicにするということは、ほかのオブジェクトが直接それにアクセスできるということなので、そのフィールドを持つオブジェクトが完全にフィールドの値を制御することが難しくなるということです。しかし、privateな変数だとUnityは[Inspector]に表示してくれません。

この問題を解決するためにSerializeFieldアトリビュートがあり、これによりprivateな変数も[Inspector]に表示してくれます。

これの逆を行いたい場合（つまりpublicな変数を[Inspector]に表示しないなら）、HideInInspectorアトリビュートを使うことができます。

```
class Monster : MonoBehaviour {

    // publicなので[Inspector]に表示される
    // ほかのスクリプトからアクセス可能
    public int hitPoints;

    // privateなので[Inspector]に表示されない
    // ほかのスクリプトからのアクセスは不可
    private bool isAlive;

    // SerializeFieldが付いているので[Inspector]に表示される
    // ほかのスクリプトからはアクセスできない
    [SerializeField]
    private int magicPoints;

    // HideInInspectorが付いているので[Inspector]に表示されない
    // ほかのスクリプトからのアクセスは可能
    [HideInInspector]
    public bool isHostileToPlayer;
}
```

3.7.4　ExecuteInEditMode

デフォルトではスクリプトのコードはプレイモードでのみ実行されます。Updateメソッドの内容はゲームが動いていないと実行されないということです。

しかしながら、時には常時実行されているコードがあると便利なことがあります。ExecuteInEditModeアトリビュートをクラスに追加することでそのケースに対応できます。

コンポーネントの生存期間はエディトモードとプレイモードで異なっています。エディトモードではUnityは必要に迫られたときにしか再描画を行いません。一般的にはマウスクリックのようなユーザー入力が発生したときです。Updateメソッドは連続的に実行されるのではなく散発的に実行されることになります。加えて、コルーチンは想定するような動作をしない可能性があります。また、エディトモードでは`Destroy`メソッドを呼ぶことはできません。なぜなら、Unityは次のフレームまでオブジェクトを実際に削除することを延期するからです。エディトモードではオブジェクトを正しく取り除いてくれる`DestroyImmediate`メソッドを代わりに呼ぶようにしてください。

例として、以下にプレイモードではない状態でもオブジェクトがターゲットの方を向くスクリプトを示します。

```
[ExecuteInEditMode]
class LookAtTarget : MonoBehaviour {

    public Transform target;

    void Update() {
        // targetがないなら継続しない
        if (target != null) {
            return;
        }

        // targetの方に向くように回転する
        transform.LookAt(target);
    }

}
```

このスクリプトをオブジェクトにアタッチしてtarget変数にほかのオブジェクトを指定する場合、最初のオブジェクトはプレイモードでもエディットモードでもターゲットの方に向くように回転します。

3.8 スクリプト内での時間の扱い

Timeクラスはゲーム内の現在の時間に関係する情報を取得するために使用します。いくつかの変数がTimeクラスでは使用できますが（https://docs.unity3d.com/Manual/TimeFrameManagement.htmlに目を通すことを強くオススメします！）、一番使う頻度の高い重要な変数が`deltaTime`です。

`Time.deltaTime`は最後のフレームが描画された時間からの経過時間を計測しています。この時間はかなり変化する可能性があることを理解することが重要です。これを使うことで、毎フレーム更新をしたいが一定の時間をかけて行いたいアクションを実現できます。

「3.5 コルーチン」で使用した例は、オブジェクトを毎フレーム1単位分移動するものでした。1秒間にはたくさんのフレームがあるのでこれは賢い方法とは言えません。例えば、カメラがシーンのシンプルな箇所に向いているときは1秒あたりのフレーム数はとても高くなりますが、見た目が複雑な箇所に向いているときはフレームレートは低くなってしまいます。

1秒あたりのフレーム数がいくつになるかはわからないので、ここでTime.deltaTimeを考慮することが最善に方法になります。これを簡単に説明するためには以下の例を見たほうがよいでしょう。

```
IEnumerator MoveSmoothly() {
    while (true) {

        //  1秒あたり1単位移動する
        var movement = 1.0f * Time.deltaTime;

        transform.Translate(0, movement, 0);

        yield return null;

    }
}
```

3.9　コンソールへのログ出力

「3.4.1 AwakeとOnEnable」にて見たように、時には動作の確認のためや問題の警告のために［Console］に何かしらの情報を出力できると便利です。

Debug.Log関数はそのために使用します。ログには、情報、警告、エラーの3つの異なるレベルの出力があります。これらには機能的な違いはありませんが、警告とエラーは情報よりも目立つようになっています。

Debug.Logに加えて、Debug.LogFormatという［Console］に出力する文字列に値を埋め込むことができる関数も使用できます。

```
Debug.Log("This is an info message!");
Debug.LogWarning("This is a warning message!");
Debug.LogError("This is a warning message!");

Debug.LogFormat("This is an info message! 1 + 1 = {0}", 1+1);
```

3.10　まとめ

Unityでスクリプティングできることは非常に重要なスキルであり、C#言語とそれを記述するためのツールの両方に慣れると、ゲーム開発はもっと簡単に、そしてもっと楽しくなるでしょう。

第Ⅱ部
2Dゲーム『Gnome's Well』の開発

Unityの概要について確認してきたので、次はこれらの機能を活用していきましょう。第Ⅱ部と次の第Ⅲ部ではゲームをゼロから開発します。

このあとに続くいくつかの章では、『Gnome's Well That Ends Well』（以降『Gnome's Well』と記す）という縦スクロールアクションゲームを開発します。このゲームでは、Unityの機能のうちUIシステム、2Dグラフィックスと物理エンジンの機能を多用しています。それはそれは楽しいものになるでしょう。

4章
ゲーム開発の始まり

　Unityのインターフェースの使い方について理解することと、ひとつのゲームを完成させることは別のことです。第Ⅱ部では、「第Ⅰ部 Unityの基本」で確認してきた事柄を踏まえて、2Dゲームを開発していきます。第Ⅱ部が終わる頃には、縦スクロールアクションゲーム『Gnome's Well That Ends Well』が完成するでしょう（ゲームの完成形を図4-1に示します）。

図4-1　完成したゲーム

4.1 ゲームデザイン

『Gnome's Well』のゲームプレイは難しくありません。プレイヤーはロープに吊られて井戸を降りていくノーム（小さな妖精）を操作します。井戸の底には宝があります。問題は、この井戸には障害物が設置されていて、ノームがそれに触れると死んでしまいます。

開発を始める前に、ゲームがどのようなものになるのかをイメージするための大雑把なスケッチをします。今回はOmniGraffleというアプリケーションを使いますが、どのようなツールを用いるかは本質ではありません。紙とペンがあれば十分ですし、そのほうがよいときもあります。目的は、どのようなゲームにまとめるのかを、ゲーム開発の初期の段階で大まかに想像することです。筆者らがスケッチした『Gnome's Well』を図4-2に示します。

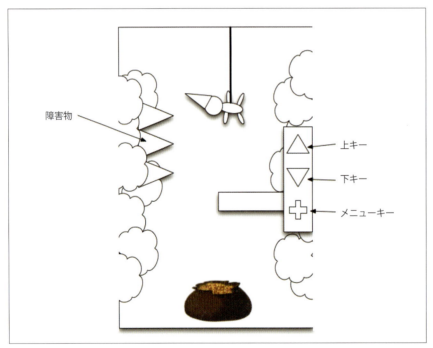

図4-2 ゲームコンセプトを確認するためのラフスケッチ

ゲームがどのようになるのかを決めたら、次は全体のアーキテクチャーを決めていきます。まず考えるのが、見えるオブジェクトは何か、オブジェクト同士の相互作用はどんなものかです。それと同時に、画面には映らない要素のことも考え始めます。例えば、入力はどのように受け取るか、ゲーム内マネージャー同士がどのようにやり取りをするかを考えます。

最後にゲームの見た目についても考えていきます。筆者らは知人のアーティストと連絡をとり、井戸を降りたり、障害物に怯えるノームの絵を描いてもらえるよう依頼しました。この絵がメインキャラクターがどんな見た目になるかのアイデアを想起させ、ゲーム全体のトーン（馬鹿げた感じ、マンガ調、やや乱暴で欲張りなノームなど）が決まっていきます。最終的なス

ケッチを図 4-3 に示します。

もしアーティストの知り合いがいなければ自分でスケッチしてみましょう！ 絵が上手か下手かは関係ありません。ゲームがどのような見た目になるかを想像することが重要です。

図 4-3　ゲームキャラクターのコンセプトアート

　大まかなデザインを終えたなら、ノームがゲームの中でどう動くか、インターフェースはどう動作するか、ゲームオブジェクトはどう作用するかといった実装の部分を進めることができます。

　ノームを井戸の底に向けて移動させるのに、プレイヤーは 3 つのボタンを使います。ひとつはロープの長さを長くするため、ひとつはロープの長さを短くするため、そしてもうひとつはメニューを開くために使います。ロープを長くするボタンを押し続けることで、ノームは井戸の底に向かいます。進路の途中の障害物を回避するためには、プレイヤーはスマートフォンを左右に傾けます。そうすることで、ノームが左右に移動します。

ゲームプレイは主に2Dの物理演算のシミュレーションで動作します。ノームは**ラグドール**（ragdoll）、つまり別々の物理シミュレーションで動くいくつかのリジッドボディ（剛体）が、ジョイントでつながった状態で表されます。そうすることで、ロープに吊られている状態を正しくシミュレーションできます。

ロープもリジッドボディの集まりなので、個々のリジッドボディをジョイントでつなげるという同じ方法で作ることができます。ロープの最初のリンクは井戸の入り口と接続され、それが次のリンクと回転可能なジョイントでつながります。2つ目のジョイントは3つ目とつながり、3つ目のジョイントは4つ目とつながるというのがノームの足首とつながるまで続きます。ロープを伸ばすには末端にリンクを追加し、縮めるにはリンクを取り除きます。

残りのゲームプレイは衝突の判定というシンプルな処理で成り立ちます。

- ノームのどこかの部位が障害物に当たったら、そのノームは死んで新しいノームが生成されます。あわせて、井戸を昇るゴーストのスプライトも生成されます。
- もし宝に当たったら、ノームのスプライトを宝を持っているものに変更します。
- もしノームが宝を持った状態で、井戸の入り口（非表示のオブジェクト）に触れたらプレイヤーはゲームをクリアしたことになります。

ノーム、障害物、宝に加えて、ゲームのカメラも垂直位置をノームの位置に合わせて調整するようなスクリプトを実行しています。もちろん、井戸の上の方や、下の方のオブジェクトも映します。

これから作るゲームは以下の手順で進めていきます（順を追って説明していくので心配ありません）。

1. まず初めに仮の素材を使ってノームを作っていきます。ラグドールを準備してスプライト同士を接続します。
2. 次にロープを準備します。ロープは実行時に生成されて、伸びたり縮んだりさせる必要があるため、たくさんのコードを入力する最初の作業となります。
3. ロープの準備ができたら、入力のシステムを作ります。このシステムはデバイスの傾きを受け取ってゲームに（特にノームに）反映します。同時に、ロープを伸び縮みさせるためのユーザーインターフェースとしてボタンを設置します。
4. ロープ、ノーム、入力システムが揃ったことで、ゲームのシステムそのものの制作を開始できます。障害物と宝物を追加してゲームを遊んでみます。
5. 最後に残るのは完成度を上げる作業です。ノームのスプライトを仮のものからもっと複雑なものに変え、パーティクルを使ったエフェクトとオーディオを追加して仕上げます。

本章から6章までの内容を終える頃にはゲームの機能面の実装は完成しますが、アート面ではまだ完成していません。それらはあとに「7章 ゲームを磨き上げる」で追加します。本章の内容を終える頃には**図4-4**のような状態になっていることでしょう。

図4-4 本章から6章までの内容を終えたアート面がまだ手付かずな状態のゲーム

 このプロジェクトの演習を終える頃までにたくさんのコンポーネントをゲームオブジェクトに追加して、いろいろなプロパティーの値を調整することになります。ここで紹介する以外にも多くのコンポーネントがありますので、自由にいろいろな設定を変更して遊んでみてください。もちろん、すべてデフォルトの設定のままでも問題ありません。

それでは始めましょう！

4.2　プロジェクトの作成とアセットのインポート

　では、Unityのプロジェクトを作成して、開発に向けたセットアップをしていきましょう。開発の初期に必要となるアセットも追加します。開発が進むにつれてアセットのインポートはどんどん増えていきます。

以下の手順に沿って進めてください。

1. **プロジェクトを作成します**。[File]→[New Project] を選んで新しいプロジェクトを作成します。名前はGnomesWellとします。[New Project]ダイアログ（**図4-5**参照）にて、[3D] ではなく [2D] を選択していることを確認してください。空のプロジェクトを作成したいので、アセットパッケージは何もインポートしない設定になっていることを確認してください。

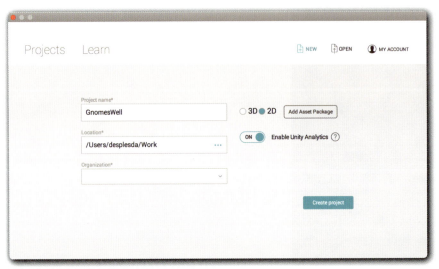

図4-5 プロジェクト作成

2. **アセットをダウンロードします**。このプロジェクトで使うアート、音、その他のリソースを https://www.oreilly.co.jp/pub/9784873118505/MobileGameDevWithUnity1stEd-master.zip にアクセスしてダウンロードしてください。ダウンロードが完了したら、zipを解凍して自身のコンピューターの適切なフォルダーに配置してください。今後これらのアセットをインポートすることになります。

3. **Mainという名前でシーンを保存します**。command＋S（WindowsならCtrl＋S）を押すことによって素早くシーンを保存することができます。初めてシーンを保存する際は、シーンの名前と保存場所を決めるダイアログが表示されます。シーンをAssetsフォルダーの中に保存してください。

4. **フォルダーを作成してプロジェクト管理をします**。プロジェクトで使うアセットは、違うカテゴリーのアセットごとにフォルダーを作って管理するとよいでしょう。ひとつのフォルダーにすべてのアセットをまとめても問題はありませんが、そうすると目的のアセットを探す作業が必要以上に面倒になります。フォルダーを作成するには、[Project]タブのAssetsフォルダーを右クリックして [Create]→[Folder] を選択します。以下に列挙したフォルダーを作成してください。

Scripts

C#コードを格納します（デフォルトではUnityは新しく作ったコードファイルをAssetsフォルダーの直下に配置するため、それをこのフォルダーに移動します）。

Sounds

音楽とサウンドエフェクトを格納します。

Sprites

スプライトイメージを格納します。種類が多くなるのでサブフォルダーを作って整理します。

Gnome

ノームや関連するオブジェクト（ロープ、パーティクルエフェクト、ゴーストなど）のプレハブを格納します。

Level

背景、壁、装飾物や障害物などのレベル（＝シーン）に関係するプレハブを格納します。

App Resources

アプリ自身のアイコンやスプラッシュスクリーンを格納します。

すべての準備を終えると、Assetsフォルダーは図4-6のようになります。

図4-6　フォルダーが作られたあとのAssetsフォルダー

5. **プロトタイプ用ノームのアセットをインポートします。** プロトタイプ用ノームは最初に作るラフなノームです。後ほどリッチなスプライトと置き換えます。

先ほどダウンロードしたアセットの中からSprites/Prototype Gnomeフォルダーを見つけて、UnityのSpritesフォルダーにドラッグしてください（図4-7参照）。

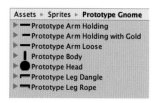

図4-7　プロトタイプ用ノームのスプライト

これで、ノームを作り始める準備ができました。

4.3　ノームの制作

ノームはいくつかの異なる動きをするオブジェクトからなるため、まずは各パーツのコンテナとなるオブジェクトを準備します。このオブジェクトにはPlayerのタグを付ける必要もあります。なぜなら、ノームがトラップや宝物に触れたかどうかの判定や、レベルクリアの衝突判定で、このオブジェクトがプレイヤーオブジェクトだということを判別する必要があるからです。ノームは以下の手順で作成します。

1. **プロトタイプ用ノームのオブジェクトを作成します。**［GameObject］メニューから［Create Empty］を選択して、新しい空のオブジェクトを作成してください。
   このオブジェクトの名前をPrototype Gnomeに変更してください。そのあと、［Inspector］の最上部にある［Tag］ドロップダウンメニューから［Player］を選択して、このオブジェクトのタグをプレイヤーに設定します。

   ［Inspector］の上部にある［Transform］コンポーネントにて、プロトタイプ用ノームの［Position］の［X］［Y］［Z］すべての値が0であることを確認してください。もしそうでないなら、［Transform］コンポーネントの右上にある歯車アイコンを押して［Reset Position］を選択してください。

2. **スプライトを追加します。**先ほど追加したPrototype Gnomeフォルダーにあるスプライトのうち、Prototype Arm Holding with Gold以外をシーンにドラッグしてください。Prototype Arm Holding with Goldは後ほど使います。

   スプライトはひとつずつドラッグする必要があります。もし、すべてのスプライトを選択した上で一括でドラッグすると、Unityはそれを一連のアニメーション用の画像と解釈してアニメーションを作成してしまいます。

   ここまでで、次の6つの新しいスプライトがシーンにある状態になります。Prototype Arm Holding、Prototype Arm Loose、Prototype Body、Prototype Head、Prototype Leg Dangle、Prototype Leg Ropeです。

3. **スプライトをPrototype Gnomeオブジェクトの子として設定します。**［Hierarchy］にて先ほど追加したスプライトをすべて選択して、Prototype Gnomeに重なるようにドラッグしてください。この操作を終えると［Hierarchy］は**図4-8**のようになります。

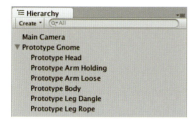

図4-8 Prototype Gnomeオブジェクトの子オブジェクトとしてスプライトを設定した状態の[Hierarchy]

4. **スプライトの位置を調整します。** スプライトを追加したあと、腕と脚、頭は胴体と接続されるようにそれぞれを正しい位置に配置する必要があります。[Scene]にて、ツールバーの移動ツールを押すかTキーを押下して移動ツールを選びます。
図4-9のような見た目になるように移動ツールを使ってスプライトを移動します。
さらに、すべてのスプライトに親オブジェクト同様にPlayerタグを設定してください。
最後に[Inspector]で[Transform]コンポーネントにて各オブジェクトの[Position]の[Z]の値が0になっていることを確認してください。

図4-9 プロトタイプ用ノームのスプライトの配置

5. **Rigidbody2Dコンポーネントをボディパーツに追加します。** すべてのボディパーツのスプライトを選択し、[Inspector]にて[Add Component]ボタンを押します。検索ボックスで**Rigidbody**と入力し、Rigidbody2Dを追加します（図4-10参照）。

 3Dゲーム向けのRigidbodyというコンポーネントもありますが、今回はRigidbody 2Dコンポーネントを選択しているということに気をつけてください。Rigidbodyは3D空間向けの計算を行うため、今回のゲームでは使用しません。そして、Rigidbody2Dはスプライトにだけ追加していることにも注意してください。親のオブジェクトであるPrototype Gnomeに追加してはいけません。

4.3 ノームの制作　43

図4-10 Rigidbody 2Dコンポーネントをスプライトに追加

6. **コライダーをボディパーツに追加します。**コライダーはオブジェクトの物理的な形を定義します。ボディパーツは個々に形が違うため、違うパーツには違う形のコライダーを適用します。

   a. 腕と脚のスプライトを選んでBoxCollider2Dコンポーネントを追加してください。

   b. 頭のスプライトを選んでCircleCollider2Dコンポーネントを追加してください。半径の値はそのままにしてください。

   c. カラダのスプライトを選択してCircleCollider2Dを追加してください。追加したら、[Inspector]にてコライダーの半径をカラダのスプライトに合うように半分程度にしてください。

ノームとそのパーツを互いに接続する準備ができました。ボディパーツ間の接続はすべてHingeJoint2Dによって行います。これによって、接続点においてオブジェクトが回転することができます。脚、腕、頭はすべて胴体に接続されます。ジョイントの設定をするには次の手順に沿ってください。

1. **胴体以外のすべてのスプライトを選択します。**胴体自身にはジョイントは必要なく、他のパーツがジョイントを使って胴体に接続します。

2. **選択されているすべてのスプライトにHingeJoint2Dコンポーネントを追加します。**[Inspector]にて[Add Component]ボタンを押して、[Physics 2D]→[HingeJoint2D]を選択してください。

3. **ジョイントの設定を行います。**複数のスプライトを選択している状態のうちに、共通するプロパティーの設定を済ませてしまいましょう。すべてのパーツは胴体のスプラ

イトに接続されます。

［Hierarchy］ウィンドウからPrototype Bodyを［Connected Rigid Body］の枠にドラッグしてください。これでオブジェクトが胴体に接続されます。これを終えると、HingeJointの設定は図4-11のようになります。

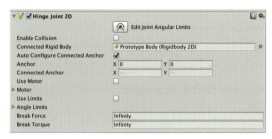

図4-11　ヒンジジョイントの初期設定

4. **ジョイントの動きに制限をかけます**。オブジェクトは完全な円を描くような動きではなく、ある程度動く角度に制限のある回転をさせたいところです。これによって、脚が胴体の上を通過するような奇妙な動きを防ぐことができます。

   腕と頭を選択して、［Use Limits］にチェックを付けてください。［Lower Angle］を-15、［Upper Angle］を15に設定します。

   次に脚を選んで、同様に［Use Limit］にチェックを付けます。［Lower Angle］を-45に、［Upper Angle］を0に設定してください（［Lower Angle］と［Upper Angle］が見えていなければ［Angle Limits］の左側の三角形をクリックすると表示されます）。

5. **ジョイントのピボットポイントを更新します**。腕は肩の位置、脚はお尻の位置で回転させたいでしょう。デフォルトでは、ジョイントはオブジェクトの中心を軸に回転するため（図4-12参照）、奇妙な見た目になります。

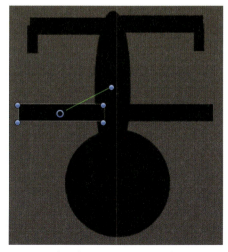

図4-12　最初は意図しない位置にヒンジジョイントのアンカーポイントがある

これを修正するためには、ジョイントのAnchorとConnected Anchorの両方の位置を更新する必要があります。ジョイントのAnchorの位置はジョイントを持っているボディパーツが回転する位置を、Connected Anchorはジョイントが接続されたボディパーツが回転する位置をそれぞれ表します。ノームのジョイントの場合は、Connected AnchorとAnchorは同じ位置にあるのが望ましいでしょう。

　HingeJoint2Dを持つオブジェクトが選択されると、AnchorとConnected Anchorが［Scene］に現れます。Connected Anchorは青い点で表示され、Anchorは青い円で表示されます。

　HingeJoint2Dを持つ各ボディパーツを選択して、［Auto Configure Connected Anchor］のチェックを外してから、AnchorとConnected Anchorの両方を正しいピボットポイントへ移動してください。

　Connected Anchorはデフォルトで中央にあるため移動するには工夫が必要です。中央からドラッグしてもUnityは外側のオブジェクトも合わせて移動してしまいます。Connected Anchorを移動するにはまず［Inspector］でConnected Anchorの位置の値を手動で入力して変更します。こうすることで［Scene］のConnected Anchorの位置が変わります。中央から出てしまえば、Anchorを移動したようにドラッグして正しい位置に移動できます（**図4-13**参照）。

　この作業を両腕（肩に接続）、両脚（お尻に接続）と頭（首の付け根に接続）に対して繰り返し行います。

図4-13　左腕のアンカーポイントが正しい位置にある様子。点の周囲を円が囲っているのがわかる。これはConnected AnchorとAnchorが同じ位置にあるということを表している

　これからロープオブジェクトに接続するバネジョイントを追加します。ノームの右足に対して、SpringJoint2Dをアタッチすることで、ジョイントのアンカーポイントでの回転は制限せずに、ロープの端からのノームの離れる距離を制限します（ロープは次節で作成します）。

46　　4章　ゲーム開発の始まり

バネジョイントは現実世界のバネのように振る舞います。跳ね返る特性があり、少し伸びることもできます。

　Unity内では距離と周波数をプロパティーとして制御できます。距離はバネが押しつぶされたり、引っ張られたりしたあとに戻ってくる位置を表します。周波数はバネが持つ剛性の度合いを表します。低い値にするとバネが弱くなります。

　バネジョイントをロープに用いるには以下の手順を用います。

1. **ロープのジョイントを追加します**。Prototype Leg Ropeを選択してください。これは右上に位置する脚のスプライトになります。
2. **バネジョイントを追加します**。SpringJoint2Dを追加してください。Anchor（青い円）を脚の付け根に移動してください。Connected Anchor（青い点）は移動しないでください。アンカーの位置は図4-14のようになります。

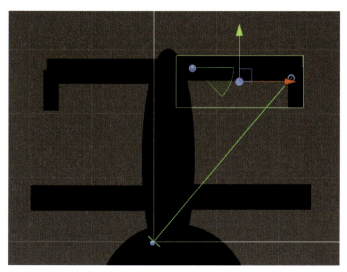

図4-14　脚をロープにつなげるためのSpringJointを追加する。ジョイントのアンカーはつま先付近にある

3. **ジョイントの設定をしていきます**。[Auto Configure Distance]を無効にし、[Distance]を0.01、[Frequency]を5に設定してください。
4. **ゲームを実行してください**。実行すると、ノームが画面の中央から吊り下がるでしょう。

　最後に行うのはノームを縮小して、他のシーン内オブジェクトと比べてちょうどよい大きさにすることです。

5. **ノームを縮小します**。親オブジェクトであるPrototype Gnomeオブジェクトを選択して、[Scale]の[X]と[Y]の値を0.5にします。これでノームが半分の大きさになります。

ノームは準備できました。ロープの追加をしていきましょう！

4.4　ロープ

　このゲームの中で、ロープは実際にコードを記述する最初の要素です。ロープは次のように振る舞います。ロープはリジッドボディとバネジョイントを持つオブジェクトの集合体です。各バネジョイントは次のロープオブジェクトに接続し、接続されたオブジェクトは次のオブジェクトに接続するというのが、ロープの最上部まで続きます。最上部のロープのオブジェクトは固定されたリジッドボディに接続されるのでその場に固定されます。ロープの末端はノームのLeg Ropeオブジェクトに接続されます。

　ロープを作成するにあたって、まずは各ロープのセグメントのテンプレートとして使えるオブジェクトを作成します。そのあとこのセグメントオブジェクトを使ってコードによってロープを生成するオブジェクトを作成します。Rope Segmentsを準備するには、以下の手順が必要です。

1. **Rope Segmentオブジェクトを作成します。**新しい空のオブジェクトを作成して、Rope Segmentと名付けます。
2. **リジッドボディをRope Segmentオブジェクトに追加します。**Rigidbody2Dコンポーネントを追加してください。[Mass]の値を0.5に設定し、ロープに若干の重みを持たせます。
3. **ジョイントを追加します。**SpringJoint2Dコンポーネントを追加してください。[Damping Ratio]を1に、[Frequency]を30に設定します。

　他のプロパティーの値も自由に変更してみてください。筆者らはここまでの設定がロープのリアルさをそれらしく出せると判断しました。ゲームデザインは、数値の選定がすべてです。

4. **オブジェクトを使ってプレハブを作ります。**[Project]ウィンドウでGnomeフォルダーを開いて、[Hierarchy]ウィンドウからRope Segmentオブジェクトを[Project]ウィンドウにドラッグしてください。これで新しいプレハブファイルができます。
5. **元のRope Segmentオブジェクトを削除します。**プレハブからRope Segmentの複数のインスタンスを生成して、それらを接続してひとつのロープを作るコードを書くので、元のRope Segmentオブジェクトは必要ありません。

これからRopeオブジェクトを作っていきます。

1. 新しい空のオブジェクトを作って、名前をRopeにします。
2. **ロープのアイコンを変えます。**このままではゲームを起動していないときに、ロープの存在を[Scene]ウィンドウでは見て確認することができないので、アイコンを設定します。先ほど作ったRopeオブジェクトを選択して、[Inspector]の左上にある四角いアイコンを押します（**図4-15**参照）。

角丸の赤い長方形を選択すると、Ropeオブジェクトがシーン内に角丸の長方形で表示されます（図4-16参照）。

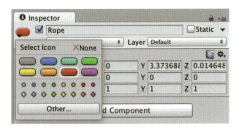

図4-15 Ropeオブジェクトのアイコンの選択

図4-16 アイコンが選択されたことでRopeオブジェクトがシーン内で見えるようになった

3. **リジッドボディを追加します**。［Add Component］ボタンを押し、`Rigidbody2D`コンポーネントを追加してください。追加したら、［Inspector］で［Body Type］を［Kinematic］に変更してください。これによりオブジェクトはその場に固定され、落下することはありません。

4. **ラインレンダラーを追加します**。もう一度［Add Component］ボタンを押して、`LineRenderer`コンポーネントを追加してください。追加したら［Width］を`0.075`に設定してください。いい具合にロープっぽい太さになります。`LineRenderer`の残りの設定はデフォルトのままにしておきましょう。

これでロープのコンポーネントの準備ができたので、いよいよこれらを操作するスクリプト書いていきます。

4.4.1　ロープのコーディング

コードを書く前に、Scriptコンポーネントを追加する必要があります。そのためには以下の手順を行ってください。

1. **ロープのスクリプトを追加します**。Ropeオブジェクトを選択して、［Add Component］ボタンを押してください。

図4-17のようにしてRopeと入力してください。UnityはRopeというコンポーネントを持っていないので、特定のコンポーネントは見つかりませんが、代わりに［New Script］が出てくるはずです。これを選んでください。

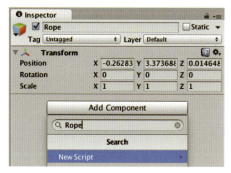

図4-17 Rope.csファイルを作成

Unityは新規でスクリプトファイルを作成します。［Language］は［C Sharp］を選択し、Ropeの頭文字のRは大文字であることをしっかり確かめてください。［Create and Add］ボタンを押してください。UnityはRope.csファイルを生成して、それをRopeオブジェクトに追加します。

2. **Rope.csをScriptフォルダーに移動します。** デフォルトではUnityはAssetsフォルダーの直下に新しいスクリプトを作成しますが、整頓するためにScriptsフォルダーに移動します。
3. **Rope.csにコードを追加します。** Rope.csをダブルクリックして開くか、好みのテキストエディターで開いてください。

以下のコードを追加してください（コードの解説は後ほど行います）。

```
using UnityEngine;
using System.Collections;
using System.Collections.Generic;

// ロープの作成
public class Rope : MonoBehaviour {

    // 使用するRope Segmentプレハブ
    public GameObject ropeSegmentPrefab;

    // Rope Segmentオブジェクトのリストを格納
    List<GameObject> ropeSegments = new List<GameObject>();

    // 現在ロープを伸ばしているのか？それとも縮めているのか？
    public bool isIncreasing { get; set; }
    public bool isDecreasing { get; set; }

    // ロープの末端がつながるリジッドボディオブジェクト
```

```
public Rigidbody2D connectedObject;

// ロープのひとつのセグメントの最大の長さ（これより伸ばしたい
// 場合は新しいセグメントを生成する）
public float maxRopeSegmentLength = 1.0f;

// 新しいロープを準備する速さ
public float ropeSpeed = 4.0f;

// ロープを描画するLineRenderer
LineRenderer lineRenderer;

void Start() {

    // 毎フレーム読み込まないために、LineRendererを取得しておく
    lineRenderer = GetComponent<LineRenderer>();

    // 初めにロープの状態をリセットしておく
    ResetLength();

}

// ロープのすべてのセグメントを破棄した上で、新しいセグメントをひとつ作る
public void ResetLength() {

    foreach (GameObject segment in ropeSegments) {
        Destroy (segment);

    }

    ropeSegments = new List<GameObject>();

    isDecreasing = false;
    isIncreasing = false;

    CreateRopeSegment();

}

// ロープの先端に新しいセグメントを追加する
void CreateRopeSegment() {

    // 新しいセグメントを作成
    GameObject segment = (GameObject)Instantiate(
    ropeSegmentPrefab,
    this.transform.position,
    Quaternion.identity);

    // ロープのセグメントのワールド座標の位置を保ったまま、
    // このオブジェクトの子に設定する
    segment.transform.SetParent(this.transform, true);

    // セグメントからRigidbodyを取得
```

4.4 ロープ　　51

```csharp
Rigidbody2D segmentBody = segment
  .GetComponent<Rigidbody2D>();

// セグメントからジョイントを取得
SpringJoint2D segmentJoint =
  segment.GetComponent<SpringJoint2D>();

// もしセグメントのプレハブがRigidbodyかSpringJointのいずれかを
// 持っていなければエラーにする。両方が必要
if (segmentBody == null || segmentJoint == null) {
Debug.LogError("Rope segment body prefab has no " +
  "Rigidbody2D and/or SpringJoint2D!");
    return;
}

// チェックが通ったらロープのセグメントのリストの先頭に追加する
ropeSegments.Insert(0, segment);

// もし最初のセグメントならノームに接続する

if (ropeSegments.Count == 1) {
    // connectedObjectが持つジョイントに接続する
    SpringJoint2D connectedObjectJoint =
      connectedObject.GetComponent<SpringJoint2D>();

    connectedObjectJoint.connectedBody
      = segmentBody;

    connectedObjectJoint.distance = 0.1f;

    // このジョイントを最大値で伸びきった状態にする
    segmentJoint.distance = maxRopeSegmentLength;
} else {
    // これは2つ目以降のロープのセグメントになる
    // 現在のロープの先端のセグメントに接続する

    // 2番目のセグメントを取得する
    GameObject nextSegment = ropeSegments[1];

    // 接続する対象のジョイントを取得する
    SpringJoint2D nextSegmentJoint =
      nextSegment.GetComponent<SpringJoint2D>();

    // 取得したジョイントが最新のセグメントに接続する
    nextSegmentJoint.connectedBody = segmentBody;

    // このジョイントと前回のジョイントの距離を0にする
    // あとで伸ばされる
    segmentJoint.distance = 0.0f;
}

// 新しいセグメントをロープ(つまりこのオブジェクト)のアンカーに接続する
segmentJoint.connectedBody =
```

```csharp
    this.GetComponent<Rigidbody2D>();
}

// ロープを縮小させるときと、ロープのセグメントを取り払うときに呼ぶ
void RemoveRopeSegment() {

    // セグメントが2つ以上存在しない場合は終了する
    if (ropeSegments.Count < 2) {
        return;
    }

    // 先端とその次のセグメントを取得する
    GameObject topSegment = ropeSegments[0];
    GameObject nextSegment = ropeSegments[1];

    // 2番目のセグメントをロープのアンカーにセットする
    SpringJoint2D nextSegmentJoint =
        nextSegment.GetComponent<SpringJoint2D>();

    nextSegmentJoint.connectedBody =
        this.GetComponent<Rigidbody2D>();

    // 先端のセグメントを取り外して破棄する
    ropeSegments.RemoveAt(0);
    Destroy (topSegment);

}

// 毎フレーム、必要ならロープを伸ばしたり縮めたりする
void Update() {

    // 先端のセグメントと、それに付いているジョイントを取得する
    GameObject topSegment = ropeSegments[0];
    SpringJoint2D topSegmentJoint =
        topSegment.GetComponent<SpringJoint2D>();

    if (isIncreasing) {

        // ロープを伸ばす。もし、セグメントの長さが最大なら
        // 新しいセグメントを追加する
        // そうでなければ、先端のセグメントの長さを伸ばす

        if (topSegmentJoint.distance >=
          maxRopeSegmentLength) {
            CreateRopeSegment();
        } else {
            topSegmentJoint.distance += ropeSpeed *
            Time.deltaTime;
        }

    }

    if (isDecreasing) {
```

4.4　ロープ　　53

```
        // ロープを縮める。もしセグメントの長さがほぼ0なら
        // そのセグメントを破棄する
        // そうでなければ、先端のセグメントの長さを短くする

        if (topSegmentJoint.distance <= 0.005f) {
            RemoveRopeSegment();
        } else {
            topSegmentJoint.distance -= ropeSpeed *
                Time.deltaTime;
        }

    }

    if (lineRenderer != null) {
        // LineRendererは点の集合を元に線を描画する
        // この点はロープのセグメントの位置と同期している必要がある

        // LineRendererの頂点の数は、ロープのセグメントの数と
        // ロープの先端のアンカーポイントと、ノームの足元のポイントを
        // 合計した数になる
        lineRenderer.positionCount
            = ropeSegments.Count + 2;

        // 先端の頂点はいつもロープの位置にある
        lineRenderer.SetPosition(0,
            this.transform.position);

        // LineRendererの頂点はすべてのロープのセグメントの位置に
        // 対応するようにする

        for (int i = 0; i < ropeSegments.Count; i++) {
            lineRenderer.SetPosition(i+1,
                ropeSegments[i].transform.position);
        }

        // 最後の頂点は接続されるオブジェクトのアンカーの位置になる
        SpringJoint2D connectedObjectJoint =
            connectedObject.GetComponent<SpringJoint2D>();
        lineRenderer.SetPosition(
            ropeSegments.Count + 1,
            connectedObject.transform.
                TransformPoint(connectedObjectJoint.anchor)
        );
    }
  }
}
```

これは長いコードなので各パートごとに確認していきましょう。

```
void Start() {

    // 毎フレーム読み込まないために、LineRendererを取得しておく
```

```
        lineRenderer = GetComponent<LineRenderer>();

        // 初めにロープの状態をリセットしておく
        ResetLength();

    }
```

Ropeオブジェクトの最初の生成時にStartメソッドが呼ばれます。このメソッドは
ResetLengthメソッドを呼びます。ResetLengthメソッドはノームが死ぬときにも呼ば
れます。加えて、変数lineRendererはLineRendererコンポーネントがアタッチされてい
るオブジェクトの参照を保持します。

```
    // ロープのすべてのセグメントを破棄した上で、新しいセグメントをひとつ作る
    public void ResetLength() {

        foreach (GameObject segment in ropeSegments) {
            Destroy (segment);

        }

        ropeSegments = new List<GameObject>();

        isDecreasing = false;
        isIncreasing = false;

        CreateRopeSegment();

    }
```

ResetLengthメソッドはropeSegmentsのリストをクリアにして、isDecreasing
／isIncreasingプロパティーを初期化することで、すべてのロープセグメントを破棄しま
す。そして、最後にCreateRopeSegmentを呼んで新しいロープセグメントを作ります。

```
    // ロープの先端に新しいセグメントを追加する
    void CreateRopeSegment() {

        // 新しいセグメントを作成
        GameObject segment = (GameObject)Instantiate(
        ropeSegmentPrefab,
        this.transform.position,
        Quaternion.identity);

        // ロープのセグメントのワールド座標の位置を保ったま
        // ま、このオブジェクトの子に設定する
        segment.transform.SetParent(this.transform, true);

        // セグメントからRigidbodyを取得
        Rigidbody2D segmentBody = segment
          .GetComponent<Rigidbody2D>();

        // セグメントからdistance jointを取得
```

4.4 ロープ   55

```csharp
        SpringJoint2D segmentJoint =
          segment.GetComponent<SpringJoint2D>();

        // もしセグメントのプレハブがRigidbodyかSpringJointのいずれかを
        // 持ってなければエラーにする。両方が必要
        if (segmentBody == null || segmentJoint == null) {
        Debug.LogError("Rope segment body prefab has no " +
          "Rigidbody2D and/or SpringJoint2D!");
            return;
        }

        // チェックが通ったらロープのセグメントのリストの先頭に追加する
        ropeSegments.Insert(0, segment);

        // もし最初のセグメントならノームに接続する

        if (ropeSegments.Count == 1) {
            // connectedObjectが持つジョイントに接続する
            SpringJoint2D connectedObjectJoint =
              connectedObject.GetComponent<SpringJoint2D>();

            connectedObjectJoint.connectedBody
              = segmentBody;

            connectedObjectJoint.distance = 0.1f;

            // このジョイントを最大値で伸びきった状態にする
            segmentJoint.distance = maxRopeSegmentLength;
        } else {
            // これは2つ目以降のロープのセグメントになる
            // 現在のロープの先端のセグメントに接続する

            // 2番目のセグメントを取得する
            GameObject nextSegment = ropeSegments[1];

            // 接続する対象のジョイントを取得する
            SpringJoint2D nextSegmentJoint =
              nextSegment.GetComponent<SpringJoint2D>();

            // 取得したジョイントが最新のセグメントに接続するようにする
            nextSegmentJoint.connectedBody = segmentBody;

            // このジョイントと前回のジョイントの距離を0にする
            // あとで伸ばす
            segmentJoint.distance = 0.0f;
        }

        // 新しいセグメントをロープ(つまりこのオブジェクト)のアンカーに接続する
        segmentJoint.connectedBody =
          this.GetComponent<Rigidbody2D>();
    }
```

CreateRopeSegmentメソッドは新しいロープセグメントをひとつ作成して、ロープの先

端に追加します。もしセグメントがひとつ存在していたら、ロープの先端のセグメントとの接続を解除して、新しく作成されたセグメントに接続し直します。そのあと、新しくできたセグメントをRopeオブジェクト自身のRigidbody2Dにアタッチします。

　ロープセグメントが新しく作成されたものしか存在しない場合は、このロープセグメントはconnectedObjectのRigidbodyコンポーネントに接続されます。connectedObjectはノームの脚を参照します。

```
// ロープを縮小させるときと、ロープのセグメントを取り払うときに呼ぶ
void RemoveRopeSegment() {

    // セグメントが2つ以上存在しない場合は終了する
    if (ropeSegments.Count < 2) {
        return;
    }

    // 先端とその次のセグメントを取得する
    GameObject topSegment = ropeSegments[0];
    GameObject nextSegment = ropeSegments[1];

    // 2番目のセグメントをロープのアンカーにセットする
    SpringJoint2D nextSegmentJoint =
      nextSegment.GetComponent<SpringJoint2D>();

    nextSegmentJoint.connectedBody =
        this.GetComponent<Rigidbody2D>();

    // 先端のセグメントを取り外して破棄する
    ropeSegments.RemoveAt(0);
    Destroy (topSegment);

}
```

　RemoveRopeSegmentは先ほどとは逆の動作をします。先端のセグメントは破棄され、その下のセグメントがロープのRigidbodyに接続されます。注目してほしいのは、セグメントがひとつしかない場合は、RemoveRopeSegmentは何もしないため、収縮しきってもロープが完全に消えることがないことです。

```
// 毎フレーム、必要ならロープを伸ばしたり縮めたりする
void Update() {

    // 先端のセグメントと、それに付いているジョイントを取得する
    GameObject topSegment = ropeSegments[0];
    SpringJoint2D topSegmentJoint =
        topSegment.GetComponent<SpringJoint2D>();

    if (isIncreasing) {

        // ロープを伸ばす。もし、セグメントの長さが最大なら
        // 新しいセグメントを追加する
```

4.4　ロープ　　57

```
            // そうでなければ、先端のセグメント長さを伸ばす

        if (topSegmentJoint.distance >=
          maxRopeSegmentLength) {
            CreateRopeSegment();
        } else {
            topSegmentJoint.distance += ropeSpeed *
            Time.deltaTime;
        }

    }

    if (isDecreasing) {

        // ロープを縮めます。もしセグメントの長さがほとんど0なら
        // そのセグメントを破棄する
        // そうでなければ、先端のセグメントの長さを短くする

        if (topSegmentJoint.distance <= 0.005f) {
            RemoveRopeSegment();
        } else {
            topSegmentJoint.distance -= ropeSpeed *
                Time.deltaTime;
        }

    }

    if (lineRenderer != null) {
        // LineRendererは点の集合を元に線を描画する
        // この点はロープのセグメントの位置と同期している必要がある

        // LineRendererの頂点の数は、ロープのセグメントの数と
        // ロープの先端のアンカーポイントと、ノームの足元のポイントを
        // 合計した数になる
        lineRenderer.positionCount
          = ropeSegments.Count + 2;

        // 先端の頂点はいつもロープの位置にある
        lineRenderer.SetPosition(0,
          this.transform.position);

        // LineRendererの頂点はすべてのロープのセグメントの位置に
        // 対応するようにする

        for (int i = 0; i < ropeSegments.Count; i++) {
            lineRenderer.SetPosition(i+1,
                ropeSegments[i].transform.position);
        }

        // 最後の頂点は接続されるオブジェクトのアンカーの位置になる
        SpringJoint2D connectedObjectJoint =
          connectedObject.GetComponent<SpringJoint2D>();
        lineRenderer.SetPosition(
```

```
                    ropeSegments.Count + 1,
                    connectedObject.transform.
                        TransformPoint(connectedObjectJoint.anchor)
                );
            }
        }
```

毎回Updateメソッドが呼ばれるたび（毎回ゲームが画面を再描画するとき）、ロープは`isIncresing`か`isDecreasing`が真になっているかを確認します。

`isIncreasing`が真だと確認できた場合はロープは先端のセグメントのSpringJointコンポーネントの`distance`プロパティーを徐々に増やしていきます。もし、このプロパティーが`maxRopeSegment`変数の値以上になったら新しいロープセグメントが生成されます。

逆に`isDecreasing`が真だった場合、`distance`プロパティーは減少します。もし、この値がほとんど0になると先端のロープのセグメントは破棄されます。

最後に、`LineRenderer`が更新されて描画用の頂点の位置がロープセグメントオブジェクトの位置と一致します。

4.4.2　ロープの設定

これでロープのコードは準備できたので、シーン内のオブジェクトでコードを使いことができます。そのためには次の手順を行います。

1. **Ropeオブジェクトの設定を行います**。Ropeゲームオブジェクトを選択してください。
   Rope SegmentプレハブをRopeコンポーネントの［Rope Segment Prefab］スロットにドラッグして入れてください。また、ノームのPrototype Leg RopeオブジェクトをドラッグしてRopeコンポーネントの［Connected Object］スロットに入れてください。そのほかの値はデフォルトのままにしてください。これらの値は`Rope.cs`ファイルで定義しています。これを終えるとRopeオブジェクトの［Inspector］は**図4-18**のようになります。

4.4　ロープ　　59

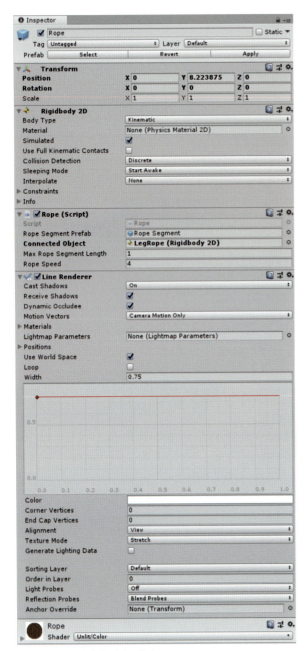

図4-18 Ropeオブジェクトの設定

2. **ゲームを実行します。** ノームはRopeオブジェクトからぶら下がっていて、線がノームとその少し上の点をつないでいるのがわかるでしょう。

　ロープの準備でひとつやり残したことがあります。Line Rendererにマテリアルを適用します。次の手順を行ってください。

1. **マテリアルを作成します**。［Assets］メニューを開いて、［Create］→［Material］を選択してください。新しいマテリアルの名前をRopeとしてください。

2. **Ropeマテリアルの準備をします**。新しく作ったRopeマテリアルを選択して、［Inspector］でShaderメニューを開いてください。［Unlit］→［Color］を選択してください。［Inspector］は新しいシェーダーのパラメーターとして［Main Color］を表示します。その色の付いた枠の部分を押してポップアップウィンドウを表示し、ダークブラウンになるように色を変更してください。

3. **Ropeに新しいマテリアルを適用します**。Ropeオブジェクトを選択して、［Inspector］のLine Rendererコンポーネントの［Materials］プロパティーを開きます。先ほど作成したRopeマテリアルを［Element 0］スロットにドラッグして入れます。

4. **再びゲームを実行します**。ロープが茶色くなっているはずです。

4.5　まとめ

　ここまででゲーム構造の中心部分が形成され始めました。ゲーム機能の2つの重要なパーツである、ラグドールで表現されたノームとそれを吊るすためのロープです。

　次の章では、これらのオブジェクトを使ってゲームプレイするシステムを実装します。それは素晴らしいものになるでしょう。

5章
ゲームプレイに向けた準備

　ノームとロープを作成できたので、ここからはユーザーの入力をゲームに反映するシステムを準備します。

　このシステムを2つのパートで実現します。まずは、スマートフォンが傾いたときにノームが左右に振れることを実現するスクリプトを追加します。そのあと、ロープの伸縮を行うボタンを追加します。

　それが済んだら、ゲーム全体の動作を行うコードの実装を始めます。まず初めに、今後ノームが使うことになる多くのものを準備します。そのあと、ゲームの重要な状態を管理するマネージャーオブジェクトを実装します。

5.1　入力

　これからの開発を進めるためにデバイスからの入力を受け取る必要があるので、Unity エディターで入力を受け取れるようにしておきます。そうしないと、ゲームをビルドしてデバイスにインストールする以外に確認の方法がなく、それには時間がかかります。ビルドしなくても、Unity では加えた変更を迅速にテストすることができます。毎回ビルドしていたのでは、時間がかかって開発スピードが落ちてしまいます。

5.1.1　Unity Remote

　Unity エディターに簡単に入力を提供するために、Unity は App Store に Unity Remote というアプリを用意しています。Unity Remote はスマートフォンのケーブルを介して Unity エディターに接続します。エディター上でゲームを実行すると、スマートフォンにも［Game］ウィンドウのコピーが映し出され、スマートフォンからはタッチとセンサーの情報がスクリプトに送り返されます。これでビルドしなくてもゲームをテストできます。スマートフォンで行うことはアプリを立ち上げて、インストールされたゲームと同様にプレイするだけです。

　Unity Remote にはいくつかの欠点があります。

- ゲームをスマートフォンに表示するため、Unity は画像をほんの少し圧縮します。ビジュアルのクオリティを下げることに加えて、映像をスマートフォンに伝送するためにレイテンシが大きくなり、フレームレートは低くなります。

63

- ゲームはコンピューター上で実行されているため、フレームレートはスマートフォンで実行したときと同じにはなりません。グラフィックに凝ったシーンだったり、スクリプトが毎フレーム実行するのに長時間を要したりする場合は、スマートフォン上でゲームを実行したときと同じパフォーマンスは得られません。
- 最後にひとつ、もちろんスマートフォンがコンピューターに接続されているときにしか動きません。

Unity Remoteを実行するには、お持ちのデバイスのアプリストアからダウンロードして、起動し、USBケーブルを使ってコンピューターに接続してください。そしてプレイボタンを押してください。ゲームがデバイスに表示されるはずです。

デバイスに何も映ってない場合は、[Edit] メニューを開いて [Project Settings] → [Editor] を選択してください。エディターのセッティングが [Inspector] 上に開きます。そこで [Device] の設定を自分のスマートフォンに合わせて変更してください。

Unity Remoteをお持ちのデバイスにインストールする方法については、Unityのドキュメント（https://docs.unity3d.com/ja/Manual/UnityRemote5.html）を参照してください。

5.1.2　チルトコントローラーの追加

これはInputManager（加速度センサーから情報を読み込みます）とSwinging（InputManagerから入力を受け取ってリジッドボディに左右方向の力を加えます。この場合リジッドボディはノームの身体になります）という2つのスクリプトによって動作します。

5.1.3　シングルトンクラスの作成

InputManagerはシングルトンオブジェクトになります。つまり、シーン内にInputManagerは必ずひとつしか存在せず、他のすべてのオブジェクトはこれにアクセスすることになります。最終的には別のタイプのシングルトンをコードに追加するので、コードの複数のパートで再利用できるようにクラス化するのが理にかなっているでしょう。InputManagerが利用するSingletonクラスを準備するには次の手順を行います。

1. Singletonスクリプトを作成します。Scriptフォルダーにて [Asset] メニューを開いて、[Creat] → [C# Script] を選択して新しいC#スクリプトアセット作ります。スクリプトの名前をSingletonにしてください。
2. Singletonのコードを追加します。Singleton.csを開いて、内容を下記のコードで置き換えてください。

```
using UnityEngine;
using System.Collections;
```

```csharp
// このクラスは他のオブジェクトが単一の共有オブジェクトを
// 参照することを実現する。GameManagerクラスとInputManagerクラスが
// これを使用する

// これを使うためのサブクラスの宣言は以下のようになる
// public class MyManager : Singleton<MyManager>  {  }

// そのあと、クラスの単一の共有インスタンスには以下のようにアクセスできる
// MyManager.instance.DoSomething();

public class Singleton<T> : MonoBehaviour
  where T : MonoBehaviour {

  // このクラスの単一のインスタンス
  private static T _instance;

  // アクセサー。初めてこれが呼ばれたときに_instanceが準備される
  // 適切なオブジェクトが見つからない場合はエラーをログに出力する
  public static T instance {
    get {
      // もしまだ_instanceが準備されていないなら
      if (_instance == null)
      {
        // オブジェクトを探す
        _instance = FindObjectOfType<T>();

        // 見つけられないときはログに出力する
        if (_instance == null) {
          Debug.LogError("Can't find " +
            typeof(T) + "!");
        }
      }

      // インスタンスが使えるのでリターンする！
      return _instance;
    }
  }
}
```

　Singletonクラスは次のように動作します。他のクラスがこのテンプレートクラスのサブクラスになると、静的プロパティーinstanceを受け継ぎます。このプロパティーは必ずこのクラスの共有インスタンスを参照します。つまり、他のスクリプトがInputManager.instanceを呼んだ場合、必ず同一のInputManagerを参照します。

　このようにすることで、InputManagerを必要とするスクリプトが、InputManagerを参照する変数を持たずに済むという利点があります。

5.1.4　InputManagerシングルトンの実装

　Singletonクラスを作成したので、続いてInputManagerを作成しましょう。

1. **InputManagerゲームオブジェクトを作成します。** 新しいゲームオブジェクトを作って、名前をInputManagerとしてください。
2. **InputManagerスクリプトを作成して追加します。** InputManagerオブジェクトを選択して、［Add Component］ボタンを押してください。**InputManager**と入力し、［New Script］を選んで新しく作成してください。必ずスクリプトの名前がInputManager、［Language］がC Sharpになっていることを確認してください。
3. **InputManager.csにコードを追加します。** 先ほど作成した`InputManager.cs`ファイルを開いて、次のコードを追加してください。

```
using UnityEngine;
using System.Collections;

// 加速度センサーの値を左右方向に揺らすための情報に変換
public class InputManager : Singleton<InputManager> {

    // どれくらい移動しているか。
    // -1.0は完全に左、+1.0は完全に右を表す
    private float _sidewaysMotion = 0.0f;

    // このプロパティーは読み取り専用で宣言されているので、
    // 他のクラスはこれを変更できない
    public float sidewaysMotion {
      get {
        return _sidewaysMotion;
      }
    }

    // 毎フレーム傾きを格納する
    void Update () {
      Vector3 accel = Input.acceleration;

      _sidewaysMotion = accel.x;
    }
}
```

InputManagerクラスはビルトインのInputクラスを通して毎フレーム加速度センサーの値をサンプリングして、Xコンポーネント（デバイスの左右方向に適用されている力の量を計測）の値を変数に格納します。この変数はpublicな読み取り専用プロパティーsidewayMotionを用いて公開されます。

読み取り専用のプロパティーは、他のクラスがこの値に誤って書き込むことを防ぐために用います。

他のクラスがスマートフォンが左右にどの程度傾いているかを確認したい場合は、単純に`InputManager.Instance.sidewayMotion`を呼び出すだけです。

それではSwingingのコードを書いていきましょう。

1. ノームのBodyオブジェクトを選択してください。

2. 新たにSwinging.csというC#スクリプトを作って追加してください。次のコードを追加します。

```
using UnityEngine;
using System.Collections;

// InputManagerを使用して、左右方向の力をオブジェクトに適用する
// これでノームを左右に揺らす
public class Swinging : MonoBehaviour {

    // どのぐらい揺らすか？ 数値が大きいほど大きく振れる
    public float swingSensitivity = 100.0f;

    // 物理エンジンの処理をましにするため、Updateの代わりにFixedUpdateを使う
    void FixedUpdate() {

        // もし、もうリジッドボディを持っていないならこのコンポーネントを破棄する
        if (GetComponent<Rigidbody2D>() == null) {
            Destroy (this);
            return;
        }

        // 傾きの度合いをInputManagerから取得する
        float swing = InputManager.instance.sidewaysMotion;

        // 適用する力を計算する
        Vector2 force =
            new Vector2(swing * swingSensitivity, 0);

        // 力を適用する
        GetComponent<Rigidbody2D>().AddForce(force);
    }

}
```

Swingingクラスは物理システムが更新されるたびにコードを実行します。まず初めに、オブジェクトがRigidbody2Dコンポーネントをまだ持っているかをチェックします。もし持っていないなら直ちにリターンします。もし持っているなら、sidewayMotionをInputManagerから受け取ってVector2を作成するのに用います。そのあとそれをオブジェクトのリジッドボディに力として適用します。

3. ゲームを実行してください。スマートフォンでUnity Remoteを起動して、スマートフォンを左右に傾けてください。ノームが左右に移動します。

5.1 入力　67

スマートフォンを大きく振り回すと、Unity Remoteが横画面表示になって画像を引き伸ばすかもしれません。デバイスの回転をロックする機能をオンにしてこれを防いでおいてください。

5.1.5　ロープの操作

　さてこれからロープの伸び縮みを行うためのボタンを追加しましょう。これらはUnityのGUIのボタンを使って実装します。ユーザーが下ボタンを押してホールドし始めたらロープは伸び始め、ユーザーがそれを離したらロープは伸びるのをやめます。上ボタンも同様に動作して、ロープは収縮の開始と停止をします。

1. **ボタンを追加します。**［GameObject］メニューを開いて、［UI］→［Button］を選びます。これによって、ボタンが追加されるとともに、それを表示するためのCanvasと入力を扱うためのEventSystemが追加されます（これらの追加オブジェクトについて気にする必要はありません）。ボタンのゲームオブジェクトの名前をDownにしてください。
2. **ボタンを右下に配置します。**Downボタンを選択して、［Inspector］の左上に見える［Anchor］ボタンを押してください。ShiftキーとAltキー（Macならoptionキー）をホールドして［bottom-right］オプションを押してください（**図5-1**参照）。こうすることでボタンのアンカーと位置を右下に設定したことになります。その結果として、ボタンがスクリーンの右下に移動したと思います。

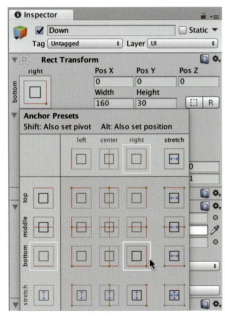

図5-1　Downボタンのアンカーを右下に設定する。このスクリーンショットでは、ShiftキーとAltキーもホールドされているので、［bottom-right］を押すと、ピボットポイントとオブジェクトの位置も設定される

3. ボタンのテキストをDownにします。ボタンはTextという名前の子オブジェクトを持っています。このオブジェクトはボタンに含まれているラベルです。これを選択して［Inspector］にて、アタッチされているTextコンポーネントを見つけてください。［Text］プロパティーをDownに変更します。ボタンには「Down」と表示されます。
4. DownオブジェクトからButtonコンポーネントを取り除きます。Buttonコンポーネントの右上にある歯車のアイコンを押して、［Remove Component］を選択してください。

これは少し予想外のことだと思いますが、このUIエレメントには標準的なボタンの挙動は期待していません。

標準的なボタンは押されたときにイベントを送信します。つまりユーザーが指をボタンの上に置いて、離した瞬間です。この場合は、指が離れたときにだけイベントが送信されるので、今回の用途では使えません。今回は指がボタンを押し続けている間と、指が離れたときに別々のイベントを送信したいからです。

そのため、今回は代わりにロープにメッセージを伝えるコンポーネントを手動で追加していきます。

5. Event TriggerコンポーネントをDownオブジェクトに追加します。このコンポーネントはインタラクションが起きるか監視していて、起きたときにメッセージを送信します。
6. Pointer Downイベントを追加します。［Add New Event Type］ボタンを押して、現れたリストから［Pointer Down］を選択します。
7. RopeのisIncreasingプロパティーをイベントに接続します。［Pointer Down］のリストの中の［＋］ボタンを押すと新しいエントリーが現れます（図5-2参照）。

［Hierarchy］ウィンドウからRopeオブジェクトをドラッグして、先ほど現れたオブジェクトスロットに入れます。

メソッドを［No Function］から［Rope.isIncreasing］に変更します（これを選択するとドロップダウンメニューは［Rope.isIncreasing］と表示されます）。これによってボタンは指がボタンに乗ったときにロープのisIncreasingプロパティーを変更します。

［Rope.isIncreasing］の下のチェックボックスにチェックを付けてください。こうすることでisIncreasingをtrueにします。

これを終えるとPointer Downイベント内の新しい項目は図5-3のようになります。

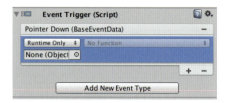

図5-2 リスト内の新しいイベント

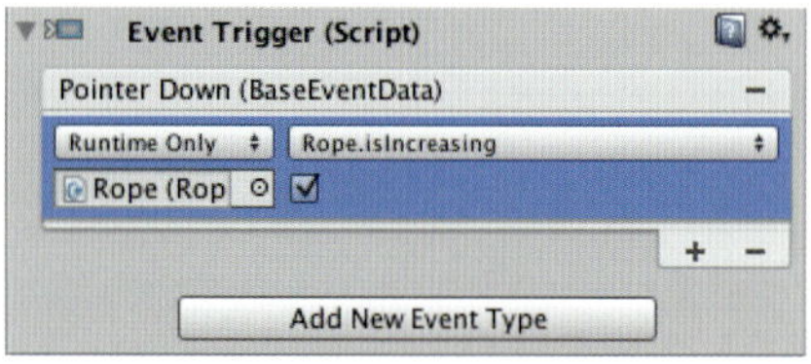

図5-3 設定を済ませた状態のPointer Downイベント

    8. **Pointer Upイベントを追加して、RopeのisIncreasingプロパティーをfalseに設定するようにします**。指がボタンから離れたらロープが伸びるのを止めるようにします。

    Event Triggerの［Add New Event Type］ボタンを押して、新しくPointer Upイベントを追加して、RopeのisIncreasingプロパティーのチェックを外します。これで指が離れたときにisIncreasingがfalseに変わります。

    この作業を終えると［Inspector］でEvent Triggerは図5-4のようになるはずです。

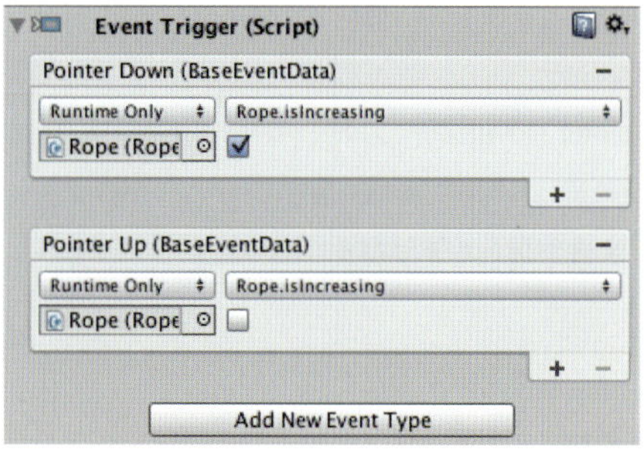

図5-4 Down buttonのイベントトリガーの設定を終えた状態

    9. **Downボタンをテストします**。ゲームを起動して、Downボタンを押してホールドしたままにしてください。ロープは伸び始めて、マウスボタンを離すと止まるはずです。もし、思った動作をしていないならDownボタンに設定したイベントを再度チェックしてください。Pointer DownはisIncreasingをtrueに、Pointer UpはisIncreasingをfalseに変更するよう設定します。

    10. **Upボタンを追加します**。先ほどと同じ工程をロープを収縮するボタンの準備のために行います。Downボタンと同様に、ボタンを追加して右下に配置してから少しだけ上に移動してください。

ラベルには「Up」と表示し、Buttonコンポーネントを取り除いた上で、Event Teigger
（Pointer DownとPointer Upの2つのイベントタイプを設定）を追加してください。2
つのEvent TriggerがRopeのisDecreasingプロパティーに影響するようにします。
2つのボタンの差はラベルの文字と影響するプロパティーだけです。その他は同一で
す。

11. **Upボタンをテストします。** ゲームを再度実行します。ロープを伸ばしたり縮めたりで
きるはずです。

スマートフォンでUnity Remoteを起動して、ノームを左右に振り回したりロープを伸
び縮みさせたりできます。

これで入力システムのコア部分は完成です。おめでとうございます！

5.1.6　カメラがノームに追従するようにする

現在は、Downボタンを押し続けるとロープが伸びて、ノームが降りていくと画面に映らな
くなります。ここで必要になるのはカメラがノームに追従することです。

これを実現するためには、Cameraにアタッチするスクリプトを作って、カメラのY座標（垂
直の位置）を他のオブジェクトのY座標に合わせます。この「他のオブジェクト」としてノーム
を設定することで、カメラはノームに追従します。このスクリプトはカメラにアタッチされ、
ノームの身体を追うように設定します。このスクリプトを作成するには次の手順に従ってくだ
さい。

1. **CameraFollowスクリプトを追加します。** ［Hierarchy］からMain Cameraを選んで、新
しくCameraFollowという名前でC#コンポーネントを追加します。

2. 以下のコードをCameraFollow.csに追加します。

```csharp
// 一定の制限を持ってカメラのY座標がターゲットオブジェクトに
// 合うように調節する
public class CameraFollow : MonoBehaviour {

    // Y座標を合わせたいオブジェクト
    public Transform target;

    // カメラの位置の値の上限
    public float topLimit = 10.0f;

    // カメラの位置の下限
    public float bottomLimit = -10.0f;

    // ターゲットの方にどのくらいの速度で移動するか
    public float followSpeed = 0.5f;

    // すべてのオブジェクトの位置が更新されたら、
    // このカメラの位置を更新する
    void LateUpdate () {
```

5.1　入力　　71

```
    // もしターゲットがあるなら
    if (target != null) {

        // このオブジェクトの位置を取得
        Vector3 newPosition = this.transform.position;

        // このカメラがどの位置にあるべきかを計算する
        newPosition.y = Mathf.Lerp (newPosition.y,
            target.position.y, followSpeed);

        // 新しい位置を制限内に収める
        newPosition.y =
            Mathf.Min(newPosition.y, topLimit);
        newPosition.y =
            Mathf.Max(newPosition.y, bottomLimit);

        // 位置を更新する
        transform.position = newPosition;

    }

}

// エディターで選択されたときに上限から下限まで線を引く
void OnDrawGizmosSelected() {

    Gizmos.color = Color.yellow;

    Vector3 topPoint =
        new Vector3(this.transform.position.x,
            topLimit, this.transform.position.z);

    Vector3 bottomPoint =
        new Vector3(this.transform.position.x,
            bottomLimit, this.transform.position.z);

    Gizmos.DrawLine(topPoint, bottomPoint);

}

}
```

CameraFollowのコードはLateUpdateメソッドを使っています。これは、他のすべてのオブジェクトが自らのUpdateメソッドを呼び出したあとに呼ばれます。Updateはしばしばオブジェクトの位置の更新に使われます。LateUpdateを使うということは、このコードがオブジェクトの位置の更新の**あと**に実行されるということになります。

CameraFollowはアタッチされているオブジェクトのTransformのY座標の位置を合わせますが、その位置は上限と下限を確実に超えないようになっています。これはロープが完全に縮まったときにカメラは上方の空いたスペースを表示しないようにするためです。加えて、

72 5章 ゲームプレイに向けた準備

コードではターゲットの位置を追従する計算に`Mathf.Lerp`メソッドを使用しています。これでオブジェクトを緩く追従するようになります。`followSpeed`パラメーターを1に近づけるとカメラの移動は速くなります。

上限下限を表示するために`OnDrawGizmosSelected`メソッドが実装されています。このメソッドはUnityエディター自身によって使用され、カメラが選択されたときに上限から下限に向けて線を描画します。もし［Inspector］上で`topLimit`プロパティーと`bottomLimit`プロパティーを変更すると、線の長さが変わるのがわかると思います。

3. **CameraFollowコンポーネントを設定します。** ノームのPrototype Bodyオブジェクトをドラッグして［Target］スロットに入れ（図5-5参照）、他のプロパティーはそのままにしておきます。

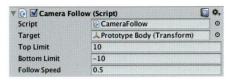

図5-5 CameraFollowのセットアップ

4. **カメラをテストします。** ゲームを実行してDownボタンを使ってノームを下げてください。カメラがノームを追従します。

5.1.7 スクリプトとデバッグ

これからコードはより複雑になっていくので、ここでスクリプトに含まれる問題の見つけ方を説明しておきましょう。

タイポをしたりロジックにエラーがあったりすると、スクリプトが期待した動作をしないことがあります。これらの問題を追跡して解決するためには、MonoDevelopが提供するデバッグ用の機能を使うことができます。ブレークポイントをセットしたり、プログラムの状態を検査したり、スクリプトの実行を適確に制御できます。

 スクリプトを編集するには任意のテキストエディターを使用できますが、開発作業を行うためには専用の開発環境アプリを使う必要があります。Unity 2017系を使用しているならMonoDevelopかVisual Studioを、Unity 2018系を使用しているならVisual Studioを使うことになります。本書の本節ではMonoDevelopを使用します。もしVisual Studioを使いたいのであれば、「付録B Visual Studio 2017 Communityによるデバッグの方法」を参考にしてください。

5.1.7.1　ブレークポイントをセットする

この機能を試すには書いたばかりのRopeスクリプトにブレークポイントをセットして、ス

クリプトの挙動の詳細を見てみましょう。それをするには次の手順に沿ってください。

1. Rope.csをMonoDevelopで開きます。
2. Updateメソッドを探します。特に次の行を見つけてください。

   `if (topSegmentJoint.distance >= maxRopeSegmentLength) {`

3. この行の左にある細いグレー色の列の中を押してください。ブレークポイントがひとつ追加されます（図5-6）。

```
// Every frame, increase or decrease the rope's length if neccessary
void Update() {
    
    // Get the top segment and its joint.
    GameObject topSegment = ropeSegments[0];
    SpringJoint2D topSegmentJoint =
        topSegment.GetComponent<SpringJoint2D>();
    
    if (isIncreasing) {
    
        // We're increasing the rope. If it's at max length,
        // add  a new segment; otherwise, increase the top
        // rope segment's length.
        if (topSegmentJoint.distance >= maxRopeSegmentLength) {
            CreateRopeSegment();
        } else {
            topSegmentJoint.distance += ropeSpeed *
                Time.deltaTime;
        }
    
    }
}
```

図5-6　ブレークポイントを追加

続いてMonoDevelopをUnityに接続します。これでブレークポイントに遭遇したときにUnityは停止されMonoDevelopに移ります。

4. MonoDevelopウィンドウの左上にあるプレイボタンを押してください（図5-7）。

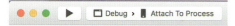

図5-7　MonoDevelopウィンドウの左上にあるプレイボタン

5. Unityでゲームを実行してDownボタンを押してください。

ボタンを押した瞬間にUnityは一時停止してMonoDevelopが現れます。ブレークポイントのある行がハイライトされ、ここが現在の実行しているポイントだということを指しています。

ここまでできるとプログラムの状態をより詳しく見ることができます。エディターの下段には、スクリーンが2つのウィンドウに分かれていることがわかります。［Locals］ウィンドウと［Immediate］ウィンドウです（お使いの環境によっては異なるタブが開くと思いますが、その

場合は、目的のウィンドウをクリックして開きます）。

［Locals］ウィンドウでは現在のスコープの変数のリストを見ることができます。

6. ［Locals］ウィンドウにてtopSegmentJoint変数を開いてください。変数の中にあるフィールドのリストが現れて、検査することができます（図5-8）。

Name	Value	Type
▶ this	{Rope (Rope)}	Rope
▶ topSegment	{Rope Segment(Clone) (UnityEngine.GameObject)}	UnityEngine.GameOb
▼ topSegmentJoint	{Rope Segment(Clone) (UnityEngine.SpringJoint2D)}	UnityEngine.SpringJo
▶ base	{UnityEngine.AnchoredJoint2D}	UnityEngine.Anchorec
autoConfigureDistance	false	bool
dampingRatio	1	float
distance	1	float
frequency	30	float

図5-8　topSegmentJointの中身のデータを［Locals］ウィンドウで確認

［Immediate］ウィンドウではC#のコードを記述してその結果を確認することができます。例えば、図5-8に見えるtopSegmentJointのdistanceプロパティーと同じ情報を確認するためには、**topSegmentJoint.distance**と入力します。

コードのデバッグを終えたなら、デバッガーにUnityの実行を続行するように伝える必要があります。そのためにはデバッガーの接続を解除するか、デバッガーの接続は維持したまま実行を続行する信号を送るかの2通りの方法があります。

もしデバッガーの接続を解除したなら、ブレークポイントはヒットしなくなりデバッガーの再接続が必要になります。もしデバッガーの接続を維持するなら、次にヒットしたブレークポイントでゲームはまた一時停止します。

- デバッガーの接続を解除するには［Stop］ボタンを押してください（図5-9）。

図5-9　デバッガーを停止する

- デバッガーの接続を維持しつつ続行するなら［Continue］ボタンを押します（図5-10）。

図5-10　ゲームの実行を続行させる

5.2　ノームのコードのセットアップ

　ノーム自身をセットアップするときがようやくきました。ノームはゲーム内での自分の状態について少し理解しておく必要がありますし、もちろん自身に降りかかる出来事についても知る必要があります。

　特に、次のことはノームが行うことが望ましいでしょう。

- ダメージを受けたときに、(どんなダメージを受けたのかに依存した) パーティクルエフェクトを表示します。
- 死亡時にいくつか行うことがあります。
  - 異なるボディパーツ (こちらも受けたダメージに依存) のスプライトの更新を行って、いくつかは分離します。
  - 死後、上方に移動していく Ghost オブジェクトを作成します。
  - 手足が分離されたときに血しぶきを生成します。各手足に対して、どこに血しぶきを生成するかを知る必要があります。
  - 分離された手足が止まったとき、それはすべての物理特性を失って、プレイヤーに干渉しないようにしなくてはいけません (死んだノームが底に積み重なって、宝に手が届かないことがないようにしなくてはいけません)。
- 宝を持っているかどうかの状態は常に追跡しておかなくてはいけません。状態が変わったら、宝を持っていることを示すために、holding アームのスプライトを生成します。
- いくつかの重要な情報を持っておく必要があります。例えばカメラがどのオブジェクトに追従するとかどのリジッドボディにロープがつながるかといった情報です。
- 死んだかどうかも追跡してなくてはいけません。

　意識してほしいことは、これはゲーム全体の状態とは分離されていることです。ノームはノーム自身の状態を管理するのであって、プレイヤーがゲームに勝ったかどうかは追跡しません。(最終的には) ゲーム全体の状態を管理するオブジェクトも作成して、ノームの死を引き起こしたりします。

　このシステムを実装するために、ノームを全体として管理するスクリプトが必要です。加えて、各ボディパーツにもスクリプトを追加する必要があります (それらのスプライトの管理と、それらが移動したあとに物理特性を止めるために)。

　血しぶきがどこから噴射するかを追跡するために追加情報を加える必要があります。これらの位置は (シーン内に位置できるため) ゲームオブジェクトによって表されます。各ボディパーツは対応する「血しぶき」の位置を参照します。

　それではボディパーツのスクリプトから始めて、そのあとノームのスクリプトに移っていきましょう。なぜこの順番で作業を進めるかというと、主役のノームのスクリプトは BodyPart スクリプトを参照する必要がありますが、BodyPart スクリプトはノームを参照する必要はないからです。

1. **BodyPart.cs ファイルを作成します。** BodyPart.cs という名前で新しいC#スクリプトを作ってください。以下のコードを追加してください。

```csharp
[RequireComponent (typeof(SpriteRenderer))]
public class BodyPart : MonoBehaviour {

    // ApplyDamageSpriteメソッドが、Slicingダメージで呼ばれたときに
    // 使うスプライト
    public Sprite detachedSprite;

    // ApplyDamageSpriteメソッドがBurningダメージで呼ばれたときに
    // 使うスプライト
    public Sprite burnedSprite;

    // メインボディ上に表示する血しぶきの位置と回転を表す
    public Transform bloodFountainOrigin;

    // もし真なら、休止状態のときに、このオブジェクトは
    // コリジョン、ジョイントとリジッドボディを取り除く
    bool detached = false;

    // 親オブジェクトから切断して、物理特性を解除するように
    // フラグを立てる
    public void Detach() {

        detached = true;

        this.tag = "Untagged";

        transform.SetParent(null, true);

    }

    // 毎フレーム、もし分離されていてリジッドボディが休止状態なら
    // 物理特性を外す。これにより、この分離されたボディパーツは
    // ノームの行く手を邪魔しなくなる

    public void Update() {

        // もし分離されていないなら何もしない
        if (detached == false) {
            return;
        }

        // リジッドボディが休止状態かどうか
        var rigidbody = GetComponent<Rigidbody2D>();

        if (rigidbody.IsSleeping()) {
            // もし休止状態ならすべてのジョイントを破棄する
            foreach (Joint2D joint in
                GetComponentsInChildren<Joint2D>()) {
                Destroy (joint);
            }
```

5.2　ノームのコードのセットアップ　　**77**

```csharp
      // すべてのリジッドボディも破棄する
      foreach (Rigidbody2D body in
        GetComponentsInChildren<Rigidbody2D>()) {
        Destroy (body);
      }

      // そしてすべてのコライダーも破棄する
      foreach (Collider2D collider in
        GetComponentsInChildren<Collider2D>()) {
        Destroy (collider);
      }

      // 最終的にこのスクリプトを取り外す
      Destroy (this);

    }

  }

  // どの種類のダメージを受けたかに応じて
  // このパーツのスプライトを交換する
  public void ApplyDamageSprite(
    Gnome.DamageType damageType) {

    Sprite spriteToUse = null;

    switch (damageType) {

    case Gnome.DamageType.Burning:
      spriteToUse = burnedSprite;
      break;

    case Gnome.DamageType.Slicing:
      spriteToUse = detachedSprite;
      break;
    }

    if (spriteToUse != null) {
      GetComponent<SpriteRenderer>().sprite =
        spriteToUse;
    }

  }
}
```

このコードはまだコンパイルが通りません。なぜなら、まだ記述していないGnome.DamageTypeという型を使っているからです。これはこのあとGnomeクラスを記述するときに追加します。

BodyPartスクリプトは2つの異なるタイプのダメージに対して働きます。燃えるダメージと切断されるダメージです。これらはこの後記述するGnome.DamageType列挙型によって表され、複数の異なるクラス内のダメージに関連するメソッドで使われます。いくつかの種類のトラップによって適用されるBurningダメージは、燃えているビジュアルエフェクトを引き起こし、Slicingダメージは他のトラップによって適用され、ノームの身体から赤い血のパーティクルの放出を伴う（結構血まみれになる）切るエフェクトを引き起こします。

BodyPartクラスが動作するためには、ゲームオブジェクトにSpriteRendererがアタッチされていることを要求するようにします。異なるタイプのダメージがボディパーツのスプライトを変更することになるので、BodyPartスクリプトを持つオブジェクトにSpriteRendererを持つことを要求するのは合理的です。

このクラスはいくつかの異なるプロパティーを持ちます。detachedSpriteはノームがSlicingダメージを受けたときに使われ、burnedSpriteはノームがBurningダメージを受けたときに使われます。加えて、bloodFountainOriginは主役のGnomeコンポーネントに血しぶきのオブジェクトを追加するためのTransform情報です。このクラスでは使われませんが、この情報はこのクラスで保持します。

さらに、BodyPartスクリプトはRigidBody2Dコンポーネントがスリープ状態（少しの間移動しておらず、新たに力が加えられていないとき）かどうかを検出します。もしスリープ状態ならBodyPartスクリプトはスプライトレンダラー以外のすべてをこのオブジェクトから取り除き、効果的にゲームの装飾に変えます。これはレベルがノームの四肢でいっぱいになってしまって、プレイヤーの移動を妨げてしまうのを防ぐために必要です。

血しぶきの機能は「8.2 パーティクルエフェクト」で再び取り上げる予定です。ここでは、後ほど追加する作業を早めるための、初期設定を少し行います。

続いてはGnome自身を追加していきます。このスクリプトの大半はあとでノームの死亡を実装するときに準備しますが、前もって作っておくことはよいことです。

2. **Gnomeスクリプトを作成します。** 新たにGnome.csという名前のC#スクリプトを作ります。

3. **Gnomeコンポーネントにコードを追加します。** 以下のコードをGnome.csに追加してください。

    ```
    public class Gnome : MonoBehaviour {

        // カメラが追従するオブジェクト
        public Transform cameraFollowTarget;

        public Rigidbody2D ropeBody;

        public Sprite armHoldingEmpty;
    ```

```csharp
public Sprite armHoldingTreasure;

public SpriteRenderer holdingArm;

public GameObject deathPrefab;
public GameObject flameDeathPrefab;
public GameObject ghostPrefab;

public float delayBeforeRemoving = 3.0f;
public float delayBeforeReleasingGhost = 0.25f;

public GameObject bloodFountainPrefab;

bool dead = false;

bool _holdingTreasure = false;

public bool holdingTreasure {
  get {
    return _holdingTreasure;
  }
  set {
    if (dead == true) {
      return;
    }

    _holdingTreasure = value;

    if (holdingArm != null) {
      if (_holdingTreasure) {
        holdingArm.sprite =
          armHoldingTreasure;
      } else {
        holdingArm.sprite =
          armHoldingEmpty;
      }
    }

  }
}

public enum DamageType {
  Slicing,
  Burning
}

public void ShowDamageEffect(DamageType type) {
  switch (type) {

  case DamageType.Burning:
    if (flameDeathPrefab != null) {
      Instantiate(
          flameDeathPrefab,cameraFollowTarget.position,
```

```csharp
            cameraFollowTarget.rotation
        );
    }
    break;

    case DamageType.Slicing:
      if (deathPrefab != null) {
        Instantiate(
            deathPrefab,
            cameraFollowTarget.position,
            cameraFollowTarget.rotation
        );
    }
    break;
  }
}

public void DestroyGnome(DamageType type) {

  holdingTreasure = false;

  dead = true;

  // すべての子オブジェクトを見つけて、それらのジョイントを
  // 無作為に切断する
  foreach (BodyPart part in
    GetComponentsInChildren<BodyPart>()) {

    switch (type) {

    case DamageType.Burning:
      // 1/3の確率で燃える
      bool shouldBurn = Random.Range (0, 2) == 0;
      if (shouldBurn) {
        part.ApplyDamageSprite(type);
      }

      break;

    case DamageType.Slicing:
      // 切るダメージは毎回ダメージスプライトを適用する
      part.ApplyDamageSprite (type);

      break;
    }

    // 1/3の確率で身体から外れる
    bool shouldDetach = Random.Range (0, 2) == 0;

    if (shouldDetach) {

      // このオブジェクトが停止したあとに、自身のリジッドボディと
      // コライダーを取り除く
```

5.2　ノームのコードのセットアップ　　81

```
        part.Detach ();

        // もし、身体から外れて、ダメージタイプがSlicingなら、
        // 血しぶきを追加

        if (type == DamageType.Slicing) {

          if (part.bloodFountainOrigin != null &&
            bloodFountainPrefab != null) {

            // 外れたパーツのために血しぶきをアタッチする
            GameObject fountain = Instantiate(
                bloodFountainPrefab,
                part.bloodFountainOrigin.position,
                part.bloodFountainOrigin.rotation
            ) as GameObject;

            fountain.transform.SetParent(
                this.cameraFollowTarget,
                false
            );
          }
        }

        // オブジェクトを切断する
        var allJoints = part.GetComponentsInChildren<Joint2D>();
        foreach (Joint2D joint in allJoints) {
            Destroy (joint);
        }
      }
    }
  }

  // RemoveAfterDelayコンポーネントをこのオブジェクトに追加
  var remove = gameObject.AddComponent<RemoveAfterDelay>();
  remove.delay = delayBeforeRemoving;

  StartCoroutine(ReleaseGhost());
}

IEnumerator ReleaseGhost() {

  // ゴースト用プレハブがないなら子ルーチンを脱ける
  if (ghostPrefab == null) {
    yield break;
  }

  // delayBeforeReleasingGhost秒待つ
  yield return new WaitForSeconds(delayBeforeReleasingGhost);

  // ゴーストを追加
  Instantiate(
      ghostPrefab,
      transform.position,
```

```
            Quaternion.identity
        );
    }
}
```

このコードを追加すると、いくつかのコンパイルエラーが発生するでしょう。その中には「The type or namespace name RemoveAfterDelay could not be found.」という行がいくつか含まれていると思います。これは想定どおりで、このあとにRemoveAfterDelayクラスを追加すると解決します。

Gnomeスクリプトは主にノームに関係する重要な情報を保持して、ノームがダメージを受けたときの処理を行います。これらの大半のプロパティーはノーム自身では使用されず、Game Manager（このあとすぐに記述します）によってノームを新しく作成するときのセットアップで使用されます。

いくつかのGnomeスクリプトのハイライトを確認しましょう。

- holdingTreasureプロパティーはセッターによってセットされます。holdingTreasureプロパティーが変わったとき、ノームのビジュアルも変化する必要があります。もし現在ノームが宝を持っているなら（holdingTreasureプロパティーがtrueのとき）、Arm Holdingスプライトレンダラーは宝を持っているスプライトを使う必要があります。逆に、もしプロパティーがfalseなら、スプライトレンダラーは宝を**持っていない**スプライトを使う必要があります。

- ノームがダメージを受けたときには、damage effectオブジェクトが生成されます。特定のダメージタイプに応じたオブジェクトが生成されます。もしBurningなら煙が噴き出てほしいですし、もしSlicingなら血が噴き出してほしいでしょう。ShowDamageEffectを使ってこれを描きます。

本書では、血のエフェクトを実装します。燃えるエフェクトは読者のチャレンジとして残しておきます！

- DestroyGnomeメソッドはすべての接続されているBodyPartコンポーネントに、ノームがダメージを受けたことと、各パーツが分離されるべきであることを伝えます。加えて、もしダメージタイプがSlicingなら、血しぶきを生成します。
  このメソッドはこのあとすぐに追加する予定のRemoveAfterDelayコンポーネントも生成します。これはノームをゲームから取り除きます。
  最後に、このメソッドはReleaseGhostコルーチンを呼び出します。このコルーチンは一定の時間待ってからGhostオブジェクトを生成します（Ghostプレハブの作成は読者の

チャレンジとして残しておきます）。

4. **BodyPartスクリプトコンポーネントをノームのすべてのボディパーツに追加します。**
   すべてのボディパーツ（頭部、脚、腕と身体）を選択して、BodyPartコンポーネントを追加してください。

5. **血しぶきのコンテナを追加します。** 空のゲームオブジェクトを作成してBlood Fountainsと名付けてください。これをPrototype Gnomeオブジェクト（ボディパーツではなく、それらの親のオブジェクト）の子にしてください。

6. **血しぶき用のマーカーを追加します。** 新たに空のオブジェクトを5つ作成して、Blood Fountainsオブジェクトの子にしてください。
   接続されているボディパーツと同じ名前にします。Head、Leg Rope、Leg Dangle、Arm Holdingと、Arm Looseです。
   これらのオブジェクトを、各関節の血しぶきが表示されてほしい位置に移動します（例えば、Headオブジェクトをノームの首に移動します）。そのあとオブジェクトをX軸で90°回転させて、Z軸（青い矢印）が血しぶきが吹き出す方向に向くようにします。回転の際はハンドルコントロール（2.2.3を参照）をLocalに切り替えてから行います。例を図5-11に示します。Headオブジェクトが選択されていて、青い矢印が下を向いています。これによってノームの首から血しぶきが矢印の向きに吹き出します。

図5-11 頭に対応した血しぶきの位置と回転

7. **血しぶき用のマーカーを各ボディパーツに接続します。** 各ボディパーツに対応した血しぶき用のマーカーをドラッグして、各パーツの[Blood Fountain Origin]スロットに入れてください。例えば、Head用血しぶきの原点をHeadボディパーツにドラッグします（図5-12参照）[*1]。Bodyは分離されるパーツではないのでこのスロットを持っていないです。間違ってもボディパーツ自身をこのスロットに入れないでください！ 直近

[*1] 訳注：コンパイルエラーが出ていて図5-12のような設定項目が表示されていない場合は、次の作業であるRemoveAfterDelayスクリプトを作成してから再度設定してください。

で新しく作ったゲームオブジェクトをドラッグしてください。

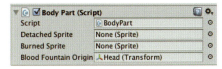

図5-12 Head用の血しぶきオブジェクトを接続

　ノームの身体は一定の遅延を持って消える必要があります。そのために、一定の時間が経過したらオブジェクトを消すというスクリプトを作ります。これは、しばらくしたら消えるファイヤーボールや、ゴーストなどゲームの処理でも活用できます。

1. **RemoveAfterDelayスクリプトを作成します。** RemoveAfterDelay.csというC#スクリプトを新たに作成してください。以下のコードを追加します。

    ```csharp
    // 一定時間待ってからオブジェクトを取り除く
    public class RemoveAfterDelay : MonoBehaviour {

        // 取り除く前に何秒待つか
        public float delay = 1.0f;

        void Start () {
            // Removeコルーチンを起動する
            StartCoroutine("Remove");
        }

        IEnumerator Remove() {
            // delay秒待ってから、このオブジェクトにアタッチされている
            // ゲームオブジェクトを破棄する
            yield return new WaitForSeconds(delay);
            Destroy (gameObject);

            // Destroy(this)とはしない。それだとこの
            // RemoveAfterDelayスクリプトが破棄される
        }
    }
    ```

 このコードを追加すると、先ほどまであったコンパイルエラーが消えます。Gnomeクラスが正しくコンパイルされるためにはRemoveAfterDelayクラスが必要だったからです。

　RemoveAfterDelayクラスはとてもシンプルです。コンポーネントが現れたときにコルーチンを使って一定時間待ちます。待ち時間を過ぎたらオブジェクトを破棄します。

2. **Gnomeスクリプトコンポーネントを Prototype Gnome にアタッチしてください。** そのあとに以下のように設定します。

- ［Camera Follow Target］がノームの身体になるようにセットしてください。
- ［Rope Body］に［Leg Rope］をセットしてください。
- ［Arm Holding Empty］スプライトに Assets/Sprites/Prototype Gnome の下にある Prototype Arm Holding スプライトをセットしてください。
- ［Arm Holding Treasure］スプライトに Assets/Sprites/Prototype Gnome の下にある Prototype Arm Holding with Gold スプライトをセットしてください。
- ［Holding Arm］オブジェクトにノームの Arm Holding ボディパーツをセットしてください。

  これを終えるとスクリプトの設定は図5-13のようになります。

  これらのプロパティーは、この後追加する Game Manager によって使用され、Camera Follow は正しいオブジェクトを狙うようになり、Rope は正しいボディパーツにつながるようになります。

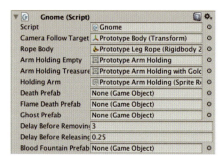

図5-13 設定済みの Gnome コンポーネント

5.3　ゲームマネージャーのセットアップ

　Game Manager はゲーム全体の管理を司るオブジェクトです。これはゲーム開始時にノームを作成したり、ノームがトラップや宝に触ったことを処理したり、そして一般的にはノームが処理すること以外のすべての処理を担当します。

　具体的には、Game Manager は以下のことをする必要があります。

1. ゲームがスタートかリスタートしたとき
    a. ノームのインスタンスを作成します。
    b. 必要なら古いノームを取り除きます。
    c. ノームをスタート位置に配置します。
    d. ノームにロープをつなぎます。
    e. Camera がノームを追従するようにします。
    f. 宝のような、リセットする必要があるオブジェクトをリセットします。
2. ノームが宝に触れたとき
    a. ノームの holdingTreasure プロパティーを変えることで、宝をつかんだこ

とを伝えます。

3. ノームがトラップに触れたとき

    a. ShowDamageEffectを呼んでダメージを受けたことを示します。

    b. DestroyGnomeを呼んで、ノームを死亡させます。

    c. ゲームをリセットします。

4. ノームが出口に触れたとき

    a. もし宝を持っているなら、ゲームオーバー画面を表示します。

Game Managerのコードを追加する前に、Game Managerが利用するクラスを新しく追加する必要があります。これをResettableクラスとします。

ゲームがリセットされるときにこのコードを一般的な方法で実行したいと思います。ひとつの方法としてUnity Eventsを使う方法があります。リセットが必要なオブジェクトにアタッチする、Unity Eventを持ったResettable.csをこれから作っていきます。ゲームがリセットされるとき、Game ManagerはすべてのResettableコンポーネントを持ったオブジェクトを見つけ、Unity Eventを呼び出します。

このようにすることで、個々のオブジェクトに対してリセット用のコードを書かなくても自身をリセットするように設定できます。例えば、後ほど追加するTreasureオブジェクトは、宝が残っていないことを示すためにスプライトを変更する必要があります。これにResettableコンポーネントを追加することで、元の宝があるスプライトに戻すようにします。

Resettableスクリプトを作成します。Resettable.csという名前で新しくC#スクリプトを作成して、以下のコードを追加してください。

```
using UnityEngine.Events;

// オブジェクトの状態をリセットするのに用いるUnityEventを含む
public class Resettable : MonoBehaviour {

    // エディターにて、ゲームがリセットしたときに呼び出すメソッドを
    // このイベントに接続する
    public UnityEvent onReset;

    // ゲームがリセットするときにGameManagerから呼ばれる
    public void Reset() {
        // すべての接続されたメソッドを呼ぶイベントを実行する
        onReset.Invoke();
    }
}
```

Resettableのコードは信じられないほどにシンプルです。唯一UnityEventプロパティーのみを含んでいて、これによってメソッドの呼び出しと [Inspector] でのプロパティーの変更を行えるようになります。Resetメソッドが呼ばれると、イベントが呼び出されてすべてのメソッドとプロパティーの変更が行われます。

5.3 ゲームマネージャーのセットアップ　87

これでようやくGame Managerを作成できます。

1. **Game Managerオブジェクトを作成します。** 新しく空のゲームオブジェクトを作成してGame Managerと名付けてください。

2. **GameManagerのコードを作成してこのオブジェクトに追加します。** 新しくGameManager.csというC#スクリプトを作成して、以下のコードを追加してください。

```csharp
// ゲームの状態を管理
public class GameManager : Singleton<GameManager> {

    // ノームが現れる位置
    public GameObject startingPoint;

    // ノームを下ろしたり上げたりするロープオブジェクト
    public Rope rope;

    // ノームを追従するためのスクリプト
    public CameraFollow cameraFollow;

    // 「現在の」ノーム（死亡したのとは別のノーム）
    Gnome currentGnome;

    // 新しいノームが必要になったときにインスタンス化するためのプレハブ
    public GameObject gnomePrefab;

    // restartとresumeボタンを含むUIコンポーネント
    public RectTransform mainMenu;

    // up、down、menuボタンを含むUIコンポーネント
    public RectTransform gameplayMenu;

    // 「you win!」のスクリーンを含むUIコンポーネント
    public RectTransform gameOverMenu;

    // Unity Events
    // もし真なら、すべてのダメージを無視する（しかし、ダメージエフェクトは
    // 表示し続ける）。「get; set;」と記述することでこの変数はプロパティーとして扱え、
    // ［Inspector］内のUnity Eventsのメソッドのリストに表示されるようになる
    public bool gnomeInvincible { get; set; }

    // 死亡後、新しいノームを作成するまえにどの程度待つか
    public float delayAfterDeath = 1.0f;

    // ノームが死んだときに再背うするサウンド
    public AudioClip gnomeDiedSound;

    // プレイヤーがゲームに勝利したときに再生するサウンド
    public AudioClip gameOverSound;

    void Start() {
```

```
  // ゲームが開始したときに、Resetを呼び出してノームをセットアップする
  Reset ();
}

// ゲームをリセットする
public void Reset() {

  // メニューを非表示にして、ゲームプレイ用のUIを表示する
  if (gameOverMenu)
      gameOverMenu.gameObject.SetActive(false);

  if (mainMenu)
      mainMenu.gameObject.SetActive(false);

  if (gameplayMenu)
      gameplayMenu.gameObject.SetActive(true);

  // すべてのResettableコンポーネントを探して
  // リセットするように伝える
  var resetObjects = FindObjectsOfType<Resettable>();

  foreach (Resettable r in resetObjects) {
      r.Reset();
  }

  // 新しいノームを作成
  CreateNewGnome();

  // ゲームを再開する
  Time.timeScale = 1.0f;
}

void CreateNewGnome() {

  // もしノームがいるなら現在のノームを破棄する
  RemoveGnome();

  // 新しいGnomeオブジェクトを作成して、currentGnomeとして使用する
  GameObject newGnome =
    (GameObject)Instantiate(gnomePrefab,
      startingPoint.transform.position,
      Quaternion.identity);

  currentGnome = newGnome.GetComponent<Gnome>();

  // ロープを可視状態にする
  rope.gameObject.SetActive(true);

  // ロープの末尾をどこでもよいのでノームのリジッドボディ（例えば脚）に接続する
  rope.connectedObject = currentGnome.ropeBody;

  // ロープの長さをデフォルトにリセットする
  rope.ResetLength();
```

```csharp
    // cameraFollowに新しいノームオブジェクトを追従するように伝える
    cameraFollow.target = currentGnome.cameraFollowTarget;

}

void RemoveGnome() {

    // ノームが無敵状態なら何もしない
    if (gnomeInvincible)
      return;

    // ロープを不可視状態にする
    rope.gameObject.SetActive(false);

    // ノームの追従をやめる
    cameraFollow.target = null;

    // もし現在ノームがいるなら、これ以上プレイヤーとして存在しないようにする
    if (currentGnome != null) {

      // もうこのノームは宝をつかむことはない
      currentGnome.holdingTreasure = false;

      // プレイヤーでないとマーキングする
      // (コライダーにオブジェクトが当たっても、コライダーが
      // 反応しないようになる)
      currentGnome.gameObject.tag = "Untagged";

      // 現在"Player"としてタグ付けされている、すべてのオブジェクトから
      // そのタグを取り除く
      foreach (Transform child in
        currentGnome.transform) {
          child.gameObject.tag = "Untagged";
      }

      // 現在のノームを保持していない状態にする
      currentGnome = null;
    }
}

// ノームを死亡させる
void KillGnome(Gnome.DamageType damageType) {

    // もしオーディオソースを持っているなら、
    // ノームが死亡したときのサウンドを再生する
    var audio = GetComponent<AudioSource>();
    if (audio) {
        audio.PlayOneShot(this.gnomeDiedSound);
    }

    // ダメージエフェクトを表示する
    currentGnome.ShowDamageEffect(damageType);
```

```csharp
        // もし無敵状態でないなら、ゲームをリセットして、
        // ノームを現在のプレイヤーではなくする
        if (gnomeInvincible == false) {

            // ノームに死亡したことを知らせる
            currentGnome.DestroyGnome(damageType);

            // ノームを取り除く
            RemoveGnome();

            // ゲームをリセットする
            StartCoroutine(ResetAfterDelay());

        }
    }

    // ノームが死亡したときに呼ばれる
    IEnumerator ResetAfterDelay() {

        // delayAfterDeath秒待ってからResetを呼ぶ
        yield return new WaitForSeconds(delayAfterDeath);
        Reset();
    }

    // プレイヤーがトラップに接触したときに呼ばれる
    public void TrapTouched() {
      KillGnome(Gnome.DamageType.Slicing);
    }

    // プレイヤーが火のトラップに振れたときに呼ばれる
    public void FireTrapTouched() {
      KillGnome(Gnome.DamageType.Burning);
    }

    // ノームが宝を持ち上げたときに呼ばれる
    public void TreasureCollected() {
        // 現在のノームに宝を持つように伝える
        currentGnome.holdingTreasure = true;
    }

    // プレイヤーが出口に接触したときに呼ばれる
    public void ExitReached() {
      // もしプレイヤーがいて、そのプレイヤーが宝を持っているなら
      // ゲームオーバー！！
      if (currentGnome != null &&
        currentGnome.holdingTreasure == true) {

        // もしオーディオソースを持っているなら、
        // ゲームオーバー時のサウンドを再生する
        var audio = GetComponent<AudioSource>();
        if (audio) {
          audio.PlayOneShot(this.gameOverSound);
```

5.3　ゲームマネージャーのセットアップ　　**91**

```csharp
    }

    // ゲームを一時停止する
    Time.timeScale = 0.0f;

    // Game Overメニューを非表示にして、ゲームオーバー画面を
    // 表示する！
    if (gameOverMenu) {
      gameOverMenu.gameObject.SetActive(true);
    }

    if (gameplayMenu) {
      gameplayMenu.gameObject.SetActive(false);
    }

  }
}

// MenuボタンとResume Gameボタンが押されたときに呼ばれる
public void SetPaused(bool paused) {

  // 一時停止状態なら、時間を止めてメニューを表示する（そして、
  // プレイ用のUIを非表示にする）
  if (paused) {
    Time.timeScale = 0.0f;
    mainMenu.gameObject.SetActive(true);
    gameplayMenu.gameObject.SetActive(false);
  } else {
    // もし一時停止状態でないなら、再開してメニューを非表示にする
    // （そして、プレイ用のUIを表示する）
    Time.timeScale = 1.0f;
    mainMenu.gameObject.SetActive(false);
    gameplayMenu.gameObject.SetActive(true);
  }
}

public void RestartGame() {

  // すぐにノームを（死亡させる代わりに）破棄する
  Destroy(currentGnome.gameObject);
  currentGnome = null;

  // ゲームをリセットして新しいノームを作成する
  Reset();
}

}
```

　Game Managerは主に新しいノームを作成することと、他のシステムを正しいオブジェクトに接続するために設計されています。新しいノームが現れると、Ropeをノームの脚につなぐ必要がありますし、CameraFollowはノームの身体を追従する必要があります。Game

92　5章　ゲームプレイに向けた準備

Managerは他にもメニューの表示と、そのメニューのボタンの応答も担当します（これらのメニューは後ほど実装します）。

これはコードの大きなまとまりなので、ここで何が行われているかを順を追って詳しく見ていきましょう。

5.3.1　ゲームのセットアップとリセット

初めてオブジェクトが現れたときに呼び出されるStartメソッドは、真っ先にResetメソッドを呼びます。Resetで行われるのは、ゲーム全体をリセットして初期状態にすることなので、Startでこれを呼ぶことは「初期セットアップ」と「ゲームのリセット」をコードの1箇所にまとめる簡単な方法です。

Resetメソッドは後ほど追加予定のメニュー要素が確実に可視状態になるようにします。シーン内のすべてのResettableコンポーネントはリセットされ、CreateNewGnomeメソッドを実行することで新しいノームが生成されます。最後にゲームが（もしゲームが一時停止状態なら）再開されます。

```
void Start() {
    // ゲームが開始したときに、Resetを呼び出してノームをセットアップする
    Reset ();
}

// ゲームをリセットする
public void Reset() {

    // メニューを非表示にして、ゲームプレイ用のUIを表示する
    if (gameOverMenu)
        gameOverMenu.gameObject.SetActive(false);

    if (mainMenu)
        mainMenu.gameObject.SetActive(false);

    if (gameplayMenu)
        gameplayMenu.gameObject.SetActive(true);

    // すべてのResettableコンポーネントを探して、リセットする
    // ように伝える
    var resetObjects = FindObjectsOfType<Resettable>();

    foreach (Resettable r in resetObjects) {
        r.Reset();
    }

    // 新しいノームを作成
    CreateNewGnome();

    // ゲームを再開する
    Time.timeScale = 1.0f;
}
```

5.3　ゲームマネージャーのセットアップ　93

5.3.2　新しいノームの作成

CreateNewGnomeメソッドは新しく生成されたノームと現在のノームを入れ替えます。まず初めに、もし現在のノームが存在するならそれを破棄して、そのあと新しいノームを生成します。また、ロープを可視状態にしノームのくるぶし（ノームのropeBody）にロープの末端をつなげます。ロープはそのあと、初期の長さになるようにリセットされ、最後にカメラが新しいノームを追従するようになります。

```
void CreateNewGnome() {

    // もしノームがいるなら現在のノームを破棄する
    RemoveGnome();

    // 新しいGnomeオブジェクトを作成して、currentGnomeとして使用する
    GameObject newGnome =
      (GameObject)Instantiate(gnomePrefab,
        startingPoint.transform.position,
        Quaternion.identity);

    currentGnome = newGnome.GetComponent<Gnome>();

    // ロープを可視状態にする
    rope.gameObject.SetActive(true);

    // ロープの末尾をどこでもよいのでノームのリジッドボディ（例えば脚）に接続する
    rope.connectedObject = currentGnome.ropeBody;

    // ロープの長さをデフォルトにリセットする
    rope.ResetLength();

    // cameraFollowに新しいノームオブジェクトを追従するように伝える
    cameraFollow.target = currentGnome.cameraFollowTarget;

}
```

5.3.3　古いノームの破棄

ノームをロープから切断する必要がある状況が2つあります。ノームが死亡したときとプレイヤーが新しいゲームを始めたときです。どちらの場合でも、古いノームはロープから切断されプレイヤーとして振る舞わないようにします。レベルには存在しますが、もしトラップに当たっても、ゲームが中断されてレベルをリスタートするということはありません。

現在のノームを破棄するために、ロープを見えないようにし、カメラが現在のノームを追うのを止めます。そのあと、ノームが宝を持っていない状態にするために、スプライトを元のバージョンに戻し、オブジェクトのタグを"Untagged"にします。ここでこのような処理を行うのは、後ほど追加するトラップが"Player"とタグ付けされたオブジェクトかどうかをチェックするためです。もし、古いノームが"Player"とタグ付けされたままだと、トラップがGame Managerにレベルをリスタートするように信号を送ってしまいます。

94　　5章　ゲームプレイに向けた準備

```csharp
void RemoveGnome() {

    // ノームが無敵状態なら何もしない
    if (gnomeInvincible)
        return;

    // ロープを不可視状態にする
    rope.gameObject.SetActive(false);

    // ノームの追従をやめる
    cameraFollow.target = null;

    // もし現在ノームがいるなら、これ以上プレイヤーとして存在しないようにする
    if (currentGnome != null) {

        // もうこのノームは宝をつかむことはない
        currentGnome.holdingTreasure = false;

        // プレイヤーでないとマーキングする
        // （コライダーにオブジェクトが当たっても、コライダーが
        // 反応しないようになる）
        currentGnome.gameObject.tag = "Untagged";

        // 現在"Player"としてタグ付けされている、すべてのオブジェクトから
        // そのタグを取り除く
        foreach (Transform child in
          currentGnome.transform) {
            child.gameObject.tag = "Untagged";
        }

        // 現在のノームを保持していない状態にする
        currentGnome = null;
    }
}
```

5.3.3.1　ノームを死亡させる

　ノームが死亡したときは、ゲーム内で適切なエフェクトを示す必要があります。これには、サウンドと特別なエフェクトが含まれます。加えて、ノームが無敵状態でなければ、ノームに死亡したことを伝え、ノームを破棄し、少しの時間を置いてゲームをリセットします。これを達成するために使用するコードは以下のとおりです。

```csharp
void KillGnome(Gnome.DamageType damageType) {

        // もしオーディオソースを持っているなら、
        // ノームが死亡したときのサウンドを再生する
        var audio = GetComponent<AudioSource>();
        if (audio) {
            audio.PlayOneShot(this.gnomeDiedSound);
        }

        // ダメージエフェクトを表示する
```

```
        currentGnome.ShowDamageEffect(damageType);

        // もし無敵状態でないなら、ゲームをリセットして、
        // ノームを現在のプレイヤーではなくする
        if (gnomeInvincible == false) {

            // ノームに死亡したことを知らせる
            currentGnome.DestroyGnome(damageType);

            // ノームを取り除く
            RemoveGnome();

            // ゲームをリセットする
            StartCoroutine(ResetAfterDelay());

        }
    }
```

5.3.4　ゲームのリセット

　ノームが死亡したとき、カメラはその死が起こった場所にしばらくとどまってほしいでしょう。そうすることで、画面の最上部に戻ってくる前に、少しの間だけプレイヤーはノームが落ちていくのを見ることができます。

　これを行うために、数秒（delayAfterDeathに格納された値）待つためにコルーチンを使って、そのあとResetを呼んでゲームの状態をリセットします。

```
    // ノームが死亡したときに呼ばれる
    IEnumerator ResetAfterDelay() {

        // delayAfterDeath秒待ってからResetを呼ぶ
        yield return new WaitForSeconds(delayAfterDeath);
        Reset();
    }
```

5.3.5　接触を処理する

　次の3つのメソッドはすべて、ノームがあるオブジェクトと接触したときの反応を処理します。もしノームがトラップに接触したなら、KillGnomeを呼んで切断ダメージが起きたことを示します。もしノームが火のトラップに接触したなら、燃えるダメージが起きたことを示します。もし宝を拾ったなら、ノームが宝を抱えているようにします。これらを達成するためのコードが以下になります。

```
    // プレイヤーがトラップに接触したときに呼ばれる
    public void TrapTouched() {
      KillGnome(Gnome.DamageType.Slicing);
    }

    // プレイヤーが火のトラップに振れたときに呼ばれる
    public void FireTrapTouched() {
```

96　5章　ゲームプレイに向けた準備

```
    KillGnome(Gnome.DamageType.Burning);
}

// ノームが宝を持ち上げたときに呼ばれる
public void TreasureCollected() {
    // 現在のノームに宝を持つように伝える
    currentGnome.holdingTreasure = true;
}
```

5.3.6　出口に到達する

　ノームがレベルの最上部の出口に接触したときは、ノームが宝を持っているかどうかをチェックする必要があります。もし持っているなら、プレイヤーの勝利です！ その結果、ゲームオーバーしたときのサウンドを再生して（「8.4 オーディオ」にて設定します）、タイムスケールを0に設定することでゲームを一時停止し、Game Over画面（ゲームをリセットするボタンを含む）を表示します。

```
// プレイヤーが出口に接触したときに呼ばれる
public void ExitReached() {
    // もしプレイヤーがいて、そのプレイヤーが宝を持っているなら
    // ゲームオーバー！！
    if (currentGnome != null &&
        currentGnome.holdingTreasure == true) {

        // もしオーディオソースを持っているなら、
        // ゲームオーバーの時のサウンドを再生する
        var audio = GetComponent<AudioSource>();
        if (audio) {
            audio.PlayOneShot(this.gameOverSound);
        }

        // ゲームを一時停止する
        Time.timeScale = 0.0f;

        // Game Overメニューを非表示にして、ゲームオーバー画面を
        // 表示する！
        if (gameOverMenu) {
            gameOverMenu.gameObject.SetActive(true);
        }

        if (gameplayMenu) {
            gameplayMenu.gameObject.SetActive(false);
        }

    }
}
```

5.3.7　一時停止と再開

　ゲームを一時停止するためには3つのことを行う必要があります。まず、タイムスケールを

0に設定することで時間を止めます。次に、メインメニューを表示して、ゲームプレイ用のUI
を非表示にします。ゲームを再開するためには、単純に逆のことを行います。時間が進むよう
にし、メインメニューを非表示にし、ゲームプレイ用のUIを表示します。

```
// MenuボタンとResume Gameボタンが押されたときに呼ばれる
public void SetPaused(bool paused) {

    // 一時停止状態なら、時間を止めてメニューを表示する
    // （そして、プレイ用のUIを非表示にする）
    if (paused) {
        Time.timeScale = 0.0f;
        mainMenu.gameObject.SetActive(true);
        gameplayMenu.gameObject.SetActive(false);
    } else {
        // もし一時停止状態でないなら、再開してメニューを非表示にする
        // （そして、プレイ用のUIを表示する）
        Time.timeScale = 1.0f;
        mainMenu.gameObject.SetActive(false);
        gameplayMenu.gameObject.SetActive(true);
    }
}
```

5.3.8　リセットボタンの扱い

RestartGameメソッドはユーザーがUIのあるボタンをクリックすると呼ばれます。この
メソッドはすぐにゲームをリスタートします。

```
public void RestartGame() {

    // すぐにノームを（死亡させる代わりに）破棄する
    Destroy(currentGnome.gameObject);
    currentGnome = null;

    // ゲームをリセットして新しいノームを作成する
    Reset();
}
```

5.4　シーンの準備

コードが記述できたので、これらを使ってシーンのセットアップができます。

1. **スタート位置を作成します。** このオブジェクトはGame Managerが新しいノームを
   配置するために使用します。新しいゲームオブジェクトを作成して、Start Pointと名
   付けてください。これをノームがスタートしてほしい位置に配置（**図5-14**を参考に、
   Ropeの近くにしてください）し、アイコンを（Ropeのアイコンをセットアップしたの
   と同じ方法で）黄色のカプセルにしてください。

98　　5章　ゲームプレイに向けた準備

図5-14　スタート位置を配置

2. **ノームをプレハブ化します**。今後ノームはGame Managerによって生成されるため、現在シーンに存在するノームは取り除く必要があります。Game Managerがランタイムでインスタンスを生成するので、取り除く前にプレハブ化する必要があります。

   ノームをドラッグして［Project］ウィンドウのGnomeフォルダーに入れてください。オリジナルのノームの完全なコピーが新しいプレハブオブジェクトとして作られます（図5-15参照）。

   プレハブを作成したら、もうシーンにあるオブジェクトは必要ありません。ノームをシーンから削除してください。

図5-15　ノームをプレハブとしてGnomeフォルダーに格納

3. **Game Managerを設定します**。Game Managerのために、いくつかの接続をセットアップする必要があります。
   - ［Starting Point］フィールドを先ほど作ったStart Pointオブジェクトに接続してください。
   - ［Rope］フィールドをRopeオブジェクトに接続してください。
   - ［Camera Follow］フィールドをMain Cameraに接続してください。
   - ［Gnome Prefab］フィールドを先ほど作ったGnomeプレハブに接続してください。

   これを終えると、Game Managerの［Inspector］は図5-16のようになります。

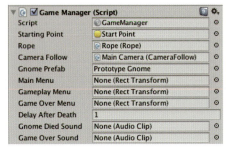

図5-16 Game Managerの設定

4. **ゲームをテストする**。ノームはスタート地点に出現し、ロープに接続されます。加えて、ロープを伸ばしたり縮めたりしたときに、カメラがノームの身体を追従します。まだ宝をつかむことのテストはできませんがお気になさらず。すぐにできるようになります！

5.5 まとめ

Game Managerが準備できましたので、実際のゲームプレイを実現していく時間です。「6章 トラップと宝を用いたゲームプレイの構築」では、ノームが相互作用する要素、つまり宝とトラップを追加するところから始めていきます。

6章
トラップと宝を用いたゲームプレイの構築

　今までの作業で、ゲームプレイの基盤はでき上がったので、トラップや宝といったゲーム要素を加えていきます。それらが加われば、ゲームの残りの要素はシンプルにレベルデザインするだけです。

6.1　シンプルなトラップ

　このゲームの出来事の大半はプレイヤーがトラップ、宝、出口その他のものに当たったとき起こります。プレイヤーが特定のオブジェクトに接触したかどうかを検出することがとても重要なので、"Player"とタグ付けされたコライダーがいかなるオブジェクトに衝突したときにも、Unity Eventをトリガーする汎用スクリプトを作成します。このイベントはのちに別々のオブジェクトに対して、別々にセットアップされます。そしてトラップはGame Managerにノームがダメージを受けたことを伝えるように設定され、宝はGame Managerにノームが宝を持ったことを伝えるように設定され、出口はGame Managerにノームが出口に到着したことを伝えるように設定されます。

　それでは、新しく SignalOnTouch.cs というC#スクリプトを作成して、以下のコードを追加してください。

```
using UnityEngine.Events;

// Playerがこのオブジェクトと衝突したときにUnityEventを発行する
[RequireComponent (typeof(Collider2D))]
public class SignalOnTouch : MonoBehaviour {

  // 衝突したときに実行するUnityEvent
  // 実行するメソッドをエディターでアタッチする
  public UnityEvent onTouch;

  // もし真なら、衝突時にAudioSourceを再生するよう試みる
  public bool playAudioOnTouch = true;

  // もしトリガー領域に入ってきたなら、SendSignalを呼ぶ
  void OnTriggerEnter2D(Collider2D collider) {
    SendSignal (collider.gameObject);
  }
```

101

```
// もしこのオブジェクトに衝突が起きたら、SendSignalを呼ぶ
void OnCollisionEnter2D(Collision2D collision) {
  SendSignal (collision.gameObject);
}

// 衝突したオブジェクトがPlayerとしてタグ付けされているか確認し、
// もしそうならUnityEventを呼び出す
void SendSignal(GameObject objectThatHit) {

  // Playerとタグ付けされているか？
  if (objectThatHit.CompareTag("Player")) {

    // もしサウンドを再生する必要があるなら、再生を試みる
    if (playAudioOnTouch) {
      var audio = GetComponent<AudioSource>();

      // もしaudioコンポーネントを持っていて、
      // その親がアクティブなら再生する
      if (audio &&
        audio.gameObject.activeInHierarchy)
        audio.Play();
    }

    // イベントの実行
    onTouch.Invoke();
  }
}

}
```

SignalOnTouchのコードの主要部分は、OnCollisionEnter2Dメソッドと
OnTriggerEnter2Dメソッドから呼ばれるSendSignalメソッドで処理されています。
OnCollisionEnter2DメソッドとOnTriggerEnter2Dメソッドはオブジェクトがコラ
イダーに接触したときか、オブジェクトがトリガー領域に入ったときにUnityから呼ばれます。
SendSignalメソッドは衝突したオブジェクトのタグをチェックし、もし"Player"ならイベン
トを呼び出します。

SignalOnTouchクラスが用意できたので、最初のトラップを追加できます。

1. **レベルのオブジェクトのスプライトをインポートします。**Sprites/Objectsフォ
   ルダー内のコンテンツを自身のプロジェクトにインポートしてください。

2. **茶色のトゲを追加します。**SpikesBrownスプライトを見つけ、ドラッグしてシーンに
   追加します。

3. **トゲのオブジェクトの設定をします。**トゲにPolygonCollider2Dコンポーネント
   とSignalOnTouchコンポーネントを追加してください。
   SignalOnTouchのイベントに新しいメソッドを追加します。Game Managerをド
   ラッグしてスロットに入れ、メソッドはGameManager.TrapTouchedに設定して

102   6章　トラップと宝を用いたゲームプレイの構築

ください。図6-1を参照してください。

図6-1　トゲの設定

4. **トゲをプレハブ化します**。SpikeBrownオブジェクトを [Hierarchy] から Levelフォルダーにドラッグしてください。これでプレハブが作成されるので、このオブジェクトのコピーを複数作ることができます。
5. **確認してみましょう**。ゲームを実行してく、ノームをトゲに当ててみてください。彼はカメラ外に落ちたあとで再登場します！

6.2　宝と出口

ノームを死亡させる手段は追加できたので、次はゲームの目的を達成するための準備をしましょう。これには2つのアイテムを追加する必要があります。宝と出口です。

宝は井戸の底にあるスプライトで、プレイヤーが接触するとGame Managerに信号を送ります。それを受け取るとGame Managerはノームに宝を持っているという情報を伝え、ノームの腕のスプライトが宝を持っているものに変更されます。

出口はまた別のスプライトで、井戸の最上部に位置します。宝と同様、プレイヤーが触れたことを検知してGame Managerに伝えます。もしノームが宝を持った状態でそれが起きれば、プレイヤーはゲームの目的を達成したことになります。

両方のオブジェクトのこれらの作業の大部分は`SignalOnTouch`コンポーネントで処理されていて、出口に到達したときには、Game Managerの`ExitReached`メソッドが呼ばれる必要があり、宝に接触したときにはGame Managerの`TreasureCollected`メソッドが呼ばれる必要があります。

出口の作成から始めて、そのあと宝を追加します。

6.2.1　出口の作成

スプライトをインポートするところから始めます。

1. **Background用スプライトをインポートします**。ダウンロードしてきたリソースから、`Sprites/Background`フォルダーをコピーして、[Project]の`Sprites`フォルダーに入れてください。
2. **Topスプライトを追加します**。Ropeオブジェクトのわずかに下の位置に配置します。このスプライトが出口になります。

3. **スプライトの設定します。**BoxCollider2Dコンポーネントをスプライトに追加し、[Is Trigger]プロパティーにチェックを付けてください。[Edit Collider]ボタンを押してボックスの高さを低くして、幅を広げてください（**図6-2**参照）。

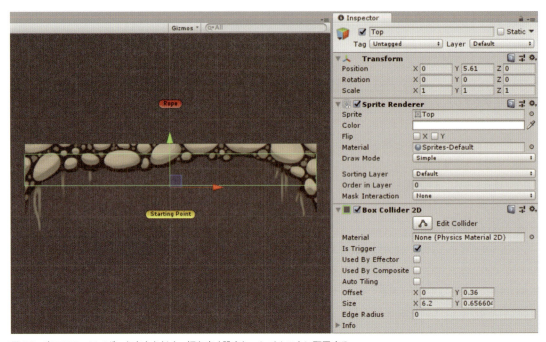

図6-2 出口用のコライダーを高さを低く、幅を広く設定し、レベルの上に配置する

4. **スプライトが接触されたときに、ゲームに信号を送るようにします。**SignalOnTouchコンポーネントをスプライトに追加してください。コンポーネントのイベントにエントリーをひとつ追加して、Game Managerに接続してください。メソッドを`GameManager.ExitReached`に設定してください。これでノームが触れたときにGame ManagerのExitReachedメソッドが実行されるようになります。

続いて、宝を追加します。

宝は次のように動作します。デフォルトでは、Treasureオブジェクトは宝のスプライトを表示します。プレイヤーが接触すると、Game ManagerのTreasureCollectedメソッドが呼ばれ、宝のスプライトは宝が回収されたことを示すために切り替わります。ノームが死亡した場合、Tresureオブジェクトは宝を含むスプライトを表示するためにリセットされます。

あるスプライトを別のスプライトと入れ替えることは、このあとの開発でも共通して使われるため（特にステージに磨きをかけるとき）、汎用のスプライトスワップクラスを作成し、宝がこれを使用するよう設定するとよいでしょう。

新しくSpriteSwapper.csという名前でC#スクリプトを作成します。以下のコードを追加してください。

```csharp
// あるスプライトを他のスプライトと入れ替える。例えば、宝が「ある状態」
// から「ない状態」に切り替わる
public class SpriteSwapper : MonoBehaviour {

    // 表示されるべきスプライト
    public Sprite spriteToUse;

    // 新しいスプライトを使うスプライトレンダラー
    public SpriteRenderer spriteRenderer;

    // 元のスプライト。ResetSpriteが呼ばれたときに使用する
    private Sprite originalSprite;

    // スプライトを入れ替える
    public void SwapSprite() {

        // 現在のスプライトと異なるものならば
        if (spriteToUse != spriteRenderer.sprite) {

            // originalSpriteに現状のスプライトを格納する
            originalSprite = spriteRenderer.sprite;

            // スプライトレンダラーは新しいスプライトを使う
            spriteRenderer.sprite = spriteToUse;
        }
    }

    // 古いスプライトに戻す
    public void ResetSprite() {

        // もし元のスプライトを持っているなら
        if (originalSprite != null) {
            // スプライトレンダラーはそれを使う
            spriteRenderer.sprite = originalSprite;
        }
    }
}
```

SpriteSwapperクラスは2つのことを行うように設計されています。SwapSprite
メソッドが呼ばれると、ゲームオブジェクトにアタッチされているSpriteRendererは
スプライトを変えるように伝えられます。加えて、元のスプライトは変数に格納されます。
ResetSpriteメソッドが呼ばれたとき、スプライトレンダラーは元のスプライトに置き直し
ます。

これでようやくTresureオブジェクトを作成してセットアップできます。

1. **宝のスプライトを追加します。**TresurePresentスプライトを見つけて、シーンに追加
   し、井戸の底に配置してください。このとき、ノームが届く範囲に置いていることに
   注意してください。

2. **宝にコライダーを追加します。**宝のスプライトを選択して、Box Collider 2Dを追加し

6.2 宝と出口　　105

てください。このコライダーをトリガーとして作用するようにしてください。

3. **スプライトスワッパーを追加して設定します。**`SpriteSwapper`コンポーネントを追加します。Tresureオブジェクトを［Sprite Render］フィールドにドラッグします。次にTreasureAbsentスプライトを見つけて、スプライトスワッパーの［Sprite To Use］フィールドにドラッグしてください。

4. **`SignalOnTouch`コンポーネントを追加して設定します。**`SignalOnTouch`コンポーネントを追加してください。［On Touch］のリストにエントリを2つ追加してください。
   - まず、Game Managerオブジェクトを接続して、イベントメソッドを`GameManager.TreasureCollected`に設定してください。
   - 次に、Tresureオブジェクトを接続して、メソッドを`SpriteSwapper.SwapSprite`に設定してください。

5. **`Resettable`コンポーネントを追加して設定します。**オブジェクトに`Resettable`コンポーネントを追加します。［On Touch］にひとつのエントリを追加し、メソッドを`SpriteSwapper.ResetSprite`に設定して、Treasureオブジェクトを接続してください。

これらを終えるとTreasureオブジェクトの［Inspector］**図6-3**のようになります。

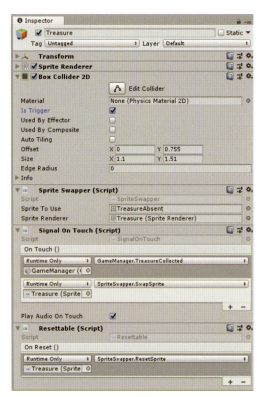

図6-3　設定済みのTreasureオブジェクト

6. ゲームをテストします。ゲームを実行して宝に触れてみてください。触れたときに宝がなくなるはずです。もし死亡するとまた宝が見えるようになり、ノームが再登場します。

6.3 背景の追加

　現状では、ノームはあまり見栄えのしないUnityのデフォルトの青い背景の上に描かれています。ここで一時的な背景を追加して、あとでアート部分に磨きをかけるときに置き換えるようにします。

1. **背景用のQuad（四角形ポリゴン）を追加します**。［GameObject］メニューを開いて、［3D Object］→［Quad］を選択します。新しいオブジェクトの名前はBackgroundとします。

2. **背景をカメラから遠ざけるように移動します**。背景のQuadがゲーム用のスプライトの前面に描画されることを避けるため、これをカメラから遠ざけるように移動します。背景用Quadの位置のZの値を10に設定してください。

　このゲームは2Dゲームですが、Unityは3Dエンジンです。つまり、ここでやっているように、他のオブジェクトの「背後にある」という概念がまだ存在するという事実を利用することができます。

3. **背景用Quadを配置します**。Tキーを押してRectツールに変更し、リサイズ用のハンドルを使って背景用Quadをリサイズします。背景の上辺がレベルの最上部のスプライトより上になるようにしてください。そして、底辺が宝に合うようにしてください（**図6-4**参照）。

4. **ゲームをテストしてください**。ゲームをプレイするとレベルはグレー色の背景になっています。

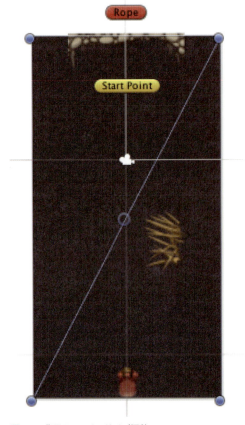

図6-4　背景用Quadのサイズ調整

6.4　まとめ

ゲーム開発のこの時点において、ゲームプレイのコア機能は揃いました。非常に多くのゲームプレイが追加されました。

- ノームが物理シミュレーションされ、物理シミュレーションされたロープに接続されます。
- ロープは画面上のボタンで操作でき、ノームが井戸を上り下りできます。
- カメラはノームを追従するようになったため、常にノームが映るようになりました。
- ノームがスマートフォンの傾きに反応し左右に移動します。
- 接触判定ができたので、ノームがトラップに接触して死ぬことや、宝をとることができます。

現状のゲームのスクリーンショットを図6-5に示します。

図6-5 この章を終えた状態のゲーム

　機能面は完成しましたが、まだ最高の見た目のゲームではありません。ノームは依然として円形と四角形であり、レベルにはまだ何も手が加えられていない状態です。「7章 ゲームを磨き上げる」では、ゲームの開発を続けて、スクリーンに映る要素すべての見た目を向上していきます。

7章
ゲームを磨き上げる

本章を終えるまでに、『Gnome's Well That Ends Well』に対して数多くの微調整を行います。最終的な見た目は図7-1のようになります。

図7-1　ゲームの最終形態

これからゲームに手を加えて仕上げる箇所は大きく3つあります。

見た目の仕上げ

ノームのスプライトを新しくして、背景の見た目を仕上げ、ゲームの見栄えを良くするためのパーティクルエフェクトを追加します。

ゲームプレイの仕上げ

異なるタイプのトラップとタイトル画面を追加します。また、ノームを無敵にするための手段を用意し、ゲームプレイのテストを行いやすくします。

音の仕上げ
プレイヤーの動作に反応するサウンドエフェクトも追加します。

本章で使用するリソースはhttps://github.com/oreilly-japan/mobile-game-development-with-unity-jaから入手できます。

7.1　ノームのアートの仕上げ

まず初めに行うゲームの仕上げの作業はノームのスプライトを現在の簡素なものから、手書きの絵に置き換えることです。

これを始めるにあたって、ダウンロードしたオリジナルのリソースからSprites/GnomePartsフォルダーをSpritesフォルダーにコピーしてください。このフォルダーは2つのサブフォルダーを格納しています。Aliveフォルダーはノームの新しいパーツを格納していて、**Dead**フォルダーはノームが死亡したときに使用するスプライトを格納しています（**図7-2**参照）。ノームが生きているときのスプライトの作業から始めますが、後ほど死亡したときのスプライトも使います。

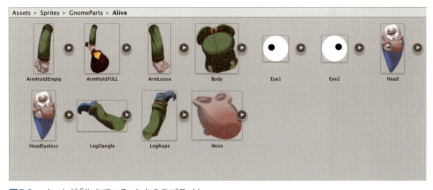

図7-2　ノームが「生きている」ときのスプライト

　ダウンロードしたアセットの中には、ここで使う予定のスプライト以外のものもあります。目のない頭部のスプライトは個別に切り出された目のスプライトと合わせて使うようにデザインされています。もし読者がゲームを本書で扱う以上に良くしたいと思ったときに使ってほしいボーナスアセットになります！

最初の手順としてGnomeオブジェクトとして使うためにスプライトの設定を行います。特にリソースがスプライトとして読み込まれることと、スプライトのピボットポイントが正しい位置にあることを確実にする必要があります。それには以下の手順が必要です。

1. **画像をスプライトに変換します。**Aliveフォルダーにあるスプライトをすべて選択して、［Texture Type］を確実にSprite (2D and UI)に設定してください。

2. **スプライトのピボットポイントを更新します。** Bodyスプライト以外の各スプライトに対して、以下の手順を行ってください。

    a. スプライトを選択します。
    b. ［Sprite Editor］ボタンを押します。
    c. ピボットポイントのアイコン（小さい青い円）をボディパーツが回転してほしい位置までドラッグします。例としてArmHoldEmptyスプライトのピボットポイントの位置を図7-3に示します。

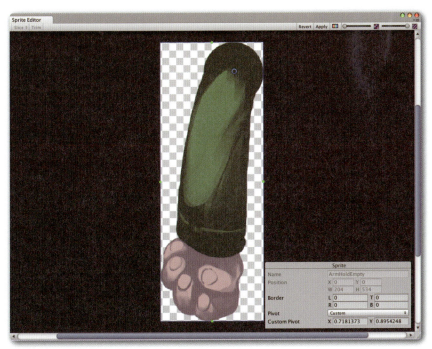

図7-3 ArmHoldEmptyスプライトのピボットポイントの設定。ピボットポイントは右上に位置しています。

　スプライトのセットアップを終えたら、それらをノームに追加しましょう。仮のバージョンのノームを残しておくために、ノームのプレハブを複製して新しいノームに置き換えていきます。そのあとゲームでは新しく更新されたノームを使うようにします。

　プレハブの複製が済んだらシーンに追加して、ノームの身体のいくつかのコンポーネントを新しいアートに置き換えていきます。以下の手順を行ってください。

1. **プロトタイプ用のノームプレハブを複製します。** プロトタイプ用のノームプレハブを選択して、Ctrl＋D（Macの場合はcommand＋D）を押して複製します。新しくできたオブジェクトの名前をGnomeに変更してください。
2. **新しいノームをシーンに追加します。** 新しいノームプレハブを［Scene］ウィンドウにドラッグして新しいインスタンスを作成してください。

7.1　ノームのアートの仕上げ　**113**

3. **アートを入れ替えます**。ノームの各ボディパーツを選択して現在のスプライトを対応する新しいスプライトに入れ替えてください。例えば、頭を選択してこれのスプライトをAliveフォルダー内のHeadスプライトに入れ替えます[*1]。

これを終えるとノームは図7-4に近しい見た目になるはずです。もしかしたらボディパーツは正しい位置にないかもしれませんが、すぐに修正するので問題ありません。

図7-4 スプライトを更新したGnomeオブジェクト

続いてノームのボディパーツの位置を調整します。新しいスプライトは異なる形状とサイズですので、いくつか正す必要があります。以下の手順を実行してください。

1. **頭、腕、脚の位置を修正します**。Headオブジェクトを選択して、位置を調整し、首を正しく肩の中心に合わせてください。この作業を腕（肩に合わせてください）と脚（腰に合わせてください）にも繰り返し行ってください。
   読者が作業をしやすいように、肩のピボットポイントをBodyスプライト上に紫のドットで表しています。

位置の調整を終えたら、スプライトが正しい描画順になっていることを確実にすることが重要です。脚は胴体の上に描画されてはいけませんし、胴体は腕の上に描画されてはいけません。そして、頭は一番上に描画しなければいけません。

2. **ボディパーツの描画順を調整します**。頭と両腕を選択して、Sprite Rendererコンポーネントの［Order in Layer］プロパティーを2に変更してください。
   次に、胴体を選択してオーダーを1に変更してください。

[*1] 訳注：［Inspector］のSprite Rendererコンポーネントの［Sprite］の枠に新しいスプライトをドラッグ＆ドロップします。

これを終えると、Gnomeオブジェクトは**図7-5**のようになります。

図7-5 スプライトが正しく配置されたノーム

7.2　物理の更新

　ノームのスプライトはアップデートされたので、今度は物理に関わるコンポーネントをアップデートする必要があります。それには2つの変更を加える必要があります。コライダーはスプライトの形に合わせて更新する必要がありますし、ジョイントはボディパーツの軸が正しい位置に来るように更新する必要があります。

　まずはコライダーの調整から始めます。スプライトは水平垂直の線からなる単純形状ではないので、シンプルな四角形と円形のコライダーを**ポリゴンコライダー**に置き換えます。

　ポリゴンコライダーを作成するには2つの方法があります。Unityに自動で形状を生成させるか、自分で指定した形状にすることもできます。今回は自分で指定していきます。なぜなら、そのほうが効率的で（Unityは複雑な形状を生成する傾向があるので、パフォーマンスが良くありません）、最終的な仕上げのときにより扱いやすくなります。

　スプライトレンダラーを持つオブジェクトにポリゴンコライダーを追加すると、Unityはそのスプライトを使って不透明部分を覆うように線を引いてポリゴンの形状を作ります。自身でコリジョンの形状を定義したい場合は、ポリゴンコライダーはスプライトレンダラーを**持たな****い**オブジェクトに追加する必要があります。これを簡単に行うには、空の子オブジェクトを作成してそれにポリゴンコライダーを追加します。そのためには以下の手順を行ってください。

1. **現在のコライダーを破棄します**。すべての腕と脚を選択してBox Collider 2Dを破棄してください。次に頭を選択して、Circle Collider 2Dを破棄してください。

2. 以下の手順を両腕、両脚、頭に対して行ってください。

   a. **コライダーのために子オブジェクトを追加します。**新しくColliderという名前の空のゲームオブジェクトを作成してください。これをボディパーツの子オブジェクトにし、位置が0,0,0になっていることを確認してください。

   b. **ポリゴンコライダーを追加します。**新しく作成したColliderオブジェクトを選択して、これにPolygon Collider 2Dコンポーネントを追加してください。コライダーの形が緑色で表されます（図7-6参照）。デフォルトではUnityは五角形を作成するので、オブジェクトの形に合うように調整していきます。

   c. **ポリゴンコライダーの形を編集します。**[Edit Collider]を押すと（図7-7参照）エディットモードに入ります。

      エディットモードの間は、コライダーの形を構成する個々の頂点をドラッグできます。各頂点間をつなぐ線上をクリックすると新しい頂点を作成でき、Ctrlキー（Macならcommand）キーを押しながら頂点をクリックすると頂点を削除できます。

      頂点をドラッグし、コライダーの形がある程度ボディパーツに合うようにしてください（図7-8参照）。

      編集を終えたら[Edit Collider]をもう一度押してください。

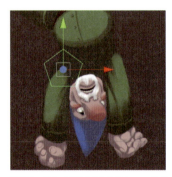

図7-6 新しく追加されたPolygon Collider 2Dコンポーネント

図7-7 [Edit Collider]ボタン

図7-8　ノームの腕に合わせて更新されたポリゴンコライダー

他の腕と脚についてもコライダーを追加すると図7-9のような見た目になっているはずです。

図7-9　両腕、両脚、頭のコライダー

コライダーに加える変更点はもうひとつあります。胴体の円形のコライダーは大きくなった胴体に合わせて少し拡大する必要があります。

3. 胴体の円形コライダーの半径を1.2にします。

ここで目指したのは、コライダーがスプライトの形状をカバーしつつ、他のコライダーとの重なりを防ぐことです。つまり、ゲームプレイの間、ボディパーツが互いに重なって奇妙に見えてはいけません。

これでコライダーが正しい形になったので、次はジョイントを更新していきましょう。頭、両腕、両脚にヒンジジョイントがアタッチされていて、それが胴体につながっていることを確認してください。

4. ノームのジョイントの [Connected Anchor] と [Anchor] の位置を更新します。胴体以外の各ボディパーツに対して、[Connected Anchor] と [Anchor] をドラッグしてピボッ

7.2　物理の更新　　117

トポイントに移動してください。脚の軸がお尻、腕の軸が肩、そして頭の軸が首の位置になるようにしてください。

これらのアンカーをスプライトの中心付近に持っていくと、アンカーは中心にスナップします。

　Leg Ropeにはジョイントが2つあることを忘れないでください。ひとつは胴体に、もうひとつはロープに接続されています。後者のジョイントのアンカーをくるぶしの位置に移動してください。

　いくつかの変更をノームのGnomeスクリプトに行わなければいけません。ノームが宝に触れたときに彼の腕のスプライトが変わることは覚えていますか？今はまだ新しいアートには合わないプロトタイプの腕を使っています。

5. **Gnomeスクリプトで使われるスプライトを更新します**。親であるGnomeオブジェクトを選択してください。
   ArmHoldEmptyスプライトをGnomeの[Arm Holding Empty]スロットに、ArmHoldFullスプライトをGnomeの[Arm Holding Treasure]スロットにそれぞれドラッグします。

　これでノームが宝を拾ったときに、腕のスプライトが正しい画像に変化するようになりました。さらに、ノームが宝を落としたとき（トラップに接触して死亡したとき）、ノームの腕はプロトタイプ用の画像に戻らないようになりました。

　最後に、ノームの大きさを少し変えてゲーム空間に合うようにして、プレハブの変更を保存します。

6. **ノームの大きさを変更します**。親であるGnomeオブジェクトを選択して、[Scale]の[X]と[Y]を0.5から0.3に変更してください。
7. **プレハブに変更を適用します**。親であるGnomeオブジェクトを選択して、[Inspector]の最上部にある[Apply]を押してください。
8. **ノームをゲーム空間から取り除きます**。保存が完了したらもうシーンには不要なので削除してください。

　これでノームの更新を終えたので、先ほど更新したオブジェクトを使うようにGame Managerを更新します。

9. **Game Managerがオブジェクトを使うようにします**。Game Managerを選択して、[Gnome Prefab]スロットに先ほど更新したノームのプレハブをドラッグしてください。

10. **ゲームをテストします**。更新されたノームがゲーム空間に現れるようになりました！
図7-10にどのように見えるかの例を示します。

図7-10 更新されたノームがゲーム空間にいる

7.3 背景

現在、背景は1色の暗いグレーです。到底、井戸の中にいるようには見えません。これを変更しましょう！

この問題に対しては、もっと洗練された井戸の背景と横の壁のオブジェクトセットを追加します。続ける前に、Backgroundフォルダーにこれらのスプライトがあることを確認してください。

7.3.1 レイヤー

画像を追加する前に、それらがシーン内でどのような順番で描画されるかを考える必要があります。2Dゲームの制作においてはスプライトが正しい順番で重なっていることが重要ですが、これはメンテナンスが難しいときがあります。ありがたいことにUnityはこれを容易にする**ソーティングレイヤー**という機能を備えています。

ソーティングレイヤーは一緒に描画されるオブジェクトのグループです。ソーティングレイ

ヤーという名前が示すように、自由に順番を並べ替えることができます。つまり、いくつかの
オブジェクトをBackgroundレイヤーに、他のオブジェクトをForegroundレイヤーにといった
グループ分けができます。さらに、各オブジェクトはそのレイヤー内でも描画順を設定できる
ため、背景に含まれる部分が常に他の部分の後ろに描画されることを保証できます。

プロジェクトは常にDefaultというレイヤーを持っています。手動で変更しないかぎり、す
べての新しいオブジェクトはこれに属します。

このプロジェクトに複数のソーティングレイヤーを追加していきます。特に、以下のレイ
ヤーを追加します。

- **Level Background レイヤー** ―― レベルの背景オブジェクトを含み、常に他のすべてのも
のの後ろに描画されます。
- **Level Foreground レイヤー** ―― 壁などの前景にあるオブジェクトを含みます。
- **Level Objects レイヤー** ―― トラップのようなものを含みます。

レイヤーを作成するために、以下の手順を行ってください。

1. **Tags & Layers を [Inspector] で開きます。** [Edit] メニューを開いて、[Project Settings]
   → [Tags & Leyers] を選択してください。
2. **Level Background レイヤーを追加します。** [Sorting Layers] セクションを開いて、新し
   いレイヤーを追加してください。これを Level Background としてください。
   このレイヤーをリストの先頭にドラッグします（Defaultの上）。これによって、このレ
   イヤーのいかなるオブジェクトも Default レイヤーの**後ろ**に表示されます。
3. **Level Foreground レイヤーを追加します。** 同様に新しいレイヤーを追加して、Level
   Foreground としてください。これを Default レイヤーの**下**にしてください。これによっ
   て、このレイヤーのいかなるオブジェクトも Default レイヤーの**前**に表示されます。
4. **Level Objects レイヤーを追加します。** 最後に、同じく新しいレイヤーを追加して Level
   Objects としてください。これを Default と Level Foreground の間にします。これはト
   ラップと宝が属するところで前面に来るオブジェクトの後ろになければいけません。

7.3.2　背景の制作

レイヤーの準備ができたので、背景を作っていきましょう。背景は3つの異なるテーマ（茶、
青、赤）を持っていて、各テーマは複数のスプライト（背景、横の壁と、横の壁の背景）から成
ります。

好みに合わせてレベルの内容をレイアウトできるようにしたいので、異なるテーマごとにプ
レハブを作成するのが最善でしょう。今回は茶の背景から、オブジェクトを作成してプレハブ
として保存します。次に、同じことを青と赤の背景に対しても行います。

ただし、**それらに取りかかる前にレベルのすべての背景オブジェクトを含むオブジェクトを
作成するのがよいでしょう**。以下の手順を行ってください。

120　7章　ゲームを磨き上げる

1. **Levelのコンテナーオブジェクトを作成します**。[GameObject]メニューを開き[Create Empty]を選択して新しい空のオブジェクトを作成します。Levelと名前を付けて、位置を(0,0,1)にセットしてください。

2. **Background Brownオブジェクトのコンテナーを作成します**。別のゲームオブジェクトを作成して、Background Brownと名付けてください。これをLevelオブジェクトの子にして、位置が(0,0,0)になっていることを確認してください。これによって、オブジェクトの位置が、Levelオブジェクトの位置と同じになります。

3. **メインの背景スプライトを追加します**。BrownBackスプライトを[Scene]にドラッグして、Background Brownオブジェクトの子にしてください。
   この新しいスプライトを選択して、[Sorting Layer]を[Level Background]に変更してください。最後にこのX位置を0にして中心に表示されるようにします。

4. **背景の側面オブジェクトを追加します**。BrownBackSideスプライトを[Scene]にドラッグして、Background Brownオブジェクトの子にしてください。
   [Sorting Layer]を[Level Background]にして、[Order In Layer]を1にセットしてください。これによってこのオブジェクトは他のレイヤーのオブジェクトよりは後ろに描画されながらも、メインの背景の上に描画されるようになります。
   X位置を−3にセットして、左側に配置します。

5. **前景の側面オブジェクトを追加します**。BrownSideをドラッグして、Background Brownスプライトの子になるようにしてください。[Sorting Layer]を[Level Foreground]にします。
   X位置を−3.7にセットして、Y位置をBrownBackSideスプライトと同じにしてください。前景のオブジェクトを少し左に配置しますが、2つの高さは揃えたほうがよいでしょう。

側面オブジェクトの高さはメインの背景画像の半分しかないので、側面オブジェクトの2つ目の列を作成します。

側面オブジェクトを複製するためには、BrownBackSideとBrownSide両方のスプライトを選択して、Ctrl＋D(Macではcommand＋D)を押して複製します。

これらの新しい側面オブジェクトを移動して、上の行の底辺が下の行の上辺と同じところに位置するようにしてください。これを終えると、**図7-11**のような見た目になります。

図7-11 部分的に更新された背景

　これで左側の側面オブジェクトをセットし終わったので、右側の準備に移りましょう。そのためには、既存のスプライトを複製して右側に合うように調整します。

1. **側面オブジェクトを再び複製します。** すべてのBrownSideとBrownBackSideオブジェクトを選択して、Ctrl＋D（Macではcommand＋D）を押してください。
2. **ピボットモードが[Center]ということを確認します。** 現在[Pivot Mode]ボタンが[Pivot]になっているなら、それを押してピボットモードを[Center]にしてください。
3. **オブジェクトを回転します。** 回転ツールを使用して、右側用のオブジェクトを180度回転してください。Ctrlキー（Macではcommandキー）を長押ししておくことで、回転がスナップされます。

　　　[Inspector]の[Rotation]の値を直接変更しないでください。そうすると、選択したすべてのオブジェクトは個々の中心を基準に回転してしまいます。今回は、それらの共通の中心で回転してほしいのです。

4. **オブジェクトを垂直にフリップします。** これはYのスケールを−1にすることで実現できます。これを行わないと、上下が逆さまになっているのでライティングが正しく行えません。

ここまで終えると、これらのオブジェクトの[Transform]は図7-12のようになります。

図7-12 右側の背景要素の[Transform]

5. **新しいオブジェクトをレベルの右側に移動します。** ここがこれらの正しい位置です。これで背景は図7-13のようになります。

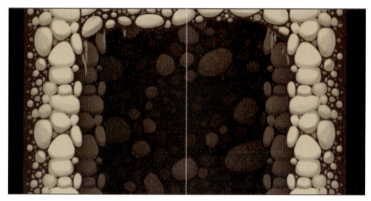

図7-13　更新された背景

　Background Brownオブジェクトが準備できたので、プレハブ化しましょう。次の手順を行ってください。

1. **Background Brownからプレハブを作成します**。Background Brownオブジェクトを［Project］タブにドラッグしてプレハブを作成してください。このプレハブをLevelフォルダーに移動します。
2. **Background Brownオブジェクトを複製します**。Background Brownオブジェクトを選択して、Ctrl＋D（Macではcommand＋D）を何度か押してください。長い背景を作成するために新しいオブジェクトをそれぞれ下に移動してください。

7.3.3　異なる背景

　ひとつ目の背景ができたので、まったく同じことを繰り返して残りの2つの背景も準備しましょう。

1. **Background Blueテーマを作成します**。新しくBackground Blueという名前で空のオブジェクトを作成して、Levelオブジェクトの子にしてください。
Background Brownを作成したときと同じ手順をたどりますが、今回はBlueBack、BlueBackSideと、BlueSideスプライトを使用してください。
この作業を終えたらBackground Blueオブジェクトのプレハブ化を忘れずに行ってください。
2. **Background Redテーマを作成します**。もう一度同じ手順を、今度はRedBack、RedBackSideと、RedSideスプライトを使ってたどってください。

　すべて終えると、レベルは図7-14のようになっているはずです。

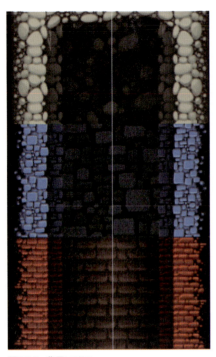

図7-14 背景エリア

　ここまででひとつ問題が残っています。背景のタイルは、同色の背景オブジェクトと重なる分には良さそうに見えますが、別の色に重なる部分で見ためが悪くなっています。

　これを修正するために背景と背景のタイルが不連続なのをカバーするスプライトを重ねます。これらのスプライトはLevel Foregroundレイヤーに属し、ゲーム内の他のすべてのものの上に重なるようにセットアップします。

1. **BlueBarrierスプライトを追加します**。このスプライトは茶背景と青背景の間をマスクするようにデザインされています。これを茶背景と青背景のつなぎ目のところに配置して、Levelオブジェクトの子にしてください。
2. **RedBarrierスプライトを追加します**。このスプライトは青背景と赤背景の間をマスクするようにデザインされています。これを青背景と赤背景のつなぎ目のところに配置して、Levelオブジェクトの子にしてください。
3. **両スプライトのソーティングレイヤーを更新します**。BlueBarrierとRedBarrier スプライトの両方を選択して、［Sorting Layer］を［Level Foreground］に設定してください。続いて［Order in Layer］を1にしてください。これでバリアは横のスプライトの上に重なるようになります。

　これを終えると、レベルは図7-15のようになっているはずです。

図7-15 バリア用スプライトが追加された背景

7.3.4　井戸の底

　最後にひとつ追加するものが残っています。井戸の底です。この井戸は乾いていて、井戸の底には砂が溜まっています。砂は壁側にも積もっています。これを追加するには、以下の手順を行ってください。

1. **井戸の底のスプライトのためのコンテナーオブジェクトを作成します**。新しく空のオブジェクトを作成して、Well Bottomと名付けてください。これをLevelオブジェクトの子にしてください。
2. **井戸の底のスプライトを追加します**。Bottomスプライトをドラッグして、Well Bottomオブジェクトの子として追加してください。
   スプライトのソーティングレイヤーを [Level Background] に設定して、[Order In Layer] を2に設定してください。これによってこのスプライトはBackgroundとBackground Sideの上に重なりますが、ゲーム内のその他のものよりは後ろに表示されます。
   スプライトを井戸の底に移動し、X位置を0にしてください。これでレベル内の他のスプライトと並びます。
3. **装飾用のスプライトを井戸の左に追加します**。SandySideスプライトをドラッグして、Well Bottomオブジェクトの子として追加してください。

［Sorting Layer］を［Level Foreground］に設定し、［Order in Layer］を 1 にしてください。
これでこのスプライトは壁の上に重なります。

続いて、壁と整列させるためにスプライトを左に移動してください（図7-16 を例として参考にしてください）。

図7-16　SandySide スプライトを井戸の底に配置

4. **右側のオブジェクトを追加します。**SandySide スプライトを複製してください。X の大きさを -1 にして反転し、井戸の右側に移動してください。
5. **宝が正しい位置にあることを確認します。**宝が砂丘の中央になるように位置を調整します。

すべてを終えると図7-17 のようになります。

図7-17　完成した井戸の底

7.3.5　カメラの更新

新しい背景をゲームに収めるにはひとつ残っていることがあります。つまりカメラの更新が必要です。ここでは2つの変更点があります。ひとつ目はプレイヤーがレベル全体を見られるようにカメラを更新することで、2つ目に更新されたレベルの大きさを考慮してカメラの制御スクリプトを更新することです。次の手順でカメラを設定してください。

1. **カメラのサイズを更新します。**Main Camera オブジェクトを選択して、［Ortho Size］

を7に変更してください。これでレベル全体を見るために必要となる十分な広さを持つビューになります。

2. **カメラの制約を更新します**。カメラに映る領域を変更したので、カメラの移動制約も調整する必要があります。カメラの [Top Limit] を11.5に変更してください。

もちろん [Bottom Limit] の値の調整も必要ですが、この値は井戸をどれだけ深くしたかに依存します。

これを調整するための良い方法は、ノームを可能なかぎり下に降ろしていくことです。もし底に着く前にカメラが移動を止めてしまうのであれば [Bottom Limit] を小さくします。もしカメラが井戸の底を突き抜けていくなら（青背景が見えるなら）[Bottom Limit] を大きくします。

ゲームを停止すると元あった位置に戻るので、その前に現在のカメラの位置の値を記録してください。ゲームを停止したら、先ほどメモした値を [Bottom Limit] フィールドに入力してください。

7.4　ユーザーインターフェース

ここまでできたらいよいよ、ゲームのUIの見た目や雰囲気を改善するときです。以前インターフェースを準備したときには、Unityが提供する標準のボタンを使いました。これは使い勝手は良いのですが、ゲームの見た目や雰囲気には適していません。もっと適したボタンの画像に差し替えましょう。

加えて、ノームが井戸の入り口にたどり着いたときにGame Overスクリーンを表示したり、プレイヤーがゲームを一時停止したときにもスクリーンを見せる必要があります。

作業を続ける前に、本節で使用するスプライトをインポートしていることを確認してください。Sprites/Interfaceフォルダーをインポートして、Spritesフォルダーに入れてください。

これらのスプライトは高解像度で作成されているので、多様な異なるシチュエーションで使用できます。これらのスプライトをゲーム内でボタンとして使うために、UnityはCanvasに追加するときにこれらがどの程度の大きさであるべきかを知る必要があります。これはスプライトの [Pixels Per Unit] の値を調整して行います。この値はUIコンポーネントまたはスプライトレンダラーにスプライトが追加されたときの大きさを制御します。

このフォルダー内にある（「You Win」を除いた）すべてのスプライトを選択して、これらの [Pixels Per Unit] を2500に設定してください。

ここでは現在画面の右下に見えているUpとDownボタンをより適した画像に更新することから始めます。このためには、まずボタンからラベルを取り除いて、新しい画像に合うように大きさと位置を調整する必要があります。以下の手順に沿って進めてください。

1. **Downボタンからラベルを取り除きます**。Downボタンオブジェクトを見つけて、子オ

ブジェクトになっているTextオブジェクトを取り除いてください。

2. **スプライトを更新します。**Down Buttonオブジェクトを選択して、[Source Image] プロパティーをDownスプライト（Interfaceフォルダーにあります）に変えてください。

   [Set Native Size] ボタンを押すとボタンの大きさが調整されます。

   最後に、ボタンが画面の右下隅になるように位置を調整してください。

3. **Upボタンを更新します。**Upボタンにも同じ工程を繰り返します。子のTextオブジェクトを取り除いて、[Source Image] をUpスプライトに変えてください。続いて、[Set Native Size] を押して、そのあとボタンの位置がDownボタンの上になるように調整します。

4. **ゲームをテストします。**ボタンの見た目が改善され、動きも問題ありません（**図7-18**参照）。

図7-18　更新されたUpボタンとDownボタン

これからこれらのボタンをコンテナーに入れてグループ化します。これには2つの理由があります。ひとつ目の理由はUIが整理されること、もうひとつの理由はグループ化することで同時にすべての表示、非表示が切り替えられるからです。これはこのあとPauseメニューを実装

するときに役立ちます。以下の手順に沿ってセットアップしてください。

1. **ボタン用の親オブジェクトを作成します**。新しい空のオブジェクトを作成して、Gameplay Menuと名付けてください。これをCanvasの子にしてください。
2. **オブジェクトが画面全体を覆うように設定します**。Gameplay Menuのアンカーが水平垂直に目一杯広がるように設定します。左上の［Anchors］の上の四角形を選択して表示されたメニューの右下のオプションを選択してください（**図7-19**参照）。
   それを終えたら、［Left］［Top］［Right］［Bottom］の値を0にします。これでオブジェクトは親オブジェクトの領域全体を覆うようになります（今回の場合はCanvasなので画面全体を覆うということです）。

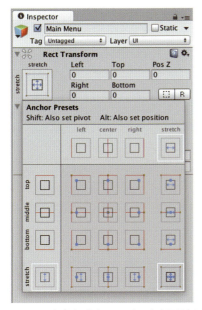

図7-19 オブジェクトのアンカーを水平垂直に目一杯広げる

3. **ボタンをGameplay Menuオブジェクトの子にします**。UpボタンとDownボタンの両方を［Hierarchy］で選択してGameplay Menuオブジェクトまでドラッグします。

次に「You Win」のグラフィックを作成します。これはプレイヤーに画像と、プレイに戻るためのボタンを表示します。準備するには次の手順を行ってください。

1. **Game Overスクリーンのためのコンテナーオブジェクトを作ります**。Game Overという名前で空のオブジェクトを作成し、Canvasの子にします。
   Gameplay Menuオブジェクトと同様の手順で水平垂直に引き伸ばします。
2. **Game Over画像を追加します**。［GameObject］メニューを開いて、［UI］→［Image］を選択して新しいImageオブジェクトを作成してください。この新しいImageオブジェ

7.4　ユーザーインターフェース　　**129**

クトを、先ほど作ったGame Overオブジェクトの子にしてください。

新しいImageオブジェクトのアンカーを水平垂直に引き伸ばしてください。［Left］と［Right］のマージンの値を30、［Bottom］マージンの値を60に設定します。これで画像の左右と画面下部に余白ができ、これから追加するNew Gameボタンに被らなくなります。

Imageオブジェクトの［Source Image］プロパティーにYou Winスプライトを設定し、［Preserve Aspect］にチェックを付けて引き延ばされることを防ぎます。

3. **New Gameボタンを追加します**。［GameObject］メニューを開いて［UI］→［Button］を選択して、新しいButtonをGame Overオブジェクトに追加してください。

新しいボタンのラベルのテキストをNew Gameにして、ボタンのアンカーを［bottom-center］に設定してください。

ボタンを画面の下部中央に移動してください。すべて終えると図7-20のようなインターフェースになります。

図7-20 Game Over画面のインターフェース

4. **New GameボタンをGame Managerに接続します**。ボタンが押されたときにGame Managerがゲームをリセットするようにします。これはGameManagerスクリプトのRestartGame関数を呼ぶことで実現できます。

［Inspector］の［Button］の下にある［+］ボタンを押すと現れるスロットにGame Managerをドラッグしてください。次に関数をGameManager → RestartGameに変更してください。

今度はGame Managerをこれらの新しいUIエレメントに接続する必要があります。すでにGameManagerスクリプトはゲームの状態を元に適切なユーザーインターフェースを表示、非表示するようにセットアップされています。ゲームプレイ中はGameplay Menu変数が参照するオブジェクトを表示し、それ以外のメニューは非表示にします。以下の手順に沿って、設定テストしてください。

1. **Game Managerをメニューに接続します。** Game Managerを選択してから、Gameplay Menuオブジェクトをドラッグして［Gameplay Menu］スロットに入れてください。続いてGame Overオブジェクトを［Game Over Menu］スロットにドラッグします。
2. **ゲームを実行します。** ノームを井戸の底まで下ろして、宝を持って出口に到達してください。Game Overスクリーンが現れるはずです。

準備しなくてはいけないメニューがひとつ残っています。Pauseメニューとゲームを一時停止するためのボタンです。Pauseボタンは画面の右上に表示され、プレイヤーがこのボタンを押すとゲームは一時停止して、ゲームのレジュームとリスタートを行うボタンが表示されます。

Pauseボタンを用意するために、新しくButtonオブジェクトを作って、Menu Buttonと名付けてください。これをGameplay Menuオブジェクトの子にしてください。

- 子オブジェクトのTextを取り除いて、ボタンの［Source Image］をMenuスプライトに変えてください。
- ［Set Native Size］を押して、画面の右上に移動してください。アンカーは右上にセットしてください。
- これを終えるとボタンは**図7-21**のようになります。

7.4 ユーザーインターフェース **131**

図7-21 Menuボタン

　続いてこのボタンをGame Managerに接続します。ボタンが押されたときに、Game Managerに一時停止状態に入るよう命令します。これによってPauseメニュー（これから作成します）が表示され、Gameplayメニューが非表示になり、ゲームが一時停止します。

　MenuボタンをGame Managerに接続するには、[Inspector] の [Button] の下にある [+] ボタンを押して、現れたスロットにGame Managerをドラッグしてください。

　ボタンが`GameManager.SetPaused`を呼ぶように設定してください。チェックボックスにチェックを入れ、ボタンが押されたときに`SetPaused`ボタンが`true`パラメーターを送るようにします。

　これでやっとゲームが一時停止したときに表示するメニューを準備できます。

1. **Main Menuコンテナーを作成します**。空のオブジェクトを作成してMain Menuという名付けてください。これをCanvasの子にしてアンカーを水平垂直に引き伸ばしてください。[Left] [Right] [Top] [Bottom] のマージンを0にしてください。
2. **Main Menuにボタンを追加します**。RestartとResumeという名前で2つボタンを追加します。この両方のボタンを先ほど作成したMain Menuオブジェクトの子にし、ボタンに合わせてそれらのテキストをRestart GameとResume Gameに変更してください。これを終えるとMain Menuは図7-22のようになります。

図7-22 Main Menu画面

3. **ボタンをGame Managerに接続します。** Restartボタンを選択して、これがGame ManagerのGameManager.RestartGame関数を呼ぶように設定してください。続いてResumeボタンを選択して、Game ManagerのGameManager.Reset関数を呼ぶように設定してください。
4. **Main MenuをGame Managerに接続します。** Game Managerはどのオブジェクトが SetPaused関数が呼ばれたときに表示されるべきかを知っている必要があります。Game Managerを選択して、Main MenuオブジェクトをGame Managerの [Main Menu] スロットにドラッグしてください。
5. **ゲームを実行してください。** これでゲームを一時停止して再開することができます。さらに、ゲーム全体のリスタートもできます。

7.5 無敵モード

　ゲームのチートコードの考えは、実際には現実的な要件からきています。ゲーム開発をしていてとある部分のテストを行いたいときに、その部分に到達するためにゲーム中のさまざまなトラップやパズルを順当にクリアしていくのはかなり面倒です。開発のスピードを上げるためには、ゲームプレイの方法を変更するためのツールを追加するのは一般的なことです。例えば、

シューティングゲームでは敵がプレイヤーを攻撃しないようにするコードがよく含まれていたり、ストラテジーゲームでは戦闘を非表示にしたりします。

このゲームでもそれは同じです。ゲームを開発するためにゲームを実行するたびにすべての障害物に対処する必要はありません。それを避けるために、ノームを無敵にするツールを作成します。

これは画面の左上にチェックボックス（**トグル**とも言われます）として実装します。チェックをするとノームは絶対に死ななくなります。死亡しませんが、「ダメージは受け続ける」ことで、このあと次の章で追加していく多様なパーティクルが表示され続けことになり、そのテストに役立ちます。

整理された状態を保つために他のUIコンポーネント同様、このチェックボックスはコンテナーオブジェクトの中に入ります。それではコンテナーから作っていきましょう。

1. **Debug Menuコンテナーを作成します。** 新しく空のゲームオブジェクトをDebug Menuという名前で作成し、Canvasの子にしてください。アンカーを水平垂直に引き延ばすように設定し、[Left][Right][Top][Bottom]のマージンを0にしてください。

2. **無敵にするトグルを追加します。** [GameObject]メニューから[UI]→[Toggle]を選択して、新しくToggleオブジェクトを追加してください。名前はInvincibleにしてください。

   新しいオブジェクトのアンカーを[Top Left]に設定し、画面の左上に移動します。

3. **トグルの設定をします。** 先ほど追加したトグルの子であるLabelオブジェクトを選択し、Textコンポーネントの[Color]を白にしてください。ラベルのテキストをInvincibleにしてください。

   Toggleオブジェクトの[Is On]プロパティーのチェックを外してください。

   これを終えると**図7-23**のようになります。

図7-23 無敵用のチェックボックスを画面の左上に設置

4. **トグルをGame Managerに接続します。**[+]ボタンを押して、[Value Changed]イベントに新しいエントリーを追加してください。現れたスロットにGame Managerをドラッグして、関数をGameManager.gnomeInvincibleに変更してください。これで、トグルの値が変わると、gnomeInvincibleプロパティーの値が変わるようになります。
5. **ゲームを実行してみます。**ゲームをプレイして、Invincibleにチェックを入れてください。これでノームがトラップに触れても死ななくなりました！

7.6 まとめ

　これでゲームはいい感じに仕上がってきたと思います。ゲームプレイのコアの部分がいい感じにできて、プレイのテストをするためのデベロッパーツールも追加できました。それでもまだこのゲームにできることがあります。次の章では、メニュー構成とオーディオなどのコンテンツを追加で磨きをかけて、このゲームの開発を終わりにしたいと思います。

8章
『Gnome's Well』の最終調整

8.1　トラップとレベルオブジェクトの増設

　ノームのアートが更新され、UIが更新され、そして背景の見栄えが良くなりゲームが形になってきました。現在は茶色のトゲのトラップしかありません。次の手順として、バラエティー豊かにするために、背景にあったトゲの種類を2つ追加しましょう。

　回転ノコギリという新しいトラップも追加します。回転ノコギリはトゲと同じ種類のダメージを与えますが、3つのスプライトで構成され、そのうちのひとつはアニメーションするため少し複雑です。

　最後に、ダメージは与えないけれど、プレイヤーが避けて通らなければいけないブロックの壁をいくつか追加します。これらのオブジェクトがトラップと連なって配置されることで、プレイヤーはレベルをどのように進むかを注意深く考えるようになります。

8.1.1　トゲのオブジェクト

　トゲの種類を追加する作業から始めましょう。現在すでに存在しているスプライトのプレハブがあるので、これのスプライトを更新してコライダーを再生成するだけです。それには以下の手順を行ってください。

1. **トゲの新しいプレハブを作成します。** SpikesBrown プレハブを選択して、Ctrl＋D（Macでは command＋D）を押して複製します。この名前を SpikesBlue にしてください。同様に別のコピーを作成して SpikesRed と名付けてください。

2. **スプライトを更新します。** SpikesBlue プレハブを選択して、スプライトを SpikesBlue に変更してください。

3. **ポリゴンコライダーを更新します。** ポリゴンコライダーは Sprite Renderer と同じオブジェクトに追加されているので、形状計算にスプライトを使うことができます。しかし、スプライトが変更されても自動で更新されることはありません。これを修正するにはポリゴンコライダーをリセットする必要があります。
   Polygon Collider 2Dコンポーネントの右上にある歯車アイコンを押して、現れたメニューから [Reset] を選択してください。

137

4. **SpikesRedオブジェクトを更新します。** SpikesBlueオブジェクトについての作業を終えたので、SpikesRedオブジェクトに対しても同様の手順を行ってください（SpikesRed画像を使用してください）。

ここまでの作業を終えたらSpikesBlueオブジェクトとSpikesRedオブジェクトをいくつかレベルに追加できます。

8.1.2　回転ノコギリ

続いて、回転ノコギリを追加していきます。回転ノコギリには厄介な丸ノコが付いていて、トゲよりもさらに少しゲーム性を増すものとなります。根本的なロジックの面では、回転ノコギリはトゲと同じで、ノームがこれに接触したら死亡します。ですが、バラエティーに富んだ異なるトラップをゲームに追加することは、レベルの進め方を多様にし、プレイヤーの興味を引き続けることにつながります。

回転ノコギリはアニメーションするので、複数のスプライトで構成します。加えて、そのスプライトの中でも丸ノコのスプライトは特に高速で回転します。

回転ノコギリを作成するために、SpinnerArmスプライトを［Scene］にドラッグして、［Sorting Layer］を［Level Objects］に設定してください。

SpinnerBladesCleanスプライトをドラッグして、SpinnerArmオブジェクトの子として追加してください。［Sorting Layer］を［Level Objects］に、［Order in Layer］を1に設定してください。これをアームの先端に移動して、X座標を0にして真ん中に配置してください。

同様にSpinnerHubcabスプライトをドラッグして、SpinnerArmの子として追加してください。［Sorting Layer］を［Level Objects］に、［Order in Layer］を2に設定してください。X座標も同様に0にしてください。

これを終えると、回転ノコギリは図8-1のようになります。

図8-1　構築された回転ノコギリ

これから回転ノコギリがノームにダメージを与えるように、SignalOnTouchスクリプトを追加していきます。SignalOnTouchスクリプトはそのオブジェクトのコライダーにノームが接触したときにメッセージを送信するので、コライダーも追加する必要があります。以下の手順に従って設定してください。

1. **コライダーをノコギリに追加します**。SpinnerBladesCleanオブジェクトを選択して、Circle Collider 2Dを追加してください。半径を2まで減らしてください。当たったかどうかを判定するゾーンが小さくなるので、回転ノコギリへの対処が少し簡単になります。

2. **SignalOnTouchコンポーネントを追加します**。[Add Component] ボタンを押して、SignalOnTouchスクリプトを追加してください。
   [Inspector] の下にある [+] を押して現れたスロットにGame Managerをドラッグしてください。関数をGameManager.TrapTouchedに変更してください。

続いて、ノコギリを回転させます。それには、Animatorオブジェクトを追加して、ノコギリがAnimationを実行するように設定する必要があります。Animationはとてもシンプルで、ただアタッチされたオブジェクトを360度回転させるだけです。

Animatorを設定するにはAnimator Controllerを作成する必要があります。Animator Controllerを使うことで、異なるパラメーターを元に現在どのアニメーションが再生されているかを定義することができます。このゲームではAnimator Controllerの高度な機能は使いませんが、この存在自体を知っておくことで今後役に立つでしょう。これを設定するには以下の手順を行ってください。

1. **Animatorを追加します**。丸ノコを選択してAnimatorコンポーネントを追加してください。

2. **Animator Controllerを作成します**。Levelフォルダー内で新しくAnimator ControllerアセットをSpinnerという名前で作成してください。
   そのままLevelフォルダー内にて、新しくAnimationアセットをSpinningという名前で作成してください。

3. **Animatorが新しいAnimator Controllerを使用するようにします**。丸ノコを選択して、先ほど作成したAnimator Controllerを [Controller] スロットにドラッグしてください。

続いてAnimator Controller自体を設定していきます。

1. **Animatorを開きます**。Animator Controllerをダブルクリックして、[Animation] タブを開いてください。

2. **SpinningアニメーションをAnimator Controllerに追加します**。Spinningアニメーションを [Animator] ウィンドウにドラッグしてください。これでAnimator Controllerは最初から存在していたEntry、Exit、Any Stateに加えてもうひとつアニメーションステー

8.1 トラップとレベルオブジェクトの増設 **139**

トを持っているはずです（**図8-2**参照）。

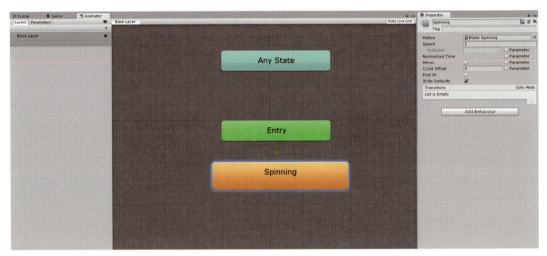

図8-2 Spinner用のAnimator Controller

　これでAnimatorはAnimator Controllerを使う準備ができました。Animator Controllerは
Spinningアニメーションを開始するように設定されています。いよいよこのアニメーションで
実際にモノを回転させていきましょう。

1. 回転ノコギリの丸ノコが選択されていることを確認します。［Scene］ウィンドウに戻っ
   てもう一度丸ノコを選択します。
2. **Animationウィンドウを開きます。**［Window］メニューを開いて［Animation］を選択
   してください。［Animation］タブが開くので、作業をしやすい位置にドラッグしてく
   ださい。ウィンドウの上の方にあるタブをドラッグすることで、Unityのウィンドウ内
   の別セクションに追加することができます。
   作業を続ける前に［Animation］ウィンドウの左上には［Spinning］アニメーションが選
   択されていることを確認してください。
3. **アニメーションカーブを［Rotation］プロパティーに追加します。**［Add Property］
   ボタンを押すと、アニメーション可能なコンポーネントのリストが表示されます。
   ［Transform］→［Rotation］エレメントを探して、リストの右端にある［+］ボタンを押し
   てください。

　デフォルトでは新しいプロパティーはアニメーションの始まりと終わりに2つのキーフレー
ムを持っています（**図8-3**参照）。

図8-3 新しく追加されたアニメーションのキーフレーム

　今回はオブジェクトを360度回転させようとしています。つまり、アニメーションの開始時点ではオブジェクトの回転角は0度で、アニメーションの終了時点で360度になるよう回転するということです。この変化を作るには、アニメーションの最後のキーフレームを修正します。

1. **一番右のキーフレームを選択します。**
2. ［Animation］ウィンドウにて一番右のダイアモンドを押すと、アニメーションはタイムライン上でその位置にジャンプします。この時点でUnityは**レコードモード**になっていて、回転ノコギリへの変更が記録されます。Unityのウィンドウ上部にあるコントローラーが赤くなっていることから、記録中ということがわかるでしょう。
   ［Inspector］ウィンドウでTransformコンポーネントを見ると［Rotation］の値が赤くなっているはずです。
3. **回転の値を更新します。** Z軸の回転の値を360にしてください。
4. **アニメーションをテストします。** ［Animation］タブにあるプレイボタンを押して、歯が回転することを確認してください。もし回転速度が遅ければ、回転を高速にするために最後のキーフレームをドラッグして始めのキーフレームに近づけます。これでアニメーションする期間が短くなるので、オブジェクトの変化が完了するのが速くなります。
5. **アニメーションをループ再生させます。** ［Project］ウィンドウにて先ほど作ったSpinningアニメーションアセットを選択します。［Inspector］ウィンドウにて［Loop Time］のチェックボックスが選択されていることを確認してください。
6. **ゲームを実行します。** 丸ノコの歯が回転しているはずです。

　まだ回転ノコギリが使えるようになるための最後の仕上げが残っています。つまりゲームに合わせて回転ノコギリを縮小します。

1. **回転ノコギリを縮小します。** 親オブジェクトのSpinnerArmを選択して、スケールのXとYの値を0.4にしてください。
2. **回転ノコギリをプレハブ化します。** SpinnerArmオブジェクトを［Project］ウィンドウ

にドラッグしてください。これでSpinnerArmという新しいプレハブができるので、名前をSpinnerに変更しておきましょう。

これで回転ノコギリを回転させ、レベルに置くことができるようになりました。ノームはこれに触れると死亡してしまいます。

8.1.3　ブロック

トラップ以外にも、ノームが触れても**死亡しない**障害物を追加するのは良いアイデアです。これらのブロックはプレイヤーに速度を落とさせ、今まで追加してきたトラップをどうかいくぐるかを考えさせます。

これらのブロックは今まで追加してきたものの中でも一番シンプルです。スプライトレンダラーとコライダーだけでできています。とてもシンプルでどれも似ているので、それらのプレハブを同時に作成できます。そのための手順を以下に示します。

1. **ブロックのスプライトをドラッグします。** BlockSquareBlue、BlockSquareRed、BlockSquareBrownスプライトをシーンに追加してください。次に、BlockLongBlue、BlockLongRed、BlockLongBrownスプライトをシーンに追加してください。
2. **コライダーを追加します。** 6つのオブジェクトをすべて選択して、[Inspector]の一番下にある[Add Component]ボタンを押し、Box Collider 2Dコンポーネントを追加してください。各ブロックに緑色でコライダーの形状が与えられるはずです。
3. **これらをプレハブ化します。** 各ブロックをLevelフォルダーにドラッグしてプレハブ化してください。

すべて終えたら、ブロックと壁をレベルに追加することができます。実に簡単ですね。

8.2　パーティクルエフェクト

ノームが死亡するとき、ただ彼が落ちていくだけというのは視覚的なエフェクトとして不十分です。もっと興味を引くエフェクトを作成するためにパーティクルシステムを追加しましょう。

特に、ノームがトラップに触れたときに現れるパーティクルエフェクト（「Blood Explosion」）と、ノームの手足のどれかが外れたときのエフェクト（「Blood Fountain」）を追加します。

8.2.1　パーティクルマテリアルの定義

両方のパーティクルシステムが放出するものは同じなので（つまり、ノームの血液）、両方で共通して使えるひとつのマテリアルを作成します。以下の手順に沿って作成し、使用するための準備を行ってください。

1. **Bloodテクスチャーを設定します。** ダウンロードしたアセットの中からSprites/ParticlesフォルダーをUnityのSpritesフォルダーにドラッグしてください。その中からBloodテクスチャーを探して選択してください。この[Texture Type]を

［Sprite］から［Default］に変更してください。そして［Alpha Is Transparency］にチェックが付いていることを確認してください（図8-4参照）。

2. **Bloodマテリアルを作成します**。［Asset］メニューを開いて［Create］→［Material］を選択して新しいマテリアルを作成してください。このマテリアルの名前をBloodにし、Shaderメニューから［Unlit］→［Transparent］に変更します。

次にBloodテクスチャーを［Texture］スロットにドラッグしてください。これを終えると［Inspector］は図8-5のようになるはずです。

図8-4　Bloodテクスチャーのインポート設定

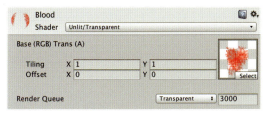

図8-5　パーティクルエフェクト用のマテリアル

8.2.2　血しぶき

マテリアルを使う準備ができましたので、いよいよパーティクルエフェクトを作成していきましょう。まずは一定方向にパーティクルを放出して最終的にフェードアウトするBlood Fountainエフェクトから始めていきましょう。以下にその手順を示します。

1. **パーティクルシステムのゲームオブジェクトを作成します**。［GameObject］メニューを開いて、［Effects］→［Particle System］を選択してください。このオブジェクトの名前をBlood Fountainにします。

8.2　パーティクルエフェクト　143

2. **パーティクルシステムの設定をします。**オブジェクトを選択して、図8-6と図8-7に合うようにParticle Systemを設定してください[*1]。

   いくつかのパラメーターは数値ではないのでスクリーンショットの情報だけでは設定ができないため補足しておきます。特に

   - ［Color Over Lifetime］の値は初めは［Alpha］の値が100%で、最後には［Alpha］の値が0%になります。［Color］の値は初めは白で、最後には黒になります。
   - Particle Systemの［Renderer］セクションは先ほど作成したBloodマテリアルを使用してください。

3. **Blood Fountainをプレハブ化します。**Blood FountainオブジェクトをGnomeフォルダーにドラッグしてください。

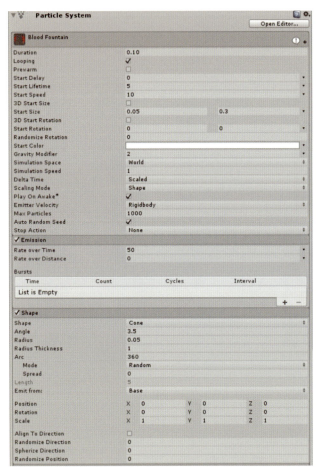

図8-6　Blood Fountainの設定

＊1　訳注：［Star Size］の項目は右端の三角形のボタンを押して［Random Between Two Constants］を選択すると2つの値を入力できるようになります。

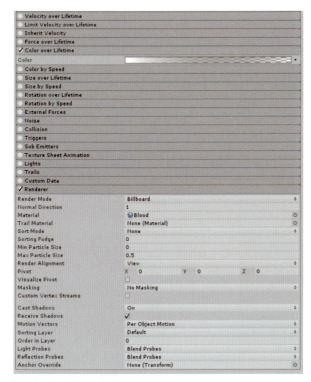

図 8-7 Blood Fountain の設定の続き

8.2.3　血の大噴射

続いて長時間連続してパーティクルを放出するのではなく、一発だけ大量にパーティクルを放出する Blood Explosion プレハブを作成します。

1. **パーティクルシステムのオブジェクトを作成します。** 別の Particle System ゲームオブジェクトを作成して、Blood Explosion と名付けてください。

2. **パーティクルシステムの設定を行います。** 図 8-8 を参考に [Inspector] で値を変更してください。

   このパーティクルシステムは、Blood Fountain エフェクトと同じマテリアルと [Color Over Lifetime] の設定を使用します。大きく違うのは円形のエミッター[*1]を使用することと、エミッションレートがパーティクルを一発で放出するように設定されていることくらいです。

3. **RemoveAfterDelay スクリプトを追加します。** シーンを整理しておくために Blood Explosion は数秒したら自身を破棄するようにします。

   `RemoveAfterDelay` コンポーネントをオブジェクトに追加して、[Delay] プロパティーを 2 に設定してください。

[*1] 訳注：エミッターとは、パーティクルを発生（emit）するもののことを言います。

4. Blood Explosionをプレハブ化します。

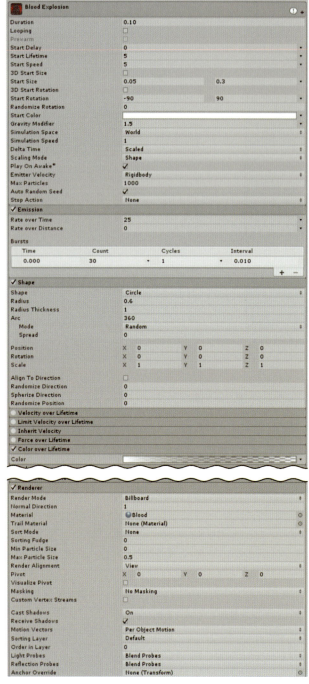

図8-8　Blood Explosionの設定

これでゲームで使用する準備が整いました。

8.2.4 パーティクルシステムを使用する

ゲームがこれらのパーティクルシステムを使用するためには、これらを Gnome プレハブに接続する必要があります。次の手順でセットアップしてください。

1. **Gnome プレハブを選択します。** Gnome プレハブを選択する際に、間違えて古い Prototype Gnome プレハブを選択しないように注意してください。

2. **パーティクルシステムを Gnome に接続します。** Blood Explosion プレハブを［Death Prefab］スロットに、Blood Fountain を［Blood Fountain］スロットにドラッグします。

3. **ゲームを実行してみてください。** ノームがトラップに触るようにすると血が出ると思います。

8.3 メインメニュー

ゲームのコアは仕上げも含めて完成しました。ここまで来たので『Gnome's Well』に特化した機能ではなく、すべてのゲームに共通で必要な機能に向けた作業をしましょう。すなわち、タイトルスクリーンとタイトルスクリーンからゲームに遷移する手段が必要です。

ゲームとタイトルを切り分けるために、タイトルは個別のシーンとして実装します。タイトルメニューはゲーム全体よりもシンプルなため、ゲームよりも早くロードされ、プレイヤーはすぐにメニューを確認できます。加えて、タイトルメニューはゲームをバックグラウンドでロードし始めます。プレイヤーが New Game ボタンをタップしたときは、ゲームのロードを仕上げてシーンを切り替えます。その結果、ゲームの起動時間が速くなったように見えます。こちらの手順を始める前に、ダウンロードしたアセットの中から App Resources フォルダーを見つけて、その中にあるファイルをすべて選択して、Unity の App Resources フォルダーに追加してください。そのあと、以下の手順に従ってください。

1. **新しいシーンを作成します。**［File］メニューを開いて［New Scene］を選択してください。再び［File］メニューを開いて［Save Scene］を選択してさっそくこの新しいシーンを保存します。シーンの名前は Menu にしてください。

2. **背景画像を追加します。**［GameObject］メニューを開いて、［UI］→［Image］を選択してください。

   Image コンポーネントの［Source Image］を Main Menu Background スプライトに設定してください。

   Image コンポーネントのアンカーを垂直方向に引き伸ばし、水平方向には中央に配置してください。［Pos X］を 0、［Top］と［Bottom］のマージンを 0 にして、［Width］を 800 に設定してください。

   Image コンポーネントにて［Preserve Aspect］にチェックを付けて引き伸ばされないよ

うにしてください。

［Inspector］は図8-9のような内容になり、画像は図8-10のように見えるはずです。

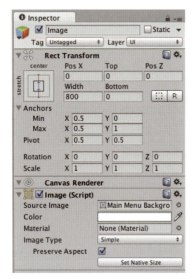

図8-9　メインメニューの背景画像の［inspector］

図8-10　背景画像

1. いよいよNew Gameボタンを追加します。それには、［GameObject］メニューを開いて、［UI］→［Button］を選択してください。このオブジェクトの名前をNew Gameとします。

   ボタンのアンカーを［bottom-center］にして、次に［Pos X］を0、［Pos Y］を40、［Width］を160、［Height］を30に設定してください。

   ボタンのLabelオブジェクトのテキストをNew Gameに設定してください。ここまでの設定を終えるとボタンは図8-11のように見えているはずです。

図8-11 ボタンが追加されたタイトルメニュー

8.3.1 シーンのロード

プレイヤーがNew Gameボタンをタップしたとき、ゲームをローディングしていることをプレイヤーに伝えるオーバーレイが必要でしょう。以下のようにして追加しましょう。

1. **オーバーレイオブジェクトを作成します**。新しくLoading Overlayという名前の空のオブジェクトを作成してください。これをCanvasオブジェクトの子にします。
   オーバーレイのアンカーは水平垂直に引き伸ばして、[Top] [Bottom] [Left] [Right]のマージンを0に設定してください。これによってシーン全体を覆うことができます。

2. **Imageコンポーネントを追加します**。Loading Overlayオブジェクトが選択されている状態で[Add Component]ボタンを押して、Imageコンポーネントを追加してください。Canvasが白で塗りつぶされます、
   [Color]プロパティーを黒に変更して、透明度を50%の値にします。これで半透明な黒のオーバーレイになります。

3. **ラベルを追加します**。Textオブジェクトを追加して、Loading Overlayの子オブジェクトにしてください。
   ラベルのアンカーを水平方向、垂直方向ともに中央にして、[Pos X]と[Pos Y]を0に、[Width]と[Height]を160に設定してください。
   続いて、Textコンポーネントのフォントサイズを大きくし、テキストが水平垂直に中央揃えになるようにしてください。色は白にして、テキストは「Loading...」にします。

オーバーレイがセットアップできたので、実際にゲーム全体をロードして、New Gameボタンが押されたらシーンを切り替えるコードを追加していきます。簡単にするために、このコードはMain Cameraに追加しますが、もし新しい空のオブジェクトに追加したければそれでも問題ありません。以下の手順に沿って完成させてください。

1. **MainMenuのコードをMain Cameraに追加します**。Main Cameraを選択して、新しい
C#スクリプトをMainMenuという名前で追加してください。
以下のコードをMainMenu.csに追加してください。

```csharp
using UnityEngine.SceneManagement;

// メインメニューを管理する
public class MainMenu : MonoBehaviour {

    // ゲームを含んでいるシーンの名前
    public string sceneToLoad;

    // "Loading..."のテキストを含むUIコンポーネント
    public RectTransform loadingOverlay;

    // シーンのバックグラウンドでのローディングを表す
    // シーンの切り替えが必要なときに切り替えを制御するために使う
    AsyncOperation sceneLoadingOperation;

    // 開始時にゲームのロードを開始する
    public void Start() {

        // Loadingオーバーレイを確実に不可視状態にする
        loadingOverlay.gameObject.SetActive(false);

        // シーンのバックグラウンドでのローディングを開始
        sceneLoadingOperation =
            SceneManager.LoadSceneAsync(sceneToLoad);

        // でも、ゲームを開始するまではシーンの切り替えを行わない
        sceneLoadingOperation.allowSceneActivation = false;

    }

    // New Gameボタンが押されたときに呼ばれる
    public void LoadScene() {

        // Loadingオーバーレイを可視状態にする
        loadingOverlay.gameObject.SetActive(true);

        // sceneLoadingOperationに、シーンのロードが終わったときに
        // シーンを切り替えるように伝える
        sceneLoadingOperation.allowSceneActivation = true;

    }

}
```

　Main Menuスクリプトは2つのことに責任を持ちます。2つのこととは、ゲームシーン
をバックグラウンドでロードすることと、プレイヤーがNew Gameボタンを押したとき
に反応することです。StartメソッドでSceneManagerをバックグラウンドでロード

150　8章　『Gnome's Well』の最終調整

を始めるように設定します。これは戻り値として AsyncOperation が返ってくるので、sceneLoadingOperation に格納しておき、ローディングの振る舞いをコントロールします。今回の場合は、sceneLoadingOperation でローディングが完了しても新しいシーンに切り替わらないようにしています。これはどういうことかというと、ローディングが完了したあとに、sceneLoadingOperation はユーザーが次メニューに進む準備ができるまで待機するということです。

　これはユーザーが New Game ボタンをタップしたときに呼ばれる LoadScene メソッドで行われます。まず loading オーバーレイが表示され、次に sceneLoadingOperation はローディングが完了したら画面を切り替えるように伝えられます。これによって、シーンのロードが終わっていればすぐに表示されますし、まだシーンのロードが終わってない場合は、ローディングが終わり次第表示されることになります。

メインメニューをこのように構造化することによってゲーム全体のロードが速くなったように見えます。なぜならメインメニューはゲームよりもロードが必要なリソースが少ないので表示されるまでが早くなります。メインメニューが見えたらユーザーが New Game ボタンを押すまでの時間ができます。この間にゲームは新しいシーンをロードしています。しかしユーザーはただ待たされているわけではないので、ゲームシーンを直接開始するよりも全体として動作が速く感じられます。

以下の手順を行ってください。

1. **Main Menu コンポーネントを設定します。**［Scene to Load］を Main（つまり、ゲームのシーン）にしてください。先ほど作った Loading Overlay を［Loading Overlay］にセットしてください。
2. **ボタンがシーンをロードするようにします。**New Game ボタンを選択して、これを押したときに Main Camera の MainMenu.LoadScene 関数を呼ぶように設定してください。

　最後に、ビルドに含むシーンのリストの設定を行う必要があります。Application.LoadLevel とこれに関連した関数は、ビルドに含むシーンのリストに表示されているシーンしかロードできないため、Main シーンと Menu シーンが両方とも含まれていることを確認します。以下の手順で確認できます。

1. **［Build Settings］ウィンドウを表示します。**［File］メニューを開いて、［File］→［Build Settings］を選択してください。
2. **［Scenes In Build］のリストにシーンを追加します。**Main シーンと Menu シーンの両ファイルを Assets フォルダーから［Scenes In Build］のリストにドラッグしてください。必ず Menu をリストの先頭に置いてください。先頭のシーンがゲーム起動時に表示さ

れます。

3. **ゲームを実行してみます。** ゲームを起動してNew Gameボタンを押してください。これでゲームが遊べます！

8.4　オーディオ

　最後の仕上げが残っています。サウンドエフェクトを追加することです。サウンドがない状態ではこのゲームはノームの死が恐ろしい印象を与えるので、これを修正する必要があります。

　幸いなことに、今まで書いたコードはすでにサウンドの追加が容易になるようにセットアップされています。Signal On Touchスクリプトはオーディオソースがアタッチされていれば、ノームが対応するコライダーに触れたときにサウンドを再生するようになっています。そのため、いくつかのプレハブにAudio Sourceコンポーネントを追加する必要があります。

　さらに、Game Managerスクリプトはノームが死亡したときとノームが宝を持って出口にたどり着いたときのサウンドを再生します。ここでもAudio SourceコンポーネントをGame Managerに追加する必要があります。そのために以下の手順を行ってください。

1. **Audio Sourceコンポーネントをトゲに追加します。** SpikesBrownプレハブを見つけて、新しくAudio Sourceコンポーネントを追加してください。
Death By Static Objectサウンドを新しいAudio Sourceにアタッチしてください。[Loop]と[Play On Awake]の両方のチェックが外れていることを確認してください。これをSpikesRedとSpikesBlueのプレハブにも繰り返してください。

2. **Audio SourceコンポーネントをSpinnerに追加します。** Spinnerプレハブを見つけて、新しくAudio Sourceコンポーネントを追加してください。Death by Moving ObjectサウンドをAudio Sourceにアタッチしてください。再び[Loop]と[Play On Awake]の両方のチェックが外れていることを確認してください。

3. **Audio SourceコンポーネントをTreasureに追加します。** 井戸の底に置いたTreasureオブジェクトを見つけて、新しくAudio Sourceコンポーネントを追加してください。Treasure CollectedサウンドをAudio Sourceにアタッチしてください。もう一度、[Loop]と[Play On Awake]のチェックが外れていることを確認してください。

4. **Audio SourceコンポーネントをGame Managerに追加してください。** 最後に、Game Managerオブジェクトを選択してAudio Sourceコンポーネントを追加してください。[Audio Clip]プロパティーは空のままにして、その代わりに「Game Over」サウンドを[Gnome Died Sound]スロットに、「You Win」サウンドを[Game Over Sound]スロットにアタッチしてください。

5. **ゲームを実行します。** これでノームが死亡したときと、宝を持って出口にたどり着いたときにサウンドエフェクトが聞こえるはずです。

152　8章　『Gnome's Well』の最終調整

8.5　まとめ

これで『Gnome's Well That Ends Well』の開発をすべて終えました。皆さんの手元には図8-12と似たゲームがあるでしょう。おめでとうございます！

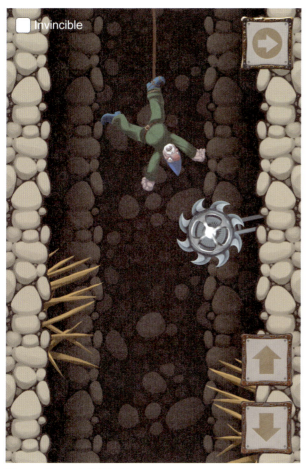

図8-12　ゲームの最終的な見た目

ここからもこのゲームの可能性を探るためにできることがいくつかあります。

ゴーストを追加

「5.2 ノームのコードのセットアップ」にて、ノームが死亡したときにオブジェクトを作成するようにセットアップしていました。読者の次の手順として、ゴーストスプライト（リソースの中に含まれています）を表示して、上昇していくプレハブを作成してみてください。パーティクルエフェクトを使って、上昇してく途中に軌跡を残すことも検討してみましょう。

トラップを追加

追加トラップのためのアセットを2つ用意しています。振り子刃と火炎放射器です。振り子刃は大きな刃が鎖につながれていて、左右に振れるように設計されています。これを動かすにはAnimatorを使う必要があります。火炎放射器は前方に火の玉を発射する設計になっています。火の玉がノームに当たったときに、Game ManagerのFireTrapTouched関数を呼んでください。ノームが燃えたときのスプライトについても忘れずに取り組んでみてください。

レベルを追加で構築

現在のゲームはひとつのレベルしか持っていませんが増やしていけない理由はありません。

エフェクトの追加

宝の周りにパーティクルを表示してみてください（Shiny1とShiny2の画像を使ってください）。プレイヤーが壁にぶつかったときに壁からパーティクルが出るようにしてみてください。

第III部
3Dゲーム『Rockfall』の開発

第III部では、2つ目のゲームをゼロから作り上げていきます。「第
II部 2Dゲーム『Gnome's Well』の開発」で作成したゲームとは異
なりこのゲームでは3Dを扱います。ここでは、プレイヤーが迫
りくる小惑星から宇宙ステーションを守るスペースコンバットシ
ミュレーターを作成します。そしてその中で、ほかのゲームでも
頻繁に行うであろう弾の発射、オブジェクトの再生成や3Dオブ
ジェクトの見た目の管理などを学びます。

9章
『Rockfall』の開発

　Unityは2Dゲームを開発するための最高のプラットフォームであるだけでなく、3Dコンテンツの作成にも最適です。Unityは2Dの機能が提供されるずっと前から3Dエンジンとしてデザインされていたので、当初のUnityの機能は3Dゲーム向けに開発されていました。

　第Ⅱ部では、Unityを使用して『Rockfall』という3Dスペースシミュレーターゲームの作り方を学びます。この手のゲームは、1990年代半ばに『Star Wars: X-Wing』（1993）や『Descent: Freespace』（1998）などのタイトルが登場し人気を博しました。これらのゲームでは、プレイヤーがオープンスペースを自由に飛び回ることができたり、悪者を撃って宇宙から吹き飛ばしたりすることができます。この手のゲームはフライトシミュレーターに非常に似ていますが、航空力学に基づくリアルな実装は求めていませんので、ゲーム開発者は、よりおもしろくするにはどうすればよいかという視点でメカニズムを組んでいきます。

　アーケード型のフライトシミュレーターが存在しないわけではありませんが、リアル指向なフライトシミュレーターよりもスペースフライトシミュレーターのほうがより一般的です。近年の顕著な例外としては、『Kerbal Space Program』のようにスペースフライトの物理シミュレーションをとてもリアルに扱うものが登場しましたが、これは本章で扱うゲームの種類とは大きく異なります。もし軌道力学や軌道極点における順行推力によって何が起きるかについて本気で学びたいのであれば、どうぞ挑戦してみてください。

　したがって、本章で扱うゲームの表現として、一般的な「スペースシミュレーター」という言葉を使うのは妥当ですが、より正確には「スペースコンバットシミュレーター」と言ったほうがよいかもしれません。

　呼び方についての議論はこれで十分でしょう。それでは作っていきましょう。

　このあとのいくつかの章を終えると図9-1のようなゲームが完成します。

157

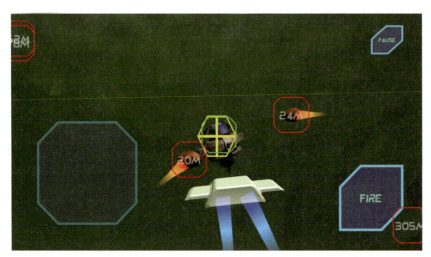

図9-1 ゲームの完成図

9.1　ゲームデザイン

今回のゲームをデザインするにあたり、いくつかのキーとなる制約を定めました。

- ゲームプレイの時間は長くても数分に収めなければなりません。
- コントローラーはシンプルに、「移動」と「発射」の機能だけで遊べるようにしなければいけません。
- ゲームはひとつの大きな目標ではなく複数の細かい目標にフォーカスしなければいけません。1体のボスとの闘いよりも、たくさんの弱い敵を用意します（これは第Ⅱ部で作成した2Dゲーム『Gnome's Well』とは真逆のアプローチです）。
- ゲームは主に宇宙でレーザービームを発射することに関するものでなければいけません。

まずは抽象的なコンセプトを紙に書きながら考えることをお勧めします。紙に書いて考えることは、ゲーム全体のアイデアにうまく収まる新しいアイデアを発見するのに役立つ、構造化されていない主観的なアプローチを与えてくれます。そのために我々は椅子に座り、ゲームの簡単なアイデアをスケッチしました（**図9-2**参照）。

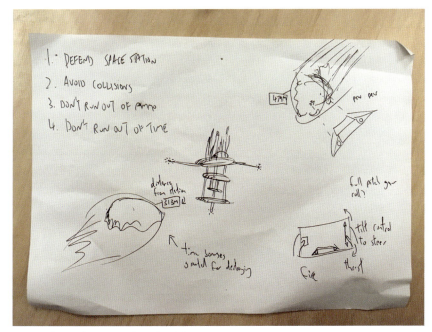

図9-2 ゲームの初期のアイデアをまとめたスケッチ

　スケッチは全体的にわざとラフにとても素早く描かれていますが、いくつかの追加の要素を見て取ることができます。小惑星は宇宙ステーションに向かって移動すること、プレイヤーは画面上のジョイスティックを使って宇宙船を操作することや、発射ボタンをタップすることでレーザーが発射されるということがわかります。そのほかにもこのシーンを構成するものが何か考えた結果、小惑星がどれくらい離れているかを示すラベルや、プレイヤーがどの向きでデバイスを持つかなどがわかってきます。

　このようなラフスケッチができたあとに、我々の友人でアーティストのRex Smeal（@RexSmeal）に、このわかりづらいスケッチをよりわかりやすくするように依頼しました。これを行うこと自体はゲーム設計のプロセスとして重要ではありませんでしたが、ゲームの全体的な感触を把握するのに役立ちました。特に、プレイヤーが防衛することになる宇宙ステーションは、プレイヤーからの注意を引きつけるために、それが守らなければならないものだということがひと目でわかるようにする必要があるということに気がつきました。我々の周囲のアーティストにゲームの説明をしたあと、彼は図9-3に示すデザインを持ってきてくれました。そのデザインで皆が合意したあと、Rexがデザインをモデル化できるように洗練しました（図9-4）。

9.1　ゲームデザイン　　159

図9-3　Rexの初期段階のゲームの見た目のコンセプトアート

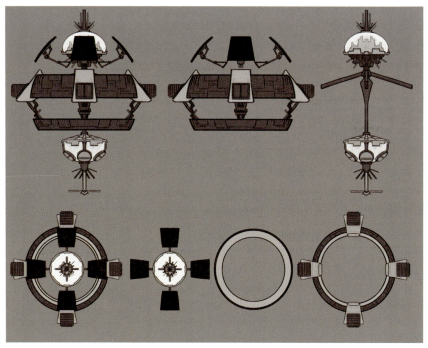

図9-4　宇宙ステーションのコンセプトアートを洗練してモデル化する準備が整った状態

このデザインに基づいてBlenderを使用してモデリングしました。宇宙ステーションのモデリングの最中に、Heather Penn（@heatpenn）やTimothy Reynolds（@turnislefthome）からインスパイアされ、ローポリゴンモデルを扱うほうがシンプルでうまくいくだろうと判断しました（ローポリゴンのアートがシンプルで簡単に作成できるということではなく、絵を描くときに絵具を使って描くよりも鉛筆を使って描いたほうがよりシンプルなのと同じ理由で簡単だということです）。

　宇宙ステーションを図9-5に示します。加えてBlenderを使って宇宙船と小惑星もモデリングしたので、それらを図9-6と図9-7に示します。

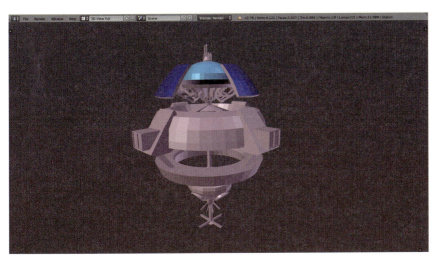

図9-5　宇宙ステーションのモデル

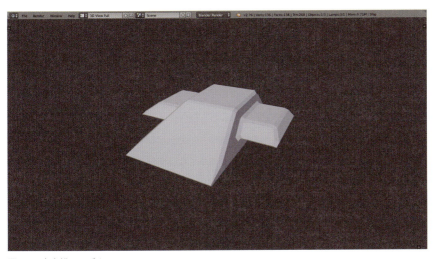

図9-6　宇宙船のモデル

9.1　ゲームデザイン　　161

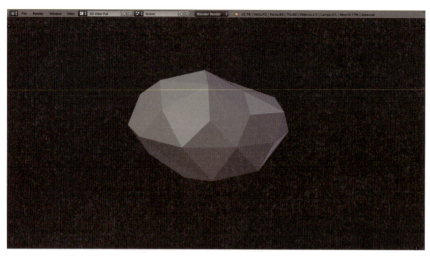

図9-7　小惑星のモデル

9.1.1　アセットの入手

このゲームの作成にあたって、我々が用意したパッケージに含まれるサウンドエフェクト、モデルとテクスチャーのリソースをいくつか使うことになります。まずはこれらのリソースをダウンロードしてください。読者が見つけやすいように、フォルダー構造を整理してファイルをその中に入れています。

アセットはhttps://www.oreilly.co.jp/pub/9784873118505/MobileGameDevWithUnity1stEd-master.zipからダウンロードしてください。

9.2　アーキテクチャー

ゲームのアーキテクチャーはゲームの核となる部分で『Gnome's Well That Ends Well』のものと非常に似ています。中心となるゲームマネージャーはプレイヤーが操作する宇宙船や宇宙ステーションといった重要なゲームオブジェクトの生成を担います。このマネージャーはプレイヤーが敗北したときにゲームが終了したことも知らせます。

ゲーム内のユーザーインターフェースは前回に作成したものよりも少し複雑になっています。『Gnome's Well』ではゲームの制御は2つのボタンとチルト制御がありました。プレイヤーがどの方向にも移動できる3Dゲームの場合には、チルト制御はうまく機能しない傾向があります。その代わりに、本ゲームでは画面内ジョイスティック（スクリーン上のタッチを検出して、ユーザーに指のドラッグで方向を示してもらう領域）を使います。この情報は、宇宙船が飛行の調整に使う共通のインプットマネージャーに送られます。

チルト制御は3Dゲームでは難易度の高いものですが、決してチルト制御をうまく使いこなせないというわけではありません。例えば『N.O.V.A. 3』(http://bit.ly/nova-3)というFPSはプレイヤーがキャラクターを回転させるためにチルト制御を使用しており、非常に正確に狙うことができます。彼らがどのようにこの入力を利用しているかを知るためにもこのゲームは遊んでみる価値があります。

ゲームで使用する飛行物体のモデルは故意に若干非現実的なものになっています。最も簡単で最もリアルに見えるアプローチとしては、順行推力を適用する単純な物理モデルを作成し、物理的な力を与えて回転させることです。しかし、これだと飛行するのが難しくなり、プレイヤーが簡単に迷子になってしまいます。その代わりに偽の物理を適用することを決めました。宇宙船は常に一定の速度で前進し、慣性はありません。加えて、プレイヤーは宇宙船をその場で回転させることができず、回転は修正されます（つまり、実際の宇宙空間とは異なり、このゲームの宇宙には「上」が存在します）。

デザインとディレクション
本書におけるゲームのための意思決定はすべて完全に恣意的に行われています。我々が正確な物理飛行モデルを避ける判断をしたからといって、すべてのアーケード型のフライトシミュレーションで避けるべきものということではありません。遊んでみて、体感してみましょう。いくつかの本の著者が語っていることに基づいた特定の方法のゲームしかないと判断しないでください。彼らは彼らの作りたいように作っているだけかもしれません。

小惑星は専用のAsteroid Spawnerオブジェクトによって作られるプレハブです。Asteroid Spawnerは非常に頻繁に小惑星をインスタンス化し、宇宙ステーションの方向に向かわせます。小惑星が宇宙ステーションとぶつかったとき、宇宙ステーションのヒットポイントが減ります。宇宙ステーションのヒットポイントがなくなったら、それは破壊されゲームオーバーになります。

9.3　シーンの作成

それではシーンの準備を始めていきましょう。新しくUnityのプロジェクトを作成して、そのあとシーン内を飛行させる宇宙船を作っていきます。以下の手順から始めてください。

1. **プロジェクトを作成します**。Rockfallという名前のUnityプロジェクトを新規に作成して、3Dモード（[2D]ではなく[3D]を選択）に設定してください（図9-8）。

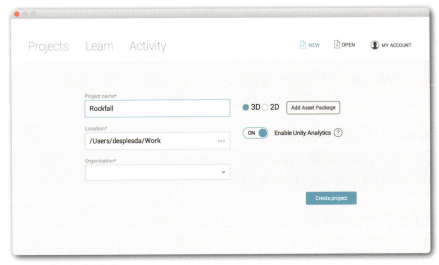

図9-8 プロジェクト作成

2. **新しいシーンを保存します。** Unityがプロジェクトを作成して空のシーンを表示したら、[File] メニューから [Save] を選択してシーンを保存してください。名前は `Main.scene` として `Assets` フォルダーに入れてください。

3. **ダウンロードしたアセットをインポートします。** 「9.1.1 アセットの入手」でダウンロードした `Packages/3D-Game.unitypackage` をダブルクリックしてください。すべてのアセットを自身のプロジェクトにインポートしてください。

これで宇宙船を構築する準備ができました。

9.3.1 宇宙船

「9.1.1 アセットの入手」でダウンロードした宇宙船のモデルを使って、宇宙船の作成から取りかかりましょう。

Shipオブジェクト自身は不可視なオブジェクトでスクリプトを含むだけのものになります。複数の子オブジェクトがこれにアタッチされて、それらが画面に映る特定の作業を担います。

1. **Shipオブジェクトを作成します。** [GameObject] メニューを開いて、[Create Empty] を選択してください。新しいGameObjectがシーンに現れるので名前をShipに変更してください。

これから宇宙船のモデルを追加していきます。

2. **Modelsフォルダーを開いて、ShipモデルをShipゲームオブジェクトの上にドラッグします。** これによって図9-9のように宇宙船の3Dモデルがシーンに追加されます。Shipゲームオブジェクトの上にドラッグすることで子オブジェクトとして追加されるので、これは親であるShipゲームオブジェクトと一緒に動きます。

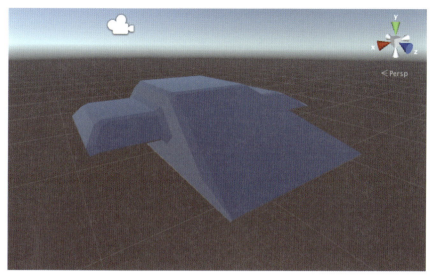

図9-9 シーン内の宇宙船のモデル

3. モデルオブジェクトの名前をGraphicsにします。

続いて、GraphicsオブジェクトがShipオブジェクトと同じところに位置するようにします。

4. **Graphicsオブジェクトを選択します**。Transformコンポーネントの右上にある歯車アイコンを押して、[Reset Position]を選択してください（**図9-10**参照）。

回転は（-90, 0, 0）のままにしておいてください。これは必要な回転です。なぜなら宇宙船のモデルは、Unityとは異なる座標空間を使うBlenderで作成されているからです。具体的には、Blenderの「上」方向がZ軸なのに対して、Unityの「上」方向はY軸だからです。これを解決するために、UnityはBlenderのモデルを回転して自動で補修します。

図9-10 Graphicsオブジェクトの位置のリセット

宇宙船はオブジェクトと衝突させるようにしたいので、コライダーを追加します。

5. **Box Colliderを宇宙船に追加します**。Shipオブジェクト（Graphicsオブジェクトの親オブジェクト）を選択して、[Inspector]の下にある[Add Component]ボタンを押します。[Physics] → [Box Collider] を選択します。

   コライダーが追加されたら、[Is Trigger]にチェックを付けて、ボックスの[Size]を(2, 1.2, 3)に設定してください。これでボックスがプレイヤーを覆うようになります。

宇宙船は一定の速度で前進する必要があります。これを行うために、そのスクリプトがアタッチされたオブジェクトを移動するスクリプトを追加します。

6. **ShipThrustスクリプトを追加します**。Shipオブジェクトが選択されている状態のまま、[Inspector]の一番下にある[Add Component]ボタンを押してください。新しくShipThrust.csという名前でC#スクリプトを作成してください。

   追加できたらShipThrust.csを開いて以下のコードを追加してください。

   ```csharp
   public class ShipThrust : MonoBehaviour {

     public float speed = 5.0f;

     // 一定のスピードで宇宙船を前進させる
     void Update () {
       var offset = Vector3.forward * Time.deltaTime * speed;
       this.transform.Translate(offset);
     }
   }
   ```

ShipThrustスクリプトはspeedというパラメーターのみを公開しており、それはUpdate関数でオブジェクトを前進させるのに使われています。この前進する動きは前向きのベクトルとspeedパラメーターとTime.deltaTimeプロパティーの掛け合わせによって適用されています。Time.deltaTimeを掛けることで、Updateが1秒間に何回呼び出されるかとは無関係に、オブジェクトが同じ速度で前進することを保証しています。

ShipThrustコンポーネントをShipオブジェクトにアタッチしたことを確認してください。Graphicsオブジェクトではありません。

7. **ゲームをテストします**。プレイボタンを押して、宇宙船が前進することを確認してください。

9.3.1.1 カメラの追従

次の手順は宇宙船が移動したときにカメラがそれを追従するようにすることです。これを実現するためにはいくつかの手法があります。最も基本的な手法は、カメラをShipオブジェクト

の中に入れてしまい、一緒に移動させることです。しかしながら、これだとカメラに対して宇宙船が回転しているように見えないので、意図した見え方にならないことがあります。

　もっと良い方法はカメラを別のオブジェクトとしたままで、時間の経過とともにカメラが正しい位置に移動するようなスクリプトを追加することです。これは宇宙船が急旋回したときにカメラが追従するのに時間がかかるということを意味し、現実のカメラマンが被写体を追うときと同じような動きになります。

1. **SmoothFollowスクリプトをメインカメラに追加します**。Main Cameraを選択して、［Add Component］ボタンを押してください。新しいC#スクリプトをSmoothFollow.csという名前で追加してください。

   ファイルを開いて以下のコードを追加してください。

```
public class SmoothFollow : MonoBehaviour
{

    // 追従するターゲット
    public Transform target;

    // ターゲットよりもどの程度高い位置にいるか
    public float height = 5.0f;

    // ターゲットとの距離。高さは含めない
    public float distance = 10.0f;

    // 回転と高さに変化を加えるときにどのくらい遅延させるか
    public float rotationDamping;
    public float heightDamping;

    // Update is called once per frame
    void LateUpdate()
    {
        // ターゲットがない場合はリターンする
        if (!target)
            return;

        // 現在の回転している角度を計算する
        var wantedRotationAngle = target.eulerAngles.y;
        var wantedHeight = target.position.y + height;

        // カメラの現在の位置と向いている方向を取得する
        var currentRotationAngle = transform.eulerAngles.y;
        var currentHeight = transform.position.y;

        // y軸周りでの回転の角度の中間点を計算する
        currentRotationAngle
            = Mathf.LerpAngle(currentRotationAngle,
              wantedRotationAngle,
                rotationDamping * Time.deltaTime);
```

9.3　シーンの作成　　167

```
        // 高さの中間点を計算する
        currentHeight = Mathf.Lerp(currentHeight,
          wantedHeight, heightDamping * Time.deltaTime);

        // 角度を回転に変換する
        var currentRotation
          = Quaternion.Euler(0, currentRotationAngle, 0);

        // カメラの位置をx-z平面上にて、distanceメーター分だけ
        // ターゲットより後ろに設定する
        transform.position = target.position;
        transform.position -=
          currentRotation * Vector3.forward * distance;

        // 新しい高さの情報を使ってカメラを配置する
        transform.position = new Vector3(transform.position.x,
          currentHeight, transform.position.z);

        // 最後にターゲットが向いている方向を向く
        transform.rotation = Quaternion.Lerp(transform.rotation,
          target.rotation,
            rotationDamping * Time.deltaTime);

    }
}
```

本書で使用しているSmoothFollow.csスクリプトはUnityが提供しているコードを元にして作成しています。そのコードを、フライトシミュレーターに合うように少し修正しました。もしオリジナル版のコードを確認したければ、[Assets]メニューから[Import Package]→[Utility]を選択して追加されるUtilityパッケージにあります。インポートしたら、オリジナルのSmoothFollow.csファイルをStandardard AssetsフォルダーのなかのUtilityフォルダーの中に見つけることができます。

SmoothFollowは3D空間内でカメラがどこにあるべきかを計算し、その位置と現在のカメラの位置の**中間点**を計算することで動作します。これが複数のフレームを通して適用されることで、カメラが速度を増して目標点に向かう効果と、近づいたときに速度を落として停止するという効果を生みます。加えて、カメラがあるべき位置は毎フレーム変わっていくので、カメラの動きは少し遅れます。この振る舞いはまさに我々が求めていたものです。

2. **SmoothFollow**コンポーネントを設定します。Shipオブジェクトを[Target]フィールドにドラッグしてください。
3. ゲームをテストしてみます。プレイボタンを押してください。ゲームが始まると、[Game]ウィンドウでは宇宙船が進んでいってしまうことはなく、代わりにカメラが追従しています。[Scene]ウィンドウでこれを確認することができます。

9.3.2　宇宙ステーション

　小惑星が迫りくる脅威にさらされる宇宙ステーションは宇宙船と同じパターンで作成できます。空のゲームオブジェクトを作成して、それにモデルをアタッチします。宇宙ステーションは完全に受動的で、その場を動かず隕石が飛んでくるのを待つだけなので宇宙船に比べてシンプルです。以下の手順に沿って準備してください。

1. **宇宙ステーションのコンテナーを作成します。** 新しい空のゲームオブジェクトを作成して、Space Stationと名付けてください。
2. **子オブジェクトとしてモデルを追加します。** Modelsフォルダーを開いて、Stationモデルを Space Stationゲームオブジェクトの上にドラッグしてください。
3. **Stationモデルオブジェクトの位置をリセットします。** 先ほど追加したStationオブジェクトを選択して、Transformコンポーネント上で右クリックをします。Shipモデルのときと同様に［Reset Position］を選択してください。

すべて終えると宇宙ステーションは**図9-11**のようになります。

図9-11　宇宙ステーション

9.3　シーンの作成　169

モデルが追加されたので、モデルの構造に目を向けてコライダーが含まれていることを確認してみましょう。宇宙ステーションのコライダーは（後ほど追加する）小惑星が衝突するためにも重要です。

モデルオブジェクトを選択して、子オブジェクトを表示するために下の階層を展開してください。宇宙ステーションのモデルは複数のサブメッシュによって構成されており、メインになっているのがStationという名前のものです。これを選択してください。

[Inspector] を見てください。Mesh FilterとMesh Rendererに加えてMesh Colliderがあります（図9-12参照）。もし見つからないようなら以下のノート記事「モデルとコライダー」を見てください。

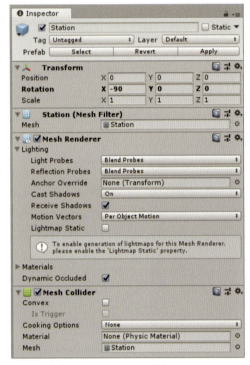

図9-12　宇宙ステーションのコライダー

モデルとコライダー

モデルをインポートしたときUnityはそれに合わせたコライダーを作成します。モデルのインポートをアセットパッケージから行っているなら、我々がモデルのために作成した、宇宙ステーションのコライダーを作成するための設定もインポートしているはずです（同じことをAsteroidモデルに対しても行っています）。それが見つからない場合や、自前のモデルをインポートしていてどうやって設定するかを知りたい場合は、（Modelsフォルダーに含まれる）モデル自身を選択すれば設定が表示されて変更できます（図9-13参照）。特に [Generate Colliders] オ

プションが選択されていることを確認してください。

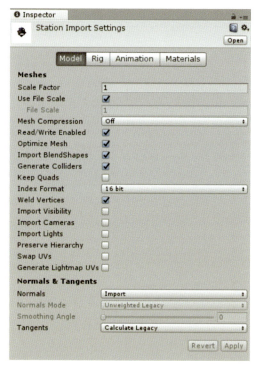

図9-13 宇宙ステーションモデルのインポート設定

9.3.3　スカイボックス

　現在のスカイボックスは地上を舞台にするゲームに合うようにデザインされたUnityのデフォルトのものになっています。これを宇宙を漂っているように見えるデザインのものに変えることで、今回のゲームにふさわしくなるでしょう。

　スカイボックスはシーン内のほかのすべてのものの下に描画される仮想的なキューブを作成することで動作し、カメラに対して相対的に移動することはありません。これはそのキューブ上のテクスチャーが無限に離れているような状態を作り出します。ゆえに、「スカイ」ボックスと呼びます。

　四角形のキューブ内にいるのにまるで球の中にいるように見せる仕掛けを作り出すためには、スカイボックスのテクスチャーを歪ませてエッジが目立たないようにする必要があります。Adobe Photoshopのいくつかのプラグインを使うなど、仕掛けを作り出す手法は複数ありますが、ほとんどの場合は読者やほかの人が撮影した写真を歪ませて設計されます。ビデオゲームのために設計された空間の写真を得ることは容易ではありません。代わりにツールを使用して作成するほうがずっと簡単です。

9.3.3.1　スカイボックスの作成

スカイボックスの画像を手に入れたら、それをゲームに追加していきましょう。これはスカイボックスのマテリアルを作成して、マテリアルをシーンのライティング設定に反映することで行っていきます。以下の手順に沿って進めてください。

1. **新しいSkyboxマテリアルを作成します。**［Assets］メニューを開いて［Create］→［Material］を選んで新しいマテリアルを作成してください。そのマテリアルの名前をSkyboxに変えてSkyboxフォルダーに移動してください。
2. **マテリアルの設定を行います。**マテリアルを選択して、［Shader］を［Standard］から［Skybox］→［6 Sided］に変更してください。［Inspector］が6枚のテクスチャーをアタッチできる状態になります（図9-14参照）。

   スカイボックスのテクスチャーをSkyboxフォルダーから見つけください。それら6枚のスカイボックスのテクスチャーを対応するスロットにドラッグしてドロップしてください。UpテクスチャーはUpスロットに、FrontテクスチャーはFrontスロットにといった具合にほかのテクスチャーもアタッチしていきます。

   これを終えると［Inspector］は図9-15のようになります。

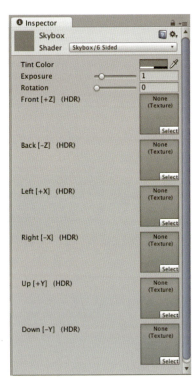

図9-14　テクスチャーがない状態のスカイボックス

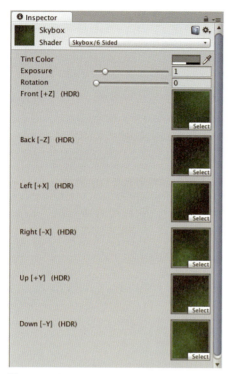

図9-15　テクスチャーをアタッチした状態のスカイボックス

3. スカイボックスをライトの設定に接続します。［Window］メニューを開いて、［Lighting］→［Settings］を選択してください。［Lighting］パネルが表示されます。パネルの上の方にSkyboxとラベルが表示されていると思います。先ほど用意したSkyboxマテリアルをこのスロットにドロップしてください（図9-16）。

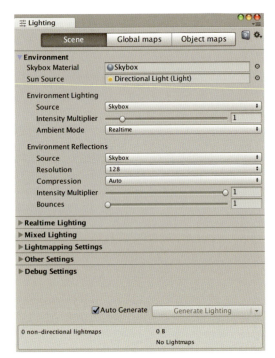

図9-16 ライティングの設定の作成

　これを終えるとスカイボックスは**図9-17**に見れるような宇宙の画像に置き換わります。加えてUnityのライティングシステムはスカイボックスからの情報を用いるので、オブジェクトがどのように光るかに影響してきます。注意深く見てみると宇宙船と宇宙ステーションの両方が少し緑色に光っていることに気づくと思います。これはスカイボックスの画像が緑色だからです。

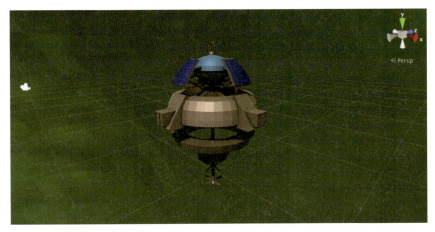

図9-17 スカイボックスを使用する

9.3.4　キャンバス

　今のところ、プレイヤーが操縦する手段がないため、宇宙船は宇宙空間をひたすら真っ直ぐ前進するだけです。宇宙船を操作するUIをすぐに追加していきますが、その前にUIが表示されるキャンバスの作成と設定を行う必要があります。そのために以下の手順を行ってください。

1. **Canvasを作成します**。[GameObject]メニューを開いて [UI] → [Canvas]を選択します。CanvasとEventSystemのオブジェクトが作成されます。

2. **キャンバスの設定を行います**。Canvasゲームオブジェクトを選択して、[Inspector] でCanvasコンポーネントから [Render Mode] の設定を探してください。これを [Screen Space - Camera] に変更してください。するとこのレンダーモードに関連した新しいオプションが現れます。

　Main Cameraを [Render Camera] スロットにドラッグして、[Plane Distance] を1に設定してください (**図9-18**参照)。これでUIのキャンバスが1単位分カメラから離れたところに配置されました。

　Canvas Scalerコンポーネントの[UI Scale Mode]を[Scale with Screen Size]に変更して、[Reference Resolution] をiPadを想定した大きさに合わせて1024×768に変更してください。

9.3　シーンの作成　　**175**

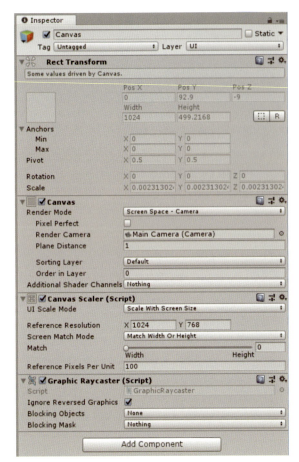

図9-18　キャンバスのインスペクター

　これでキャンバスは準備できたので、コンポーネントを追加していくことができます。

9.4　まとめ

　これでシーンの準備が完了し、ゲームプレイに必要なシステムを実装するスタート地点に立ちました。次の章では宇宙の闇に飛び込んで、宇宙船の飛行を制御するシステムを実装していきます。

10章
入力と飛行の制御

　シーンを大まかにレイアウトしたら、ゲームプレイの基礎を追加していきましょう。本章では、宇宙船が宇宙で動き回ることができるようにするシステムの構築を始めます。

10.1　入力

　ゲームで使用される入力には、飛行に使用される方向の入力を提供する仮想的なジョイスティックと、プレイヤーが宇宙船のレーザーを発射するボタンの2種類があります。

　タッチスクリーンのゲームの入力を正しくテストする唯一の方法は、タッチスクリーン上でテストすることだということを忘れないようにしてください。デバイス向けにビルドせずにゲームをテストするにはUnity Remoteアプリを使用します（「5.1.1 Unity Remote」参照）。

10.1.1　ジョイスティックを追加する

　まず初めに、ジョイスティックを作成します。ジョイスティックは、キャンバスの左下隅にある大きな四角形の「パッド」と、その四角形の中心にある小さな「サム」の2つの可視コンポーネントで構成されています。ユーザーがパッド内に指を置くと、ジョイスティックは自分自身の位置を変えて、サムがパッドの中央にあり、かつ指の真下に来るようにします。指が動くとサムもともに動きます。以下の手順に沿って入力システムの構築を始めましょう。

1. **パッドを作成します。**［GameObject］メニューを開き、［UI］→［Panel］を選択します。新しいパネルの名前を Joystickにします。
   まずこれを正方形にして、画面の左下隅に配置します。アンカーを［bottom-left］に設定します。次に、パネルの［Width］と［Height］を250に設定します。
2. **パッド用の画像を追加します。**Imageコンポーネントの［Source Image］をPadスプライトに変更します。

これを終えると、パネルは図10-1のようになります。

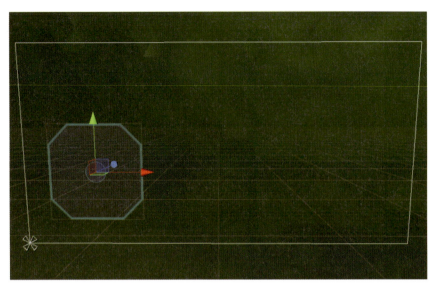

図10-1　ジョイスティックのパッド

3. **サムを作成します**。2つ目のPanel UIオブジェクトを作成し、それをThumbと名付けます。

   サムをJoystickの子にします。アンカーを[middle-center]に設定し、[Width]と[Height]を80に設定します。[Pos X]と[Pos Y]を0に設定します。これでパッドの中央にサムの中心が置かれます。最後に、[Source Image]をThumbスプライトに設定します。

4. **VirtualJoystickスクリプトを追加します**。Joystickを選択し、`VirtualJoystick.cs`という名前で新しいC#スクリプトを追加します。ファイルを開き、以下のコードを追加します。

```csharp
// Eventインターフェースへアクセスできるようにする
using UnityEngine.EventSystems;

// UI要素へアクセスできるようにする
using UnityEngine.UI;

public class VirtualJoystick : MonoBehaviour,
  IBeginDragHandler, IDragHandler, IEndDragHandler {

  // ドラッグされるスプライト
  public RectTransform thumb;

  // ドラッグされていないときのサムとジョイスティックの位置
  private Vector2 originalPosition;
  private Vector2 originalThumbPosition;

  // サムが元の位置からドラッグされた距離
  public Vector2 delta;
```

```
void Start () {
  // このスクリプトの開始時に、サムとジョイスティックの
  // 初期位置を取得
  originalPosition
    = this.GetComponent<RectTransform>().localPosition;
  originalThumbPosition = thumb.localPosition;

  // サムを非表示
  thumb.gameObject.SetActive(false);

  // 距離を0で初期化
  delta = Vector2.zero;
}

// ドラッグが開始されたら呼ばれる
public void OnBeginDrag (PointerEventData eventData) {

  // サムを表示
  thumb.gameObject.SetActive(true);

  // ワールド空間のどの点でドラッグが開始したかを取得
  Vector3 worldPoint = new Vector3();
  RectTransformUtility.ScreenPointToWorldPointInRectangle(
    this.transform as RectTransform,
    eventData.position,
    eventData.enterEventCamera,
    out worldPoint);

  // ジョイスティックをその点に配置
  this.GetComponent<RectTransform>().position
    = worldPoint;

  // サムがジョイスティックの位置に相対的な
  // 初期位置に来るようにする
  thumb.localPosition = originalThumbPosition;
}

// ドラッグされているときに呼ばれる
public void OnDrag (PointerEventData eventData) {

  // ドラッグがワールド空間では現在どの位置になるか
  Vector3 worldPoint = new Vector3();
  RectTransformUtility.ScreenPointToWorldPointInRectangle(
    this.transform as RectTransform,
    eventData.position,
    eventData.enterEventCamera,
    out worldPoint);

  // サムをその位置に移動
  thumb.position = worldPoint;

  // 元の位置からの距離を計算
```

10.1 入力　　179

```
    var size = GetComponent<RectTransform>().rect.size;

    delta = thumb.localPosition;

    delta.x /= size.x / 2.0f;
    delta.y /= size.y / 2.0f;

    delta.x = Mathf.Clamp(delta.x, -1.0f, 1.0f);
    delta.y = Mathf.Clamp(delta.y, -1.0f, 1.0f);
}

// ドラッグが終了したときに呼ばれる
public void OnEndDrag (PointerEventData eventData) {
    // ジョイスティックの位置をリセットする
    this.GetComponent<RectTransform>().localPosition
      = originalPosition;

    // 距離を0にリセットする
    delta = Vector2.zero;

    // サムを非表示にする
    thumb.gameObject.SetActive(false);
  }
}
```

VirtualJoystick クラスは、主に IBeginDragHandler、IDragHandler、IEndDragHandlerの3つのC#インターフェースを実装しています。プレイヤーがJoystick 内の任意の箇所で、ドラッグを開始するか、ドラッグを続けるか、またはドラッグを終了すると、スクリプトはそれぞれに対応するOnBeginDrag、OnDragおよびOnEndDragメソッドの呼び出しを受け取ります。これらのメソッドは単独のパラメーターとしてPointerEventDataオブジェクトを受け取ります。このオブジェクトには指が画面上のどこにあるかという情報および、その他の多くのデータが含まれています。

- ドラッグが**開始**されると、パッドはその中心が指の下になるように再配置されます。
- ドラッグが**続けられる**と、サムが指の下にとどまるように移動し、パッドの中心からサムまでの距離が測定され、deltaプロパティーに格納されます。
- ドラッグが**終わる**（つまり、指が画面から離れる）とパッドとサムが元の位置にリセットされます。deltaプロパティーは0にリセットされます。

以下の手順を行って、入力システムの構築を完了します。

5. **ジョイスティックの設定をします。**Joystickオブジェクトを選択し、Thumbオブジェクトを [Thumb] スロットにドラッグします。

6. **ジョイスティックを試してみます。**ゲームを実行し、ジョイスティックのパッドの内側をクリックしてドラッグします。ドラッグが始まるとパッドが動き、ドラッグを続

けるとサムが動きます。Joystick オブジェクトの［Delta］の値に注目してください。親指を動かすと変化するはずです。

10.1.2　インプットマネージャー

ジョイスティックの準備ができたので、宇宙船がその情報を取得してステアリングに使用できるようにする必要があります。

宇宙船をジョイスティックに**直接**接続することもできますが、それには問題があります。ゲーム中、宇宙船は破壊され、新しい宇宙船が作られます。これを可能にするには、宇宙船をプレハブ化してゲームマネージャーが複数のコピーを作ることができるようにする必要があります。しかしながら、プレハブはシーン内のオブジェクトを参照することができません。つまり、新しく作成された宇宙船オブジェクトはジョイスティックへの参照を持たないことになります。

これを実現する良い方法は、シーン内に常に存在してジョイスティックの参照を持つインプットマネージャーをシングルトンとして作成することです。このオブジェクトはプレハブからインスタンス化されていないため、作成時に参照を失うことを心配する必要はありません。宇宙船が作成されると、インプットマネージャーのシングルトンから、コードを介してジョイスティックにアクセスし、ジョイスティックの値を取得します。

1. **Singleton のコードを作成します。** Assets フォルダーに新しい Singleton.cs という名前の C# スクリプトを作成します。このファイルを開き、次のコードを入力します。

```
// このクラスは他のオブジェクトがひとつの共有オブジェクトに
// 参照することを実現します。GameManager クラスと
// InputManager クラスがこれを継承します

// これを使用するには、次のようにサブクラス化します
// public class MyManager : Singleton<MyManager>  {  }

// その共有インスタンスには以下のようにアクセスできます
// MyManager.instance。DoSomething();

public class Singleton<T> : MonoBehaviour
  where T : MonoBehaviour {

  // このクラスのひとつの共通インスタンス
  private static T _instance;

  // アクセサー。これが初めて呼び出されたときだけ _instance を
  // 初期化します。適切なオブジェクトが見つからない場合は、
  // エラーログが出力されます
  public static T instance {
    get {
      // _instance をまだ設定していない場合
      if (_instance == null)
```

10.1　入力　　**181**

```
      {
        // オブジェクトを探してみる
        _instance = FindObjectOfType<T>();

        // 見つけられない場合はログを出力
        if (_instance == null) {
          Debug.LogError("Can't find "
            + typeof(T) + "!");
        }
      }

      // 使用できるようにインスタンスを返す！
      return _instance;
    }
  }

}
```

このシングルトンのコードは、『Gnome's Well』で使われているシングルトンと同じです。その仕組みについては、「5.1.3 シングルトンクラスの作成」を参照してください。

2. **インプットマネージャーを作成します**。Input Managerという名前で新しい空のゲームオブジェクトを作成します。新しく`InputManager.cs`というC#スクリプトを追加します。ファイルを開き、次のコードを追加します。

```
public class InputManager : Singleton<InputManager> {

  // 宇宙船の操縦に使用するジョイスティック
  public VirtualJoystick steering;

}
```

現在、`InputManager`は`VirtualJoystick`への参照を持つだけの単純なデータオブジェクトとして機能します。あとで、宇宙船のレーザーの発射をサポートするためのロジックを追加する予定です。

3. **インプットマネージャーの設定をします**。Joystickを [Steering] スロットにドラッグします。

これでジョイスティックが設定されたので、これを使用して宇宙船の飛行を制御する準備が整いました。

10.2　飛行の制御

現時点では、宇宙船は単に前進するだけです。宇宙船の飛行を制御するには、宇宙船の「前」方向を変更するだけです。ジョイスティックから情報を取得し、それを使って宇宙船の回転を更新することでこれを実現します。

毎フレーム、宇宙船はジョイスティックで入力された向きと、宇宙船の回転速度を制御する値を使用して、新しい回転を生成します。これはそのあと、宇宙船の**現在の**回転方向と組み合わされることで、宇宙船が新しい方向に向くようになります。

　しかし、プレイヤーが横転して宇宙ステーションのような重要な物体がどこにあるのか混乱しないようにしたいものです。この対応を行うために、ステアリング用のスクリプトでさらに回転を適用し、ゆっくりと宇宙船を水平面に戻します。これにより、宇宙船は大気中を飛行している航空機に似た動作になり、より直感的に理解できるようになります（しかし現実味を損ないます）。

1. **ShipSteeringスクリプトを追加します。**Shipを選択し、ShipSteering.csという新しいC#スクリプトを追加します。ファイルを開き、次のコードを追加します。

```csharp
public class ShipSteering : MonoBehaviour {

    // 宇宙船が回転する割合
    public float turnRate = 6.0f;

    // 宇宙船が水平を保とうとする強さ
    public float levelDamping = 1.0f;

    void Update () {

        // ジョイスティックの入力方向とturnRateをかけて
        // 新しい回転を作成し、半円の90%以内の値にクランプする

        // まず、ユーザーの入力を受け取る
        var steeringInput
          = InputManager.instance.steering.delta;

        // ベクトルとして回転量を作成する
        var rotation = new Vector2();

        rotation.y = steeringInput.x;
        rotation.x = steeringInput.y;

        // turnRateを掛けて望む量の舵取りを得る
        rotation *= turnRate;

        // 求めた値に半円の90%をかけてラジアンとして表す
        rotation.x = Mathf.Clamp(
          rotation.x, -Mathf.PI * 0.9f, Mathf.PI * 0.9f);

        // ラジアンを回転クオータニオンに変換
        var newOrientation = Quaternion.Euler(rotation);

        // 現在の回転方向と合成する
        transform.rotation *= newOrientation;

        // 続いて、ロール方向の回転を小さくすることを試みる！
```

10.2　飛行の制御　　183

```
// まず、もし現在の回転方向がZ軸周りで無回転だったら
// どうなるかを求めてみる
var levelAngles = transform.eulerAngles;
levelAngles.z = 0.0f;
var levelOrientation = Quaternion.Euler(levelAngles);

// 現在の回転方向に、ロール方向に無回転の回転をわずかに合成する
// これが複数フレームで行われることで、オブジェクトの回転は
// ゆっくりとロール方向の回転が0になっていく
transform.rotation = Quaternion.Slerp(
    transform.rotation, levelOrientation,
    levelDamping * Time.deltaTime);

    }
}
```

ShipSteeringスクリプトは、ジョイスティックの入力を使って新しく平滑化された回転を計算し、それを宇宙船に適用します。それから、さらにわずかに回転を加えて宇宙船を水平にします。

2. **ステアリングのテストをしましょう。** ゲームを起動すると、宇宙船は前方に向かって飛行を開始します。ジョイスティック領域の内側をクリックしてドラッグすると、宇宙船の向きが変わります。これを使って飛び回ることができます。宇宙船が横転してしまった（例えば、ジョイスティックを上に引っ張って横側に回した）場合、宇宙船は水平姿勢に戻ろうとします。

10.2.1　インジケーター

このゲームでは3D空間を飛行するため、ゲーム内のさまざまなオブジェクトを見失ってしまいがちです。宇宙ステーションは（最終的には）小惑星の脅威にさらされるので、プレイヤーは宇宙ステーションがどこにあるのか、小惑星がどこにあるのかを知りたいと思うでしょう。

これに対処するために、重要なオブジェクトの位置を示すインジケーターを画面に表示するシステムを実装していきます。カメラがオブジェクトを捉えると、それらの周りに円が描かれます。オブジェクトがスクリーン外にある場合は、それらの方向を示すインジケーターが画面の端に表示されます。

10.2.2　UI要素を作成する

まず、すべてのインジケーターのコンテナーとして機能するキャンバスオブジェクトを作成します。それができたらインジケーターを作成し、再利用できるようにプレハブ化しなければなりません。次の手順に従ってセットアップしていきます。

1. **Indicatorコンテナーを作成します。** Canvasを選択し、[GameObject] メニューを開いて [Create Empty Child] を選択して、新しく空の子オブジェクトを作成します。これにより、通常の（3D要素に使用される）Transformを持つオブジェクトではなく、（キャ

ンバス要素のような2Dオブジェクトに使用される）Rect Transformを持つ新しいオブジェクトが作成されます。コンテナーのアンカーを水平方向と垂直方向に伸ばします。新しいオブジェクトの名前をIndicatorsとしてください。

2. **Indicatorのプロトタイプを作成します。**［GameObject］メニューを開き、［UI］→［Image］を選択して新しくImageを作成します。

   新しいオブジェクトの名前をPosition Indicatorとしてください。前の手順で作成したIndicatorsオブジェクトの子にします。

   IndicatorスプライトをSpriteの［Source Image］スロットにドラッグします。IndicatorスプライトはUIフォルダーにあります。

3. **テキストラベルを作成します。**（もう一度、［GameObject］メニューの［UI］サブメニューを使用して）新しいTextオブジェクトを作成します。このTextオブジェクトをPosition Indicatorの子にします。

   Textの［Color］を白に変更し、［Alignment］を水平にも垂直にも中央に整列させます。［Text］を50mに変更します（テキストはゲームプレイ中に変更されますが、これを行うとインジケーターがどのように見えるかがわかります）。

   Textのアンカーを［center-middle］に設定し、XとYの位置を0に設定します。これにより、スプライトの中央にテキストが配置されます。

   最後に、インジケーターにカスタムフォントを使用します。Fontsフォルダーにあるメ CRYSTAL-Regularフォントを探して、それをテキストの［Font］スロットにドラッグします[*1]。次に、［Font Size］を28に変更します。

   完成したら、TextコンポーネントのインスペクターはZ10-2のようになり、Indicatorオブジェクトは図10-3のようになります。

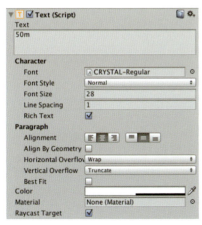

図10-2 インジケーターのラベルのインスペクター

[*1] 訳注：このフォントは、入力したアルファベットが大文字か小文字か関係なく、常に大文字で表示されるフォントです。

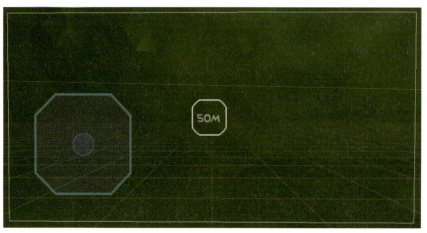

図10-3 プロトタイプインジケーター

4. **コードを追加します。**プロトタイプのPosition IndicatorオブジェクトにIndicator.csという名前の新しいC#スクリプトを追加し、次のコードを追加します。

```
// UIのクラスへのアクセスを取得
using UnityEngine.UI;

public class Indicator : MonoBehaviour {

    // 追跡するオブジェクト
    public Transform target;

    // targetからこのオブジェクトまでの距離
    public Transform showDistanceTo;

    // 測定した距離を示すラベル
    public Text distanceLabel;

    // スクリーンの端からどれだけ離れているか
    public int margin = 50;

    // 画像の色
    public Color color {
      set {
        GetComponent<Image>().color = value;
      }
      get {
        return GetComponent<Image>().color;
      }
    }

    // インジケーターのセットアップ
    void Start() {
      //ラベルを非表示にする
      // もしターゲットがいればUpdateで表示される
```

```csharp
    distanceLabel.enabled = false;

    // 見ための破綻を起こさないために、
    // 開始時には非表示にしておく
    GetComponent<Image>().enabled = false;

}

// 毎フレームインジケーターの位置を更新する
void Update()
{

    // もしターゲットがなくなったら、自身を破棄する
    if (target == null) {
        Destroy (gameObject);
        return;
    }

    // もし距離を計算するためのターゲットがいるなら、計算して
    // distanceLabelに値を表示する
    if (showDistanceTo != null) {

        // ラベルを表示
        distanceLabel.enabled = true;

        // 距離の計算
        var distance = (int)Vector3.Magnitude(
            showDistanceTo.position - target.position);

        // ラベルに距離を表示
        distanceLabel.text = distance.ToString() + "m";
    } else {
        // ラベルを非表示
        distanceLabel.enabled = false;
    }

    GetComponent<Image>().enabled = true;

    // スクリーン座標のどこにオブジェクトがいるかを取得
    var viewportPoint =
        Camera.main.WorldToViewportPoint(target.position);

    // もしカメラの後ろなら
    if (viewportPoint.z < 0) {
        // インジケーターをスクリーンの端に持っていく
        viewportPoint.z = 0;
        viewportPoint = viewportPoint.normalized;
        viewportPoint.x *= -Mathf.Infinity;
    }

    // ビュー空間のどこにあるべきかを取得
    var screenPoint =
        Camera.main.ViewportToScreenPoint(viewportPoint);
```

10.2　飛行の制御　　187

```
// スクリーンの端でクランプする
screenPoint.x = Mathf.Clamp(
  screenPoint.x,
  margin,
  Screen.width - margin * 2);

screenPoint.y = Mathf.Clamp(
  screenPoint.y,
  margin,
  Screen.height - margin * 2);

// ビュー空間がキャンバス内のどこに位置するかを求める
var localPosition = new Vector2();
RectTransformUtility.ScreenPointToLocalPointInRectangle(
  transform.parent.GetComponent<RectTransform>(),
  screenPoint,
  Camera.main,
  out localPosition);

// 位置を更新する
var rectTransform = GetComponent<RectTransform>();
rectTransform.localPosition = localPosition;

    }
  }
```

インジケーターのコードは次のように動作します。

- 毎フレームのUpdateメソッドの中では、インジケーターが追跡しているオブジェクトの3D座標が**ビューポート空間**に変換されます。

  ビューポート空間における座標は画面上の位置を表し、(0,0,0)は画面の左下を、(1,1,0)は右上を表します。ビューポート空間座標のZ成分は、カメラからの距離をワールド空間の単位で表します。

  これにより、何かが画面上にあるかどうか、カメラの後ろにあるかどうかを非常に簡単に調べることができます。オブジェクトのビューポート空間座標のXとY成分が(0,0)〜(1,1)の範囲内にない場合、それは画面の横にあります。また、Z座標が0より小さい場合、それはカメラの後ろにあります。

- オブジェクトが背後にある場合(つまり、Z座標が0より小さい場合)、マーカーを画面の端に押し出す必要があります。そうでなければ、プレイヤーの真後ろにあるオブジェクトのインジケーターが画面の中央に現れるので、プレイヤーはインジケーターが追跡しているオブジェクトが自分の正面にあると勘違いしてしまいます。

  マーカーを端に押し出すには、ビューポートのX成分に負の無限大を乗算します。無限大で乗算すると、インジケーターは常に画面の左端または右端に表示されます。**負の無限大**を乗算して、背後にあるオブジェクトに対処します。

- 次に、ビューポート座標はスクリーン空間に変換され、決して画面の外側にならないようにクランプされます。距離を示すテキストラベルが常に読めることを保証するために、追加のマージンパラメーターが使用されます。
- 最後に、このスクリーン空間座標はインジケーターコンテナーの座標空間に変換され、インジケーターの位置の更新に使用されます。これが完了すると、インジケーターは正しい位置を示すようになります。

インジケーターも独自のクリーンアップを行います。フレームごとに、`target`が`null`かどうかを確認します。もし`null`なら、インジケーターは破壊されます。

最後に、インジケーターを設定する手順がまだひとつ残っています。これが完了すれば、このインジケーターのプロトタイプをプレハブ化することができます。

5. **距離用のラベルを接続します。** 子オブジェクトであるTextを［Distance Label］スロットにドラッグします。

6. **プロトタイプをプレハブ化します。** Position Indicatorオブジェクトを［Project］ウィンドウにドラッグします。新しいプレハブオブジェクトが作成され、実行時に複数のIndicatorを作成できるようになります。

プレハブの作成が完了したら、プロトタイプをシーンから削除します。

10.2.3　インジケーターマネージャー

Indicator Managerは、インジケーターを作成する工程を管理するシングルトンオブジェクトです。このオブジェクトは、インジケーターを画面に追加する必要のある他のオブジェクト、特に宇宙ステーションと小惑星が使用します。

このオブジェクトをシングルトンにすることで、プレハブからロードしたオブジェクトをマネージャーに認識させるために複雑な手順を必要とせずに、シーン内にオブジェクトを作成して設定することができます。

1. **Indicator Managerを作成します。** 新しい空のオブジェクトを作成し、名前をIndicator Managerにします。

2. **IndicatorManagerスクリプトを追加します。** 新しく`IndicatorManager.cs`という名前でC#スクリプトをオブジェクトに追加します。以下のコードを追加します。

```csharp
using UnityEngine.UI;

public class IndicatorManager : Singleton<IndicatorManager> {

    // すべてのインジケーターの親になるオブジェクト
    public RectTransform labelContainer;

    // 各インジケーターのインスタンスを作成するためのプレハブ
    public Indicator indicatorPrefab;
```

```csharp
// このメソッドは他のオブジェクトから呼ばれる
public Indicator AddIndicator(GameObject target,
  Color color, Sprite sprite = null) {

    // ラベルオブジェクトを作成
    var newIndicator = Instantiate(indicatorPrefab);

    // targetを追跡するようにする
    newIndicator.target = target.transform;

    // 色を更新する
    newIndicator.color = color;

    // もしスプライトを受け取っているなら、インジケーターのスプライトを
    // 受け取ったものに変更
    if (sprite != null) {
      newIndicator
        .GetComponent<Image>().sprite = sprite;
    }

    // コンテナーに追加
    newIndicator.transform.SetParent(labelContainer, false);

    return newIndicator;
  }

}
```

Indicator ManagerはAddIndicatorというメソッドをひとつ提供するだけです。このメソッドは、Indicatorプレハブをインスタンス化し、追跡するターゲットオブジェクトの設定と、スプライトの色の設定を行い、インジケーターコンテナーに追加します。特別なインジケーターを作成したい場合は、このメソッドにオプションで独自のSpriteを指定することもできます（宇宙船のレティクルを追加する際にこれを行います）。

IndicatorManagerのソースコードを書き終えたら、次に設定しましょう。このマネージャーは2つのことを知る必要があります。まず、インジケーターとしてどのプレハブをインスタンス化するかということ、次に、どのオブジェクトを親とすべきかということです。

3. **Indicator Managerを設定します**。Indicatorsコンテナーオブジェクトを［Label Container］スロットにドラッグし、Position Indicatorプレハブを［Indicator Prefab］スロットにドラッグします。

次に、宇宙ステーションに開始時にインジケーターを追加するコードを実行させます。

4. **宇宙ステーションを選択します**。

5. **これにSpaceStationスクリプトを追加します**。新しくSpaceStation.csというC#スクリプトをオブジェクトに追加し、次のコードを追加します。

```
public class SpaceStation : MonoBehaviour {

  void Start () {
    IndicatorManager.instance.AddIndicator(
      gameObject,
      Color.green
    );
  }

}
```

このコードは`IndicatorManager`シングルトンに対して、このオブジェクトを追跡する新しい緑色のインジケーターを追加するよう指示するものです。

6. **ゲームを実行します**。宇宙ステーションにインジケーターが接続されているはずです。

宇宙ステーションは`showDistanceTo`変数を設定していませんので、距離は表示されません。これは意図したもので、小惑星にはこの設定をしますが、宇宙ステーションには設定しません。画面に表示される数字が多すぎるとわかりにくくなるためです。

10.3　まとめ

おめでとうございます！これでまったくのゼロの状態から、宇宙飛行できるところまでたどり着きました。次の章では、このゲームを拡張し、実際のゲームプレイに関わるものを追加していきます。

11章
武器と照準の追加

宇宙船が飛び回るようになったので、今度は全体的なゲームプレイを追加しましょう。まず、
宇宙船に武器を追加します。それが済んだら、目標を狙うための照準が必要になります。

11.1 武器

宇宙船が武器を使うと、何かに当たるか、一定時間が経過するまで前方に飛ぶレーザーボル
トが発射されます。それが他のオブジェクトに当たると、そのオブジェクトがダメージを受け
るものであれば、オブジェクトに情報を伝える必要があります。

これを行うには、宇宙船のときと同じようにコライダーを持つオブジェクトを作成し、指定
した速度で前方に移動させます。ショットをどのように表示するかにはさまざまな可能性があ
り、ミサイルの3Dモデルを作成したり、パーティクルエフェクトを作成したり、スプライト
を作成したりすることができるでしょう。どうするかは読者次第であり、ゲームでのショット
の実際の動作には影響しません。

本章では、**トレイルレンダラー**を使用してショットを表示します。トレイルレンダラーは移
動に伴って軌跡を作成し、最終的に消えます。これは、ゆらゆらと動いたり飛行したりするよ
うな動くオブジェクトを表現する際に特に適しています。

ショットのトレイルレンダラーはシンプルです。薄い赤色の線を軌跡として残し、時間が経
過するにつれて細くなっていきます。ショットは常に前進するので、「ブラスターボルト」のよ
うな格好の良い効果を作り出します。

ショットの描画に関係のないコンポーネントは、**キネマティックリジッドボディ**で実装しま
す。通常、リジッドボディは力を加えられるとそれに対して反応します。例えば、重力によっ
て引きつけられますし、別のリジッドボディとぶつかると、ニュートンの運動の第1法則が示
すように速度が変化します。しかしながら、ショットが途中で衝突したとしても、その物体を
押し倒すようにはしたくありません。Unityで、他のオブジェクトとの衝突はできるようにし、
かつリジッドボディに加えられた力を無視できるようにするには、**キネマティック**に設定しま
す。

なぜショットにリジッドボディを使うのかと不思議に思うのは当然の疑問です。宇宙船でも使っていないのに、なぜショットでは使うのでしょうか？
理由は、Unityの物理エンジンの制約によります。コリジョンは、衝突するオブジェクトの少なくともひとつがリジッドボディである場合にのみ発生します。よって、ショットが他のオブジェクトに触れたときに、常にそのことを検知できるようにするために、リジッドボディを追加し、キネマティックに設定します。

ショットオブジェクトを作成し、コリジョンのプロパティーを設定することから始めましょう。そのあと、ショットを一定の速度で前進させるShotコードを追加します。

1. **ショットを作成します**。新しい空のゲームオブジェクトを作成し、名前をShotにします。

    Rigidbodyコンポーネントをオブジェクトに追加します。次に［Use Gravity］がオフに、［Is Kinematic］がオンになっていることを確認します。

    オブジェクトにSphere Colliderコンポーネントを追加します。半径を0.5に設定し、その中心が(0,0,0)であることを確認します。［Is Trigger］はオンにしてください。

2. **Shotショットスクリプトを追加します**。オブジェクトにShotという名前の新しいC#スクリプトを追加します。Shot.csを開き、以下のコードを追加してください。

```csharp
// 一定の速度で前進して、一定の時間経過後に破棄する
public class Shot : MonoBehaviour {

    // ショットが移動するスピード
    public float speed = 100.0f;

    // この秒数経ったらこのオブジェクトを破棄する
    public float life = 5.0f;

    void Start() {
        // life秒後に破棄
        Destroy(gameObject, life);
    }

    void Update () {
        // 一定の速度で前進させる
        transform.Translate(
            Vector3.forward * speed  * Time.deltaTime);
    }
}
```

Shotコードは非常にシンプルで、しばらくしてからショットが消えるようにすることと、フレームごとにショットを前方に動かすことの、2つのタスクに焦点を当てています。

通常、Destroyメソッドのパラメーターはゲームから取り除きたいオブジェクトのみですが、2つ目のパラメーターを任意で渡すこともできます。これは、オブジェクトを破棄するま

での現在からの秒数です。StartメソッドではDestroyメソッドが呼び出され、life変数が渡されます。これはUnityにlife秒後にオブジェクトを破壊するように伝えています。

Update関数は単純にtransformのTranslateメソッドを使ってオブジェクトを一定の速度で前進させます。Vector3.forwardプロパティーにspeedを掛け、さらにTime. deltaTimeを掛けることで、毎フレーム一定の速度でオブジェクトが前進するようになります。

次に、ショットのグラフィックスを追加します。前述のように、トレイルレンダラーを使用してショットのビジュアルエフェクトを作成します。トレイルレンダラーは、軌跡がどのように見えるかを正確に定義するためにマテリアルを使用します。つまり、マテリアルをひとつ作成する必要があります。

マテリアルは読者が好きなものにすることができますが、このゲームの見た目と雰囲気をシンプルに保つために、ソリッドでアンリットな赤色を使用することにしましょう。

1. **新しいマテリアルを作成します**。名前をShotにします。
2. **シェーダーを更新します**。軌跡をソリッドカラーに表示するには、マテリアルのShaderメニューを [Unlit] → [Color] に設定します。
3. **色を設定します**。前の手順でマテリアルのシェーダーを変更したことで、マテリアルのカラーのパラメーターは [Main Color] のみとなっています。素敵な明るい赤色に変えてください。

マテリアルが作成されたら、それをトレイルレンダラーで使用できます。

1. **ShotのGraphicsオブジェクトを作成します**。新しい空のオブジェクトを作成し、Graphicsという名前を付けます。これをShotオブジェクトの子にし、その位置を(0,0,0) に設定します。
2. **トレイルレンダラーを作成します**。新しいTrail RendererコンポーネントをGraphicsオブジェクトに追加します。
   追加したら、[Cast Shadows] [Receive Shadows] [Use Light Probes] をすべてオフにしてください。
   次に、[Time] を0.05に、[Width] を0.2に設定します。
3. **トレイルの幅を時間経過に合わせて狭めます**。カーブビュー([Width] フィールドの下)をダブルクリックすると、新しいコントロールポイントが表示されます。この新しいコントロールポイントをカーブビューの右下にドラッグします。
4. **Shotマテリアルを適用します**。[Materials] のリストを開き、作成したShotマテリアルをドラッグします。
   すべてを完了すると、トレイルレンダラーのインスペクターは**図11-1**のようになっているはずです。

11.1 武器　　195

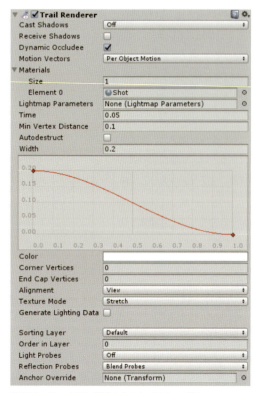

図11-1 Shot向けに設定したトレイルレンダラー

 Shotオブジェクトの作成はまだ完了しておらず、宇宙船の武器の発射をテストする方法がありませんが、すぐに追加する予定です。

最後の手順がひとつ残っています。それはShotをプレハブにすることです。

1. Shotオブジェクトをシーンから［Project］ウィンドウにドラッグします。これでShotはプレハブ化されます。
2. シーンからShotを削除します。

次に、武器の発射を処理するオブジェクトを作成します。

11.1.1　宇宙船の武器

プレイヤーが宇宙船のレーザーを発射するにあたり、実際にShotオブジェクトの作成を担うものが必要です。ここで宇宙船のレーザーの発射に用いる方法は、単にFireボタンをタップするたびにShotを発射する方法よりも少し複雑なものになり、その代わりに、Fireボタンが押されている間、Shotオブジェクトを一定の間隔で発射するようにします。

さらに、ショットを**どこから**発射するかを決める必要があります。宇宙船のコンセプトアート（**図9-3**参照）は、両方の翼にレーザーキャノンがあることを示しています。つまり、その両方から発射されるはずです。

ここで、ショットを**どのように**発射するかを決めることになります。同時に2つのショットを作ることもできますし、あるいは、最初に左から発射し、次に右から発射することもできます。このゲームでは、交互に発射するパターンを採用します。そうすることで、連続して発射している感じが得られます。しかし、これが最善というわけではなく、別の発射パターンを試して宇宙船の感じがどのように変化するかを見てください。

武器の発射はShipWeaponsスクリプトによって処理されます。このスクリプトは前のセクションで作成したShotプレハブとTransformオブジェクトの配列を使用します。武器を発射し始めると、Transformオブジェクトのそれぞれと同じ位置で順番にショットをインスタンス化し始めます。Transform配列の終わりに達すると、初めに戻ります。

1. **ShipWeaponsスクリプトを宇宙船に追加します。** Shipを選択し、ShipWeapons.csという名前の新しいC#スクリプトを追加し、次のコードを追加します。

```csharp
public class ShipWeapons : MonoBehaviour {

    // 各ショットに用いるプレハブ
    public GameObject shotPrefab;

    // 発射可能な場所のリスト
    public Transform[] firePoints;

    // firePointsの添え字として使って、次の発射位置を参照する
    private int firePointIndex;

    // InputManagerから呼ばれる
    public void Fire() {

        // もし発射位置がなければリターンする
        if (firePoints.Length == 0)
            return;

        // どの位置からショットするか
        var firePointToUse = firePoints[firePointIndex];

        // 発射位置に新しいショットを発射位置の
        // 位置と回転を使って生成
        Instantiate(shotPrefab,
            firePointToUse.position,
            firePointToUse.rotation);

        // 次のショットを発射する位置に参照を移動
        firePointIndex++;

        // リストの中の最後の発射位置に達したら、最初に戻る
        if (firePointIndex >= firePoints.Length)
```

11.1 武器　197

```
                firePointIndex = 0;
        }
    }
```

　ShipWeaponsスクリプトは、ショットが出現する位置のリスト（firePoints変数）と、各ショットを表すプレハブ（shotPrefab変数）を参照します。さらに、次のショットがどの発射位置に出現するべきかを保持します（firePointIndex変数）。Fireボタンが押されると、発射位置のひとつからショットが出現し、firePointIndexが次の発射位置を参照するように更新されます。

2. **発射位置を作成します**。新たに空のゲームオブジェクトを作成し、Fire Point 1という名前を付けます。これをShipオブジェクトの子オブジェクトにして、Ctrl + D（Macではcommand + D）を押して複製します。これにより、Fire Point 1という、もうひとつの空のオブジェクトが作成されます。このオブジェクトの名前をFire Point 2に変更します。

　Fire Point 1の位置を(-1.9,0,0)に設定します。これにより宇宙船の左側に設置されます。Fire Point 2の位置を(1.9,0,0)に設定します。これにより宇宙船の右側に設置されます。完了したら、Fire Point 1とFire Point 2の位置は、図11-2と図11-3のようになっているはずです。

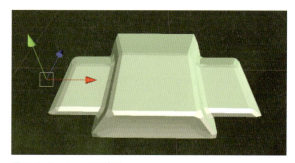

図11-2　Fire Point 1の位置

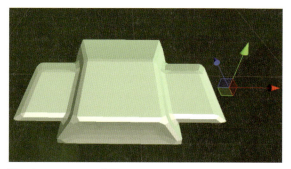

図11-3　Fire Point 2の位置

3. **ShipWeapons スクリプトを設定します**。前のセクションで作成した Shot プレハブを ShipWeapons の [Shot Prefab] スロットにドラッグします。

   次に、ふたつの Fire Point オブジェクトの双方を ShipWeapons スクリプトに追加する必要があります。[Fire Point] 配列のサイズを 2 に設定し、それぞれのオブジェクトをひとつずつドラッグすることでこれを実現できますが、より高速に行う方法があります。

   宇宙船を選択し、[Inspector] の右上にある鍵アイコンをクリックします。これにより [Inspector] がロックされるため、別のオブジェクトを選択したとしても [Inspector] が表示しているオブジェクトは変更されません。

   次に、Fire Point 1 をクリックし、Ctrl キー（Mac では command キー）を押しながら Fire Point 2 をクリックして、[Hierarchy] 内の Fire Point オブジェクトを両方選択します。

   次に、これら 2 つのオブジェクトを ShipWeapons の [Fire Points] スロットにドラッグします。[Fire Points] と書かれた文字の上（その下にあるものではない）にドラッグするように注意してください。そうしないとうまくいきません。

   スクリプト中のどんな配列変数にもこのテクニックが使えます。これで何度もドラッグ＆ドロップする時間を節約できます。ひとつ気をつけておきたいのは、オブジェクトの順序は、[Hierarchy] から配列にドラッグ＆ドロップしたときに保持されないことがあるということです。

4. **[Inspector] をアンロックします**。ShipWeapons スクリプトの設定が完了したら、右上の鍵アイコンをクリックして [Inspector] のロックを解除します。

   このゲームでは、宇宙船には 2 つの発射位置しかありませんが、スクリプトはより多くの位置の処理が可能です。追加するオブジェクトが Ship オブジェクトの子であることを確認し、[Inspector] の Fire Points リストに追加するだけで、好きなだけ発射位置を追加することができます。

次に、Fire のボタンをゲームのインターフェースに追加して、実際に武器を発射させます。

11.1.2　Fire ボタン

　ユーザーがボタンにタッチすると宇宙船がレーザーを発射し、指を離すとそれを停止するボタンを追加します。

　ゲームにはひとつの Fire ボタンしか存在しませんが、宇宙船は複数あります。つまり、Fire ボタンを宇宙船に直接接続することはできません。代わりに、ShipWeapons スクリプトの複数のインスタンスを処理できるように、Input Manager にサポートを追加する必要があります。

　Input Manager が処理する方法は次のとおりです。一度にひとつの宇宙船しか存在し

ないため、一度にひとつのShipWeaponsインスタンスしかゲームに存在しません。
ShipWeaponsスクリプトが現れたら、InputManagerシングルトンに自らが現在の
ShipWeaponsスクリプトであることを通知します。InputManagerはこれを記録し、それ
を発射システムの一部として使用します。

　最後に、FireボタンがInput Managerオブジェクトに接続され、Fireボタンが押され始める
と「発砲開始」メッセージが送信され、ボタンが離されると「発砲停止」メッセージが送信され
ます。Input Managerは、これらのメッセージを現在のShipWeaponsスクリプトに転送し、
結果として発砲します。

これを行う別の方法はFindObjectOfTypeメソッドを使うことです。このメ
ソッドは、すべてのオブジェクトで型に一致するコンポーネントを検索し、見つ
かった最初のコンポーネントを返します。FindObjectOfTypeを使うと、オ
ブジェクトの**登録**自体を現在のオブジェクトとして持つ必要がなくなりますが、
これはコストがかかります。シーン内のすべてのオブジェクトのすべてのコン
ポーネントをチェックする必要があるため、FindObjectsOfTypeは処理が遅
いです。いつでも何度も使用することはできますが、毎フレーム使用するのはや
めてください。

　まず、現在のShipWeaponsインスタンスをInputManagerクラスに管理させるための
コードを追加します。そのあと、ShipWeaponsに現行のインスタンスとして登録するコー
ドと、コンポーネントが削除されたとき（宇宙船が破棄されたときなど）に登録を解除するコー
ドを追加します[*1]。

　InputManagerクラスに以下のプロパティーとメソッドを追加することによって、
InputManagerにShipWeaponsを管理させます。

```
    public class InputManager : Singleton<InputManager> {

        // 宇宙船を操縦するためのジョイスティック
        public VirtualJoystick steering;

>       // ショットの間隔を何秒あけるか
>       public float fireRate = 0.2f;
>
>       // ショットを行う現在のShipWeaponsスクリプト
>       private ShipWeapons currentWeapons;
>
>       // 真なら、現在撃っているということ
>       private bool isFiring = false;
>
>       // currentWeapons変数を更新するためにShipWeaponsによって呼ばれる
>       public void SetWeapons(ShipWeapons weapons) {
```

[*1] 訳注：>で始まる行のみ追加してください。その際、行の始めの>記号は削除して入力してください。

```
>      this.currentWeapons = weapons;
>    }
>
>    // 同様に、currentWeapons変数をリセットするために呼ばれる
>    public void RemoveWeapons(ShipWeapons weapons) {
>
>      // currentWeaponsオブジェクトがweaponsなら、
>      // それをヌルにする
>      if (this.currentWeapons == weapons) {
>        this.currentWeapons = null;
>      }
>    }
>
>    // ユーザーがFireボタンに触ったときに呼ばれる
>    public void StartFiring() {
>
>      // ショットを撃ち始めるコルーチンを実行する
>      StartCoroutine(FireWeapons());
>    }
>
>    IEnumerator FireWeapons() {
>
>      // 撃っている状態にする
>      isFiring = true;
>
>      // isFiringが真の間ループする
>      while (isFiring) {
>
>        // weaponスクリプトの参照があるなら、
>        // それにショットを撃つように伝える
>        if (this.currentWeapons != null) {
>          currentWeapons.Fire();
>        }
>
>        // 次のショットまでにfireRate秒待つ
>        yield return new WaitForSeconds(fireRate);
>
>      }
>
>    }
>
>    // ユーザーがFireボタンのタッチを止めたときに呼ばれる
>    public void StopFiring() {
>
>      // これを偽に設定してFireWeaponsの中のループを止める
>      isFiring = false;
>    }
>
  }
```

　このコードは、宇宙船からショットを発射する現在のShipWeaponsスクリプトを参照します。SetWeaponsメソッドとRemoveWeaponsメソッドは、ShipWeaponsスクリプト

の作成時と、破棄されたときに呼び出されます（つまり、宇宙船が作成されるときと、宇宙船が破棄されるときに呼び出されます）。

StartFiringメソッドが呼び出されると、新しいコルーチンが開始され、ShipWeaponsコンポーネントでFireを呼び出してショットを起動し、fireRate秒待ちます。これはisFiringが真である間はループします。StopFiringメソッドが呼び出されると、isFiringはfalseに設定されます。StartFiringメソッドとStopFiringメソッドは、ユーザーがFireボタンに触れ始めたときと、やめたときに呼び出されます。このボタンはあとで設置します。

次に、InputManagerがShipWeaponsのコードと通信できるように、ShipWeaponsクラスに以下のメソッドを追加する必要があります。

```
public class ShipWeapons : MonoBehaviour {

    // 各ショットに使うプレハブ
    public GameObject shotPrefab;

>   public void Awake() {
>       // このオブジェクトが初期化されるとき、
>       // InputManagerに自らを現在の武器オブジェクトとして
>       // 使うことを伝える
>       InputManager.instance.SetWeapons(this);
>   }
>
>   // オブジェクトが破棄されるときに呼ばれる
>   public void OnDestroy() {
>       // 実行していないときは行わない
>       if (Application.isPlaying == true) {
>         InputManager.instance
>           .RemoveWeapons(this);
>       }
>   }

    // 発射可能な場所のリスト
    public Transform[] firePoints;

    // firePointsの添え字として使って、次の発射位置を参照する
    private int firePointIndex;

    // InputManagerから呼ばれる
    public void Fire() {

        // もし発射位置がなければリターンする
        if (firePoints.Length == 0)
            return;

        // どの位置からショットするか
        var firePointToUse = firePoints[firePointIndex];

        // 発射位置に新しいショットを発射位置の
```

202   11章　武器と照準の追加

```
    // 位置と回転を使って生成
    Instantiate(shotPrefab,
      firePointToUse.position,
      firePointToUse.rotation);

    // 次のショットを発射する位置に参照を移動
    firePointIndex++;

    // リストの中の最後の発射位置に達したら、最初に戻る
    if (firePointIndex >= firePoints.Length)
      firePointIndex = 0;

  }

}
```

宇宙船が作成されると、ShipWeaponsスクリプトのAwakeメソッドはInputManagerシングルトンにアクセスし、現在の武器スクリプトとして自身を登録します。スクリプトが破棄されるとき（あとで追加する予定の小惑星と宇宙船が衝突したときなど）、OnDestroyメソッドはインプットマネージャーにこのスクリプトの登録を解除させます。

OnDestroyメソッドがApplication.isPlayingが真であるかどうかをチェックしてからコードを実行していることに注目してください。この理由について述べます。エディターでゲームの実行を停止すると、すべてのオブジェクトが破棄されるため、その結果、OnDestroyメソッドを持つすべてのスクリプトに、このメソッドが呼び出されます。しかし、ゲームが終了するとInput Managerが破棄されているため、InputManager.singletonを要求するとエラーになって問題が発生します。
この問題を回避するために、Application.isPlayingをチェックします。このプロパティーはUnityにゲームを停止するように要求したあとにfalseになります。これによりInputManager.singletonに対する問題のある呼び出しを完全に回避します。

次に、Input Managerに発射の開始と停止を指示するFireボタンを作成します。Input Managerにボタンの押され始めと終了を伝える必要があるため、デフォルトのボタンの挙動は、「クリック」（指で触れて離したとき）のメッセージを送信するだけですので、使用することができません。代わりに、Event Triggersを使用してPointer DownイベントとPointer Upイベントの両方を別々のメッセージとして送信する必要があります。

まず、ボタンを作成し配置しましょう。［GameObject］メニューを開き、［UI］→［Button］を選択して新しいボタンを作成します。このボタンにFire Buttonと名前を付けます。

［Inspector］の左上にあるアンカーボタンを押し、Altキー（Macの場合optionキー）を押しながら［bottom-right］を押して、ボタンのアンカーとピボットの両方を右下に設定します。

次に、ボタンの位置を(-50, 50, 0)に設定します。こうすることでキャンバスの右下にボタンが配置されます。ボタンの幅と高さの両方を160に設定します。

ボタンのImageコンポーネントの[Source Image]をButtonスプライトに設定します。[Image Type]を`Sliced`に設定します。

Fire Buttonの子であるTextオブジェクトを選択し、このテキストをFireに設定します。フォントをCRYSTAL-Regularに設定し、[Font Size]を28に設定します。垂直方向と水平方向の両方にセンタリングされるようにアライメントを設定します。

最後に、Fireボタンの[Color]フィールドを押し、[Hex Color]フィールドに3DFFD0FFと入力して、色を明るいシアンに設定します（**図11-4**参照）。

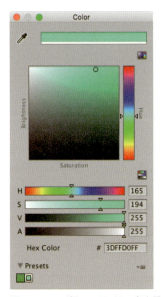

図11-4 Fireボタンのラベルの色を設定する

完了したら、ボタンは**図11-5**のようになります。

図11-5 Fireボタン

それでは、このボタンの挙動を我々の意図するように設定していきます。

1. **Buttonコンポーネントを削除します。** Fire Buttonオブジェクトを選択し、Buttonコンポーネントの右上にある歯車アイコンを押します。［Remove Component］を押します。

2. **Event Triggerを追加し、Pointer Downイベントを追加します。** 新しいEvent Triggerコンポーネントを追加し、［Add Event Type］を押します。表示されるメニューから［PointerDown］を選択します。

   新しいイベントがリストに表示され、ボタンの内側にポインタが触れたときに実行されるオブジェクトとメソッドのリストが表示されます（つまり、ユーザーがFireボタンに触れ始めるとき）。デフォルトでは空ですので、新しいターゲットを追加する必要があります。

3. **Pointer Downイベントを設定します。** PointerDownリストの下部にある［+］ボタンを押すと、新しい項目がリストに表示されます。

   Input Managerオブジェクトを［Hierarchy］からスロットにドラッグ＆ドロップします。次に、メソッドをNo FunctionからInputManager→StartFiringに変更します。

4. **Pointer Upイベントを追加して設定します。** 次に、指が画面から離れるときのイベントを追加する必要があります。［Add Event Type］の追加をもう一度押し、［PointerUp］を選択します。

   PointerDownと同じ方法でこのイベントを設定しますが、`InputManager`で呼び出されるメソッドをStopFiringにします。

完了すると、［Inspector］は**図11-6**のようになるはずです。

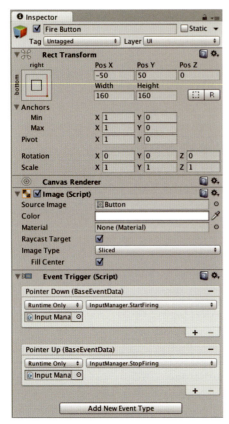

図11-6 設定済みのFireボタン

5. **Fireボタンをテストします**。ゲームを実行します。Fireボタンを押し続けると、ショットが表示されます。

11.2　ターゲットレティクル

現在のところ、プレイヤーがどこを狙っているのかを明確に示すものがありません。カメラと宇宙船の両方が回転するため、実際にはショットを正しく目標に向けることがとても困難です。これを解決するために、先ほど作成したインジケーターシステムを使用して、ターゲットレティクルを画面に表示するようにします。

宇宙ステーションと同様に、新しいオブジェクトを作成します。このオブジェクトは、インジケーターマネージャーに対して新しいインジケーターを画面上に作成しその位置を追跡するように指示するものです。このオブジェクトは宇宙船の不可視な子オブジェクトであり、船の正面から離れて配置されます。これには、インジケーターをプレイヤーが現在狙っている位置に置く効果があります。

最後に、このインジケーターが照準を表していることを示すために、特別なアイコンを使用

します。Target Reticle.psdという画像には十字のアイコンが含まれており、これにうまく合うでしょう。

1. **Targetオブジェクトを作成します。** このオブジェクトの名前をTargetとし、Shipの子オブジェクトにします。

2. **Targetを配置します。** Targetオブジェクトの位置を (0,0,100) に設定します。これにより、宇宙船から少し離れたところにターゲットが配置されます。

3. **ShipTargetスクリプトを追加します。** ShipTarget.csという名前の新しいC#スクリプトをTargetオブジェクトに追加し、次のコードを追加します。

```csharp
public class ShipTarget : MonoBehaviour {

    // ターゲットレティクルに使用するスプライト
    public Sprite targetImage;

    void Start () {

        // このオブジェクトを追跡する、
        // 黄色とカスタムスプライトを使用した
        // 新しいインジケーターを登録
        IndicatorManager.instance.AddIndicator(gameObject,
            Color.yellow, targetImage);
    }

}
```

　ShipTargetコードはtargetImage変数を使ってIndicator Managerにスクリーン上でカスタムスプライトを使うよう指示します。つまり、[Target Image] スロットを設定する必要があります。

4. **ShipTargetスクリプトを設定します。** Target Reticleスプライトを ShipTarget スクリプトの [Target Image] スロットにドラッグします。

5. **ゲームを実行します。** 宇宙船が飛び回ると、向いている方向にターゲットレティクルが表示されます。

11.3　まとめ

　これで武器システムがすべて準備できました。宇宙船を発進させて回転させ、どのように感じるかを確かめてください。宇宙空間に何も標的がいないということに気づくかもしれません。宇宙空間のほぼすべての部分には**何もない**ということは周知のことですので、このほうが現実的な表現になりますが、ゲームプレイにとってはあまり良くありません。ページを進めてこれを解決していきましょう。

12章
小惑星とダメージ

12.1 小惑星

　これまでの間に、宇宙を飛び回る宇宙船を手に入れました。画面にインジケーターを表示し、狙いを定めてレーザーキャノンを撃つことができるようにもなりました。しかし、気兼ねなく狙撃できる標的がまだありません（宇宙ステーションは該当しません）。

　いよいよこれに取り組むときがきました。小惑星を作っていきましょう。小惑星は、それ自身は飛行する以外にやることがありません。小惑星を作成して、宇宙ステーションにめがけて飛行させるシステムを作っていきます。

　まず、プロトタイプの小惑星を作りましょう。小惑星は、2つのオブジェクトで構成されています。ひとつは抽象化された親オブジェクトで、コライダーとすべてのロジックを含みます。それに加えてGraphicsオブジェクトという、プレイヤーの目に見える、小惑星の存在を示す役割のオブジェクトがあります。

1. **オブジェクトを作成します。** 新しい空のゲームオブジェクトを作成し、それをAsteroidと名付けます。

2. **それに小惑星のモデルを追加します。** Asteroidという名前のモデルをModelsフォルダーから見つけてください。それを作成したAsteroidオブジェクトにドラッグし、新しい子オブジェクトをGraphicsに名前を変更します。Graphicsオブジェクトの Transformコンポーネントの位置をリセットして、(0,0,0)に配置します。

3. **リジッドボディとスフィアコライダーをAsteroidオブジェクトに追加します。** Graphicsオブジェクトには追加しないでください。

   追加したら、リジッドボディの重力をオフにし、コライダーの半径を1にします。

4. **Asteroidスクリプトを追加します。** 新しいC#スクリプトをAsteroidゲームオブジェクトに追加し、Asteroid.csとします。次のコードを追加します。

```
public class Asteroid : MonoBehaviour {

    // 小惑星が進むスピード
    public float speed = 10.0f;

    void Start () {
```

209

```
            // リジッドボディの進む方向を設定
            GetComponent<Rigidbody>().velocity
              = transform.forward * speed;

            // 赤いインジケーターを小惑星用に作成
            var indicator = IndicatorManager.instance
              .AddIndicator(gameObject, Color.red);

    }

  }
```

　Asteroidスクリプトは非常にシンプルです。オブジェクトが出現すると、オブジェクトのリジッドボディに「前」方向の力が加えられ、前方へ動き始めます。さらに、この小惑星用の新しいインジケーターをスクリーンに追加するようインジケーターマネージャーに指示します。

　　indicator変数が用意されているが、使用されていないことを示す警告が出ると思います。これはゲームのバグになるわけではないので問題ありません。あとでindicator変数を使用するコードを少し追加するので、この警告は表示されなくなります。

　これが完了すると、小惑星の[Inspector]は図12-1のようになります。

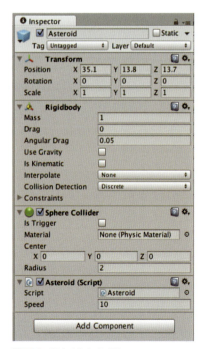

図12-1　設定された小惑星

210　12章　小惑星とダメージ

このときのオブジェクトは**図12-2**のようになります。

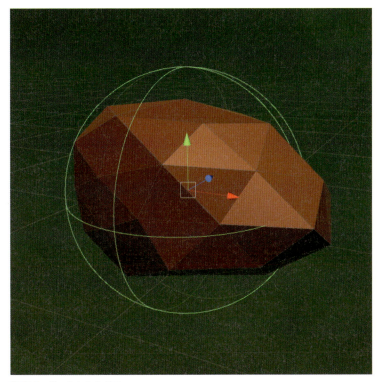

図12-2 ゲーム内の小惑星

5. **小惑星をテスト**します。ゲームを開始して小惑星を見てみましょう。前方に向かって動いているはずです。そして、インジケーターが画面に表示されているでしょう！

12.1.1　小惑星スポーナー

　小惑星が動作するようになりましたので、**小惑星スポーナー**（小惑星生成器）を作成しましょう。これは、定期的に新しい小惑星オブジェクトを作成し、それらの飛ぶ方向をターゲットに向けるオブジェクトです。小惑星は、目に見えない球の表面にあるランダムな点で構成され、その「前」方向がゲーム内のオブジェクトの方向となるように設定されます。さらに、小惑星スポーナーはUnityのGizmos機能を利用して［Scene］に追加の情報を表示し、小惑星が現れる空間の体積を視覚化することができます。

　まず、前のセクションで作成したプロトタイプの小惑星をプレハブ化しましょう。そのあと、Asteroid Spawnerを作成して設定します。

1. **小惑星をプレハブ化します**。Asteroidオブジェクトを［Hierarchy］パネルから［Project］パネルにドラッグします。これでオブジェクトからプレハブが作成されます。次に、シーンからAsteroidオブジェクトを削除します。

2. **小惑星スポーナーを作成します**。新しい空のゲームオブジェクトを作成し、それを Asteroid Spawnerと名付けます。その位置を (0,0,0) に設定します。

続いて、AsteroidSpawner.csという新しいC#スクリプトを追加し、次のコードを追加します。

```csharp
public class AsteroidSpawner : MonoBehaviour {

    // スポーン領域の半径
    public float radius = 250.0f;

    // スポーンする小惑星
    public Rigidbody asteroidPrefab;

    // spawnRate ± variance秒待ってから各小惑星を生成
    public float spawnRate = 5.0f;
    public float variance = 1.0f;

    // 小惑星を飛ばす方向のオブジェクト
    public Transform target;

    // 偽なら、生成を止める
    public bool spawnAsteroids = false;

    void Start () {
        // 小惑星を生成するコルーチンを実行する
        StartCoroutine(CreateAsteroids());
    }

    IEnumerator CreateAsteroids() {

        // 無限ループ
        while (true) {

            // 次の小惑星を生成する時間を求める
            float nextSpawnTime
                = spawnRate + Random.Range(-variance, variance);

            // 求めた時間分待つ
            yield return new WaitForSeconds(nextSpawnTime);

            // ゲーム内物理が更新されるまで追加で待つ
            yield return new WaitForFixedUpdate();

            // 新しい小惑星を生成
            CreateNewAsteroid();
        }

    }

    void CreateNewAsteroid() {

        // 小惑星を生成しないなら終了する
```

212   12章 小惑星とダメージ

```
    if (spawnAsteroids == false) {
      return;
    }

    // 球面上のランダムな点を選択する
    var asteroidPosition = Random.onUnitSphere * radius;

    // その値をオブジェクトのスケールに合わせる
    asteroidPosition.Scale(transform.lossyScale);

    // 小惑星スポーナーの位置でオフセットを設ける
    asteroidPosition += transform.position;

    // 新しい小惑星を生成する
    var newAsteroid = Instantiate(asteroidPrefab);

    // 先ほど求めた位置に小惑星を配置する
    newAsteroid.transform.position = asteroidPosition;

    // ターゲットに向けて飛ばす
    newAsteroid.transform.LookAt(target);
  }

// スポーナーオブジェクトが選択されている間、
// エディターから呼び出される
void OnDrawGizmosSelected() {

    // 黄色い線を描画する
    Gizmos.color = Color.yellow;

    // Gizmosの描画系に現在の位置と大きさを使用するよう伝える
    Gizmos.matrix = transform.localToWorldMatrix;

    // スポーンエリアを示す球を描画する
    Gizmos.DrawWireSphere(Vector3.zero, radius);
  }

  public void DestroyAllAsteroids() {
    // ゲーム内のすべての小惑星を削除する
    foreach (var asteroid in
      FindObjectsOfType<Asteroid>()) {
      Destroy (asteroid.gameObject);
    }
  }
}
```

　AsteroidSpawnerスクリプトは、コルーチンCreateAsteroidsを使用して
CreateNewAsteroidを呼び出し、間隔を開けて処理を繰り返すことで、新しい小惑星オ
ブジェクトを連続的に作成します。
　さらに、OnDrawGizmosSelectedメソッドは、オブジェクトが選択されたときにその周
囲にワイヤフレームの球体が出現するようにします。この球体は、小惑星がどこから来るかを

12.1　小惑星　　**213**

示しており、表面からターゲットの方に向かいます。

3. **Asteroid Spawnerをフラットにします**。Asteroid Spawnerの [Scale] を (1,0.1,1) に設定します。そうすることで、小惑星は球体ではなくターゲットを囲む円上に表示されるようになります（**図12-3**参照）。

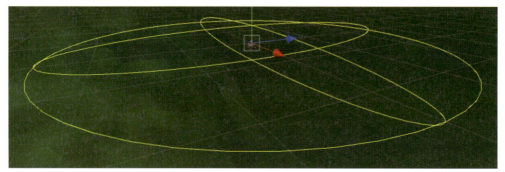

図12-3 ［Scene］内のAsteroid Spawner

4. **AsteroidSpawnerを設定します**。作成したAsteroidプレハブを [Asteroid Prefab] スロットにドラッグし、宇宙ステーションのオブジェクトを [Target] スロットにドラッグします。[Spawn Asteroids] をオンにします。
5. **ゲームを実行してみます**。小惑星が出現し、宇宙ステーションに向かって移動するようになりました！

12.2　ダメージのやり取り

　今、宇宙船は宇宙ステーションの周りやそれに向かって飛んでくる小惑星の周りを飛び回ることができます。しかし、宇宙船が発射しているショットは実際には何もしません。ダメージを与えたり、ダメージを受けたりする機能を追加する必要があります。

　このゲームにおける「ダメージ」とは、単にオブジェクトの耐久度を示す「ヒットポイント」があるということです。オブジェクトのヒットポイントが0になると、そのオブジェクトはゲームから削除されます。

　あるオブジェクトはダメージを処理し、あるオブジェクトはダメージを与えます。小惑星のようなオブジェクトは、この両方を行います。小惑星はレーザーショットによってダメージを受けますし、宇宙ステーションに対してダメージを与えます。

　これを実現するために、`DamageTaking`と`DamageOnCollide`の2つのスクリプトを作成します。

- `DamageTaking`スクリプトは、アタッチされたオブジェクトのヒットポイントの残量を保持しており、これが0になったときにオブジェクトをゲームから削除します。

DamageTakingはTakeDamageというメソッドも公開しています。このメソッドは他のオブジェクトから呼び出されることでダメージを与えるものです。

- DamageOnCollideスクリプトは、オブジェクトと衝突するか、トリガー領域に入るとコードを実行します。DamageTakingコンポーネントを持つオブジェクトが衝突した場合、DamageOnCollideスクリプトはTakeDamageメソッドを呼び出します。

DamageOnCollideスクリプトはShotとAsteroidにアタッチし、DamageTakingスクリプトはSpace StationとAsteroidにアタッチします。

小惑星にダメージを与えられるようにすることから始めましょう。

1. **DamageTakingスクリプトを小惑星に追加します**。［Project］ウィンドウでAsteroidプレハブを選択し、それにDamageTaking.csという新しいC#スクリプトを追加し、次のコードをファイルに追加します。

```csharp
public class DamageTaking : MonoBehaviour {

    // このオブジェクトのヒットポイント
    public int hitPoints = 10;

    // もし破壊されたら、このエフェクトを現在の位置に作成する
    public GameObject destructionPrefab;

    // このオブジェクトが破壊されたらゲームを終了するかどうか
    public bool gameOverOnDestroyed = false;

    // 小惑星やショットなどの他のオブジェクトから呼び出されて
    // ダメージを受ける
    public void TakeDamage(int amount) {

        // 衝突したことを伝える出力をする
        Debug.Log(gameObject.name + " damaged!");

        // ヒットポイントから受けたダメージ分引く
        hitPoints -= amount;

        // 死亡したなら
        if (hitPoints <= 0) {

            // ログを出力
            Debug.Log(gameObject.name + " destroyed!");

            // ゲームから自身を取り除く
            Destroy(gameObject);

            // destructionPrefabが設定されているなら
            if (destructionPrefab != null) {

                // 現在の位置にそれを、このオブジェクトと同じ回転で作成する
                Instantiate(destructionPrefab,
```

12.2　ダメージのやり取り　215

```
                    transform.position, transform.rotation);
        }

      }

    }

  }
```

DamageTakingスクリプトは、オブジェクトのヒットポイントの残量を保持するとともに、他のオブジェクトから呼び出すことでダメージを与えることができるメソッドを提供します。ヒットポイントが0以下になるとオブジェクトは破壊されdestructionPrefab（「12.2.1 爆発」で追加する爆発などのエフェクト）があれば、それを生成します。

2. **小惑星を設定します。**小惑星の［Hit Points］を1に変更します。これにより、小惑星を簡単に破壊できるようになります。

次に、Shotオブジェクトがヒットしたものにダメージを与えるようにします。

3. **DamageOnCollideスクリプトをショットに追加します。**Shotプレハブを選択し、DamageOnCollide.csという名前の新しいC#スクリプトを追加し、次のコードを追加します。

```
public class DamageOnCollide : MonoBehaviour {

  // 衝突したオブジェクトに与えるダメージの量
  public int damage = 1;

  // 何かに衝突したときに自身に与えるダメージの量
  public int damageToSelf = 5;

  void HitObject(GameObject theObject) {
    // もし可能なら、衝突したオブジェクトにダメージを与える
    var theirDamage =
      theObject.GetComponentInParent<DamageTaking>();
    if (theirDamage) {
      theirDamage.TakeDamage(damage);
    }

    // もし可能なら、自身にもダメージを与える
    var ourDamage =
      this.GetComponentInParent<DamageTaking>();
    if (ourDamage) {
      ourDamage.TakeDamage(damageToSelf);
    }
  }

  // このトリガー領域にオブジェクトが入ってきたかどうか
  void OnTriggerEnter(Collider collider) {
    HitObject(collider.gameObject);
```

```
    }

    // オブジェクトが衝突してきたかどうか
    void OnCollisionEnter(Collision collision) {
      HitObject(collision.gameObject);
    }
  }
```

　DamageOnCollideスクリプトも非常にシンプルです。なんらかのオブジェクトとの衝突を検出、またはオブジェクトのトリガーコライダー（宇宙船の場合）となんらかのオブジェクトとの交差を検出すると、HitObjectメソッドが呼び出され、ヒットしたオブジェクトがDamageTakingコンポーネントを持つかどうかを判断します。もしコンポーネントを持っていれば、このコンポーネントのTakeDamageメソッドが呼び出されます。さらに、自分のオブジェクトに対しても同じことを行います。これは、小惑星が宇宙ステーションに衝突した際に、宇宙ステーションにダメージを与えるのと同時に、小惑星自身も破壊されるようにしたいためです。

4. **ゲームをテストします**。飛び回って小惑星を撃ってください。ショットが小惑星にヒットすると、その小惑星は消滅します。

　次に、宇宙ステーションが壊れるようにします。

5. **Space StationにDamageTakingを追加します**。Space Stationを選択し、DamageTakingスクリプトコンポーネントを追加します。

　［Game Over On Destruction］をオンにします。こうしてもまだ何も起きませんが、宇宙ステーションが破壊されたときにゲームを終了させるために使用します。

　完了したら、Space Stationの［Inspector］は**図12-4**のようになっているはずです。

図12-4　DamageTakingスクリプトを宇宙ステーションに追加

12.2.1 爆発

小惑星が破壊されると単に消滅するだけです。これではとても満足できるものではありません。爆発しながら小惑星が消滅してゆくほうがよいでしょう。

爆発を作成する最良の方法のひとつは、パーティクルエフェクトを使用することです。パーティクルエフェクトは、自然な形に見えるランダムな要素が必要な場合に最適です。煙、火、風、そして (もちろん) 爆発のようなものに最適です。

このゲームでの爆発は、2つのパーティクルエフェクトで構成されます。ひとつ目のパーティクルエフェクトでは、初めに閃光を生成します。2つ目のパーティクルエフェクトでは塵 (ダスト) のようなものを生成し、最終的に消え去ります。

パーティクルエフェクトを扱うときは、前もってリソースを準備しておくことが重要です。特に、パーティクルエフェクトがカスタムマテリアルを使用する必要があるかどうか、またはデフォルトパーティクルマテリアルを使用するかどうかを決定する必要があります。デフォルトのマテリアルはブラーのかかった円となり、多くの場面で役に立ちますが、エフェクトを詳細に設定する必要がある場合は、独自のマテリアルを作成する必要があります。

閃光にはデフォルトのパーティクルマテリアルを使用できますが、塵にはカスタムマテリアルを作成する必要があります。デフォルトパーティクルの非常に小さなインスタンスを多数使用して塵を作成することもできなくはないですが、最初に塵用の写真を使用するだけで、はるかに少ない労力でそれ以上の視覚効果が得られます。

1. **Dustマテリアルを作成します**。[Asset] メニューを開き、[Create] → [Material] を選択します。新しいマテリアルにDustと名前を付けます。

2. **マテリアルの設定を行います**。マテリアルを選択し、Shader メニューを [Particles] → [Additive] に変更します。

   次に、Dustテクスチャーを [Particle Texture] スロットにドラッグします。

   [Tint Color] スロットを押して色を選択することにより、カラーを半透明な灰色に設定します。特定の値を入力する場合は、(70,70,70,190) と入力します。例として**図12-5**を参照してください。

図12-5 Dustマテリアルの色合い

　　最後に、[Soft Particles Factor]を0.8に設定します。
　　完了すると、マテリアルの[Inspector]は**図12-6**のようになります。

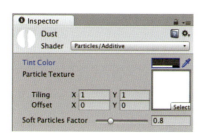

図12-6 Dustマテリアル

　パーティクルシステムを作成する準備ができました。まず、爆発のための空のコンテナーオブジェクトを作成し、2つのパーティクルシステムを2つ作成して設定します。

1. **Explosionオブジェクトを作成します。**新しい空のオブジェクトを作成し、Explosionという名前を付けます。
2. **Fireballオブジェクトを作成します。**2つ目の空のオブジェクトを作成し、Fireballという名前を付けます。このオブジェクトをExplosionオブジェクトの子にします。
3. **Fireballのパーティクルエフェクトを追加して設定します。**Fireballを選択し、新しくParticle Systemコンポーネントを追加します。
　　図12-7のようにパーティクルエフェクトを設定します。

図 12-7 Fireballのパーティクルエフェクトの [inspector]

これらのパラメーターのほとんどは、数値として入力できますが、いくつか説明が必要なものがあります。

- ［Color over Lifetime］の色は図12-8のようになります。

グラデーションのアルファ値は次のとおりです。

- 0%で0
- 12%で255
- 100%で0

色の値は次のとおりです。

- 0%で白色
- 12%で明るめな色
- 57%で暗めな色
- 100%で白色

［Size over Lifetime］は0から始まり、35%で約3になり、最後に0に戻ります（図12-9参照）。

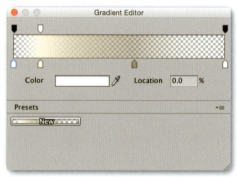

図12-8 FireballのColor over Lifetimeのグラデーション

図12-9 FireballのSize over Lifetimeカーブ

Fireballオブジェクトは、爆発間際に一瞬だけ閃光を作成するものです。これから追加しようとしている2つ目のパーティクルエフェクトは、Dustエフェクトになります。

1. **Dustオブジェクトを作成します。**空のゲームオブジェクトを作成し、Dustという名前を付けます。それをExplosionオブジェクトの子にします。

2. **パーティクルシステムを追加して設定します。**新しいParticle Systemコンポーネントを追加し、**図12-10**に従って設定します。

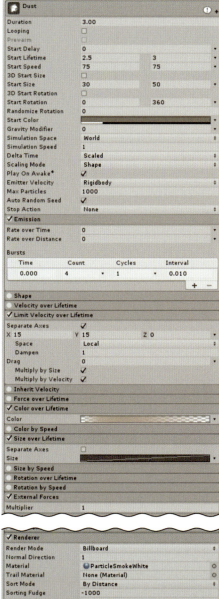

図12-10 Dustパーティクルの [Inspector]

12.2　ダメージのやり取り　　223

図12-10について補足します。

- ［Renderer］が使用するMaterialは先ほど作成したDustマテリアルです。それをドラッグして［Material］スロットにドロップするだけです。
- ［Start Color］はRGBA（130,130,120,45）です。［Start Color］をクリックし、これらの数値を入力します。
- ［Size over Lifetime］は0%から100%になる直線です。
- ［Color over Lifetime］は図12-11のようになります。色は一定の黄褐色です。アルファは0%で0から、14%で255に、100%で0になります。

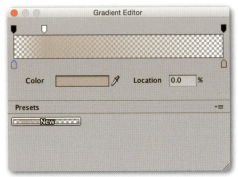

図12-11 DustパーティクルのColor over Lifetime

これですべて完了しました！やっと小惑星にこの爆発を使うことができます。

1. **オブジェクトをプレハブ化します**。Explosionオブジェクトを［Project］ウィンドウにドラッグし、そのあとこのオブジェクトをシーンから削除します。
2. **小惑星が破壊されたときに爆発を起こすようにします**。Asteroidプレハブを選択し、Explosionを［Destruction Prefab］スロットにドラッグします。
3. **実行してみてください**。小惑星を撃墜すると爆発することでしょう！

12.3　まとめ

　これで小惑星とダメージ用のモデルが作成が完了しました。ゲームは完成の間際まできています。次の章では、これをさらに洗練させ、より大きく、より良いゲーム体験に変えていきます。

13章
オーディオ、メニュー、ゲームオーバー、爆発！

『Rockfall』のゲームプレイの核となる部分はでき上がりましたが、まだゲームは完成していません。Unityエディター外でプレイできるようにするには、プレイヤーがゲームをプレイできるよう誘導するメニューやその他のコントロールを追加して、アプリケーションにする必要があります。最後に、暫定的なアートをより忠実な3Dモデルとマテリアルに置き換えて、ゲームを完成させます。

13.1　メニュー

現在、ゲームプレイはエディターの再生ボタンに完全に支配されています。ゲームを開始するとすぐにゲームが始まってしまい、宇宙ステーションが破壊されると、ゲームを停止したあとで再び開始する必要があります。

ゲームの流れを良くするためには、メニューを追加する必要があります。具体的には、New Gameボタンの追加が特に重要です。また宇宙ステーションが破壊されたら、プレイヤーに再開させる手段も必要です。

ゲームにメニュー構成を追加すると、ゲームが完成に近づいていると感じられるようになります。メニューの一部として次の4つのコンポーネントを追加します。

メインメニュー

この画面はゲームのタイトルとNew Gameボタンを表示します。

一時停止画面

この画面には「Paused」というテキストとゲームを再開するためのボタンが含まれます。

ゲームオーバー画面

この画面にはGame OverボタンとNew Gameボタンが表示されます。

ゲーム内のUI

この画面には、ジョイスティック、インジケーター、発射ボタン、そしてプレイヤーがプレイ中に実際に目にするすべてのものが表示されます。

225

これらのUIグループはそれぞれ排他的で、一度に表示されるのはひとつだけです。ゲームはメインメニューから始まり、New Gameボタンを押すと、メニューが消えてゲーム中のUIと置き換えられます（そして実際にゲームが開始します）。

UnityのUIシステムでは、コンピューターのマウスまたはタッチパッドを使用してメニューをテストできます。しかしそれだけではなく、Unity Remoteアプリケーション（「5.1.1 Unity Remote」を参照）を介して、タッチスクリーン上で実際に触ってメニューの操作感をテストすることも重要です。

このプロセスの最初の手順は、In-Game UIコンポーネントをひとつのオブジェクトにまとめて、1箇所ですべてを管理できるようにすることです。

1. **In-Game UIコンテナーを作成します**。Canvasオブジェクトを選択し、新しく空の子オブジェクトを作成します。このオブジェクトにIn-Game UIという名前を付けます。
2. **コンテナーを設定します**。In-Game UIのアンカーを水平および垂直に伸ばし、上下左右の余白を0に設定します。これによりキャンバス全体が覆われます。

次に、既存のすべてのUI要素をコンテナーにまとめます。

3. **ゲームのUIをグループ化します**。In-Game UIコンテナー以外のキャンバスの子をすべて選択し、In-Game UI内に移動します。

他のメニューの作成を開始します。始める前に、In-Game UIをオフにして、作成しようとしている他のUIコンテンツに集中できるようにしてください。

4. **In-Game UIを無効にします**。In-Game UIオブジェクトを選択し、[Inspector]の左上にあるチェックボックスを押して無効にします。完了したら、図13-1のようになります。

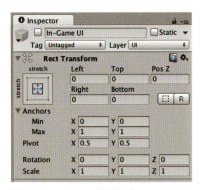

図13-1 In-Game UIが無効になっている。キャンバス全体を覆うように設定されているオブジェクトの大きさと位置も確認すること

13.1.1 メインメニュー

メインメニューのコンテンツは非常にシンプルです。ゲームのタイトル（「Rockfall」）を示すテキストラベルと新しいゲームを作成するボタンがあるだけです。

In-Game UIと同じように、メインメニューは空のコンテナーオブジェクトで構成され、メニューに属するすべてのUIコンポーネントが子として追加されます。

1. **Main Menuコンテナーを作成します**。空のゲームオブジェクトを新しく作成し、Canvasの子にします。それをMain Menuと名付けます。

   縦横に伸ばしてキャンバス全体を占めるようにします。また、すべてのマージンの値を0に設定します。

2. **タイトルラベルを作成します**。［GameObject］メニューを開き、［UI］→［Text］を選択して新しいTextオブジェクトを作成します。それをMain Menuの子とし、Titleと名付けます。

   この新しいTextオブジェクトのアンカーを［center-top］に設定します。［Pos X］を0に設定し、［Pos Y］を-100に設定します。高さは120、幅は1024に設定します。

   次に、テキスト自体を設定する必要があります。テキストの色を16進数の#FFE99A（淡い黄色）に、テキストのアライメントを中央に、テキスト自体をRockfallに設定します。さらに、［Best Fit］設定をオンにします。これにより、Textオブジェクトの境界に合わせてテキストのサイズが自動的に調整されます。最後に、At Nightフォントを［Font］スロットにドラッグします。

3. **ボタンを作成します**。新しいButtonオブジェクトを作成し、New Gameという名前を付けます。これをMain Menuの子にします。

   ボタンのアンカーを［center-top］に設定し、XおよびYの位置を［0,-300］に設定します。幅を330、高さを80に設定します。

   ボタンの［Source Image］をButtonスプライトに設定し、［Image Type］を［Sliced］に設定します。

   Text子オブジェクトを選択し、テキストをNew Gameに変更します。［Font］をCRYSTAL-Regular、［Font Size］を28、［Color］を3DFFD0FFに設定します。

完了すると、メニューは**図13-2**のようになります。

13.1　メニュー　　227

図13-2　メインメニュー

続行する前に、Main Menu コンテナーを無効にしてください。

13.1.2　一時停止画面

一時停止画面には、「Paused」というテキストと、ゲームの一時停止を解除するボタンが表示されます。それを構築するには、メインメニューと同じ手順を実行しますが、以下の点が異なります。

- コンテナーオブジェクトは Paused と名付けます。
- Title オブジェクトのテキストは Paused にする必要があります。
- ボタンオブジェクトは Unpaused Button と名付けます。
- ボタンのテキストは Resume にする必要があります。

完了すると、一時停止メニューは図13-3のようになります。

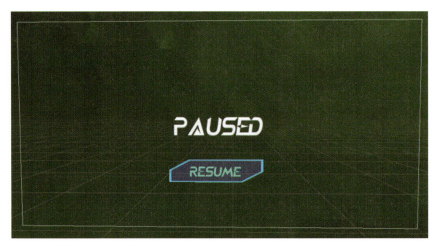

図13-3　一時停止メニュー

最後にゲームオーバー画面のメニューを作成しますが、その前にPausedコンテナーを非表示にしてください。

13.1.3　ゲームオーバー画面

ゲームオーバー画面には、ゲームを再開するボタンとともに、Game Overというテキストが表示されます。宇宙ステーションが破壊されるとゲームオーバー画面が表示され、ゲームが終了します。

メインメニューや一時停止画面と同じ手順を繰り返しますが、以下の点が異なります。

- コンテナーオブジェクトはGame Overと名付けます。
- TitleオブジェクトのテキストはGame Overでなければなりません。
- ボタンのオブジェクトはNew Game Buttonと名付けます。
- ボタンのテキストはNew Gameにする必要があります。

完了すると、ゲームオーバー画面は図13-4のようになります。

図13-4　ゲームオーバーメニュー

これら3つのメニューはすべて同じ構成なのになぜ同じ作業を3回行ったのか不思議に思うかもしれません。その理由は、あとでカスタマイズする必要があるためです。別々のメニュー画面を最初に作っておけば、あとで作業する必要がありません。

最後にもうひとつUIコンポーネントをゲームに追加する必要があります。ゲームを一時停止する手段です。

13.1 メニュー　229

13.1.4　一時停止ボタンを追加する

　一時停止ボタンは、In-Game UIの右上に表示され、ユーザーがプレイを一時停止したいということをゲームに通知します。

　一時停止ボタンを作成するには、まず新しいButtonオブジェクトを作成し、それをIn-Game UIコンテナーオブジェクトの子にする必要があります。名前はPause Buttonとします。

　一時停止ボタンのアンカーを右上に設定し、XおよびY位置の値を[-50,-30]に設定します。そして幅を80、高さを70に設定します。

　Imgaeコンポーネントの[Source Image]をButtonスプライトに設定します。

　Text子オブジェクトのテキストをPauseに設定します。[Font]をCRYSTAL-Regularに設定し、そのサイズを14に設定します。色を#3DFFD0FFに設定します。

　おめでとうございます！ これでゲームのUIはすべて完成です。ただし、設定したボタンはまだ正しく動作しません。すべてを機能させるには、すべてを管理するゲームマネージャーを追加しなければいけません。

13.2　ゲームマネージャーとゲームオーバー

　Game Managerは、Input ManagerやIndicator Managerと同様に、シングルトンオブジェクトです。ゲームマネージャーの仕事は主に以下の2つです。

- ゲームとメニューの状態の管理
- 宇宙船と宇宙ステーションの生成

　アプリの起動直後は、ゲームはまだ開始されていない状態です。宇宙船と宇宙ステーションはシーンにはなく、小惑星スポーナーは小惑星を生成しません。さらに、Game ManagerがMain Menuコンテナーオブジェクトを表示し、他のすべてのメニューを非表示にします。

　ユーザーがNew Gameボタンを押すと、In-Game UIを表示し、宇宙船と宇宙ステーションを作成し、小惑星スポーナーに小惑星の作成を開始するよう指示します。さらにGame Managerはゲームの重要な要素をいくつか設定します。Camera Followスクリプトを新しいShipオブジェクトを追従するように設定し、Asteroid Spawnerを小惑星を宇宙ステーションに向けて飛ばすように設定します。

　最後に、Game ManagerはGame Over状態を処理します。先ほどのDamageTakingスクリプトに[Game Over On Destroyed]というチェックボックスがあったことを覚えているでしょうか。チェックボックスをオンにすると、スクリプトがアタッチされているオブジェクトが破棄されたときにGame Managerがゲーム終了を指示するようになります。ゲームを終了させるには、単に小惑星スポーナーをオフにして、現在の宇宙船を（そして宇宙ステーションがまだ残っている場合はそれも）破壊するだけです。

　Game Managerの構築を始める前に、ShipとStationのコピーを複数作成できるようにする必要があります。そのためには、これらのオブジェクトをプレハブ化しなければいけません。

また、両方のオブジェクトが表示される位置も定義する必要があります。

ShipとSpace Stationをプレハブ化してください。Shipを［Project］ウィンドウにドラッグしてプレハブを作成し、シーンから削除します。この工程をSpace Stationにも繰り返します。

13.2.1　スタートポイント

ここで、2つのマーカーオブジェクトを作成します。マーカーオブジェクトは、新しいゲームの開始時にShipとSpace Stationを作成する場所の指標となります。これらのインジケーターはプレイヤーには見えませんが、エディター内では表示されるようにします。

1. **Shipの位置マーカーを作成します**。空のゲームオブジェクトを新しく作成し、それをShip Start Pointと名付けます。

   ［Inspector］の左上にあるアイコンをクリックし、赤いラベルを選択してください（**図13-5**参照）。オブジェクトはプレイヤーには見えませんが、［Scene］には表示されます。宇宙船を表示させたい場所にマーカーを配置してください。

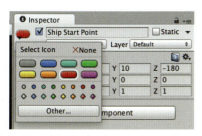

図13-5　宇宙船の出発位置のラベルを選択する

2. **Space Stationの位置マーカーを作成します**。これらの手順を繰り返し、今度はStation Start Pointというオブジェクトを作成します。宇宙ステーションを表示したい場所に配置します。

これで、Game Managerを作成して設定できるようになりました。

13.2.2　Game Managerを作成する

Game Managerは、現在の宇宙船と宇宙ステーションへの参照を保持し、重要なゲームオブジェクトの状態の変更、例えばボタンがクリックされたときや、`DamageTaking`スクリプトがゲームの終了を伝えたときなど、ゲームに関する重要な情報を管理する中心的な役割を果たします。

Game Managerを準備するには、Game Managerという空のゲームオブジェクトを新しく作成し、`GameManager.cs`という名前のC#スクリプトを作成して、次のコードをファイルに追加します。

```csharp
public class GameManager : Singleton<GameManager> {

  // 宇宙船用のプレハブと、それの開始位置と、現在の宇宙船オブジェクト
  public GameObject shipPrefab;
  public Transform shipStartPosition;
  public GameObject currentShip {get; private set;}

  // 宇宙ステーションのプレハブと、その開始位置と、現在の宇宙ステーションオブジェクト
  public GameObject spaceStationPrefab;
  public Transform spaceStationStartPosition;
  public GameObject currentSpaceStation {get; private set;}

  // Main Cameraのカメラ追従用スクリプト
  public SmoothFollow cameraFollow;

  // いくつかのUIのコンテナー
  public GameObject inGameUI;
  public GameObject pausedUI;
  public GameObject gameOverUI;
  public GameObject mainMenuUI;

  // ゲームがプレイ状態かどうか
  public bool gameIsPlaying {get; private set;}

  // ゲームのAsteroid Spawner
  public AsteroidSpawner asteroidSpawner;

  // ゲームが一時停止中かどうかを監視しておく
  public bool paused;

  // ゲーム開始時にメインメニューを表示する
  void Start() {
    ShowMainMenu();
  }

  // 対象のUIコンテナーを表示して、それ以外は非表示にする
  void ShowUI(GameObject newUI) {

    // すべてのUIコンテナーのリストを作成
    GameObject[] allUI
      = {inGameUI, pausedUI, gameOverUI, mainMenuUI};

    // すべて非表示にする
    foreach (GameObject UIToHide in allUI) {
      UIToHide.SetActive(false);
    }

    // そのあと、対象のUIコンテナーのみ表示
    newUI.SetActive(true);
  }

  public void ShowMainMenu() {
    ShowUI(mainMenuUI);
```

```
  // ゲームが起動したときにはまだプレイ状態ではない
  gameIsPlaying = false;

  // 小惑星も生成しない
  asteroidSpawner.spawnAsteroids = false;
}

// New Gameボタンが押されたときに呼ばれる
public void StartGame() {
  // In-Game UIを表示する
  ShowUI(inGameUI);

  // 現在はプレイ状態
  gameIsPlaying = true;

  // もし宇宙船が残っていたら破棄しておく
  if (currentShip != null) {
    Destroy(currentShip);
  }

  // 同様に宇宙ステーションもあれば破棄する
  if (currentSpaceStation != null) {
    Destroy(currentSpaceStation);
  }

  // 新しい宇宙船を作成して、開始位置に配置する
  currentShip = Instantiate(shipPrefab);
  currentShip.transform.position
    = shipStartPosition.position;
  currentShip.transform.rotation
    = shipStartPosition.rotation;

  // 同様のことを宇宙ステーションにも行う
  currentSpaceStation = Instantiate(spaceStationPrefab);

  currentSpaceStation.transform.position =
    spaceStationStartPosition.position;

  currentSpaceStation.transform.rotation =
    spaceStationStartPosition.rotation;

  // カメラの追従スクリプトが新しい宇宙船を追従するようにする
  cameraFollow.target = currentShip.transform;

  // 小惑星の生成を開始する
  asteroidSpawner.spawnAsteroids = true;

  // スポーナーがそれらを新しい宇宙ステーションに飛ばすようにする
  asteroidSpawner.target = currentSpaceStation.transform;

}
```

```csharp
// 破壊されたときにゲームを終了するオブジェクトから呼ばれる
public void GameOver() {
  // Game Over UIを表示する
  ShowUI(gameOverUI);

  // もうプレイ状態ではない
  gameIsPlaying = false;

  // 宇宙船と宇宙ステーションを破棄する
  if (currentShip != null)
    Destroy (currentShip);

  if (currentSpaceStation != null)
    Destroy (currentSpaceStation);

  // 小惑星の生成を止める
  asteroidSpawner.spawnAsteroids = false;

  // ゲームに残っている小惑星を破棄する
  asteroidSpawner.DestroyAllAsteroids();
}

// PauseボタンかResumeボタンが押されたときに呼ばれる
public void SetPaused(bool paused) {

  // In-Game UIとPaused UIを切り替える
  inGameUI.SetActive(!paused);
  pausedUI.SetActive(paused);

  // 一時停止状態なら
  if (paused) {
    // 時の流れを止める
    Time.timeScale = 0.0f;
  } else {
    // 時の流れを再開する
    Time.timeScale = 1.0f;
  }
}

}
```

　Game Managerのスクリプトは巨大ですが単純です。主な機能は2つで、メニューとゲーム中のUIの表示を管理することと、ゲームの開始時と終了時に宇宙ステーションと宇宙船を作成または破棄することです。

　ひとつずつ順番に説明していきます。

13.2.3　初期設定

　Startメソッドは、Game Managerが最初にシーンに現れたとき、つまりゲームの開始時に呼び出されます。ここで行う唯一のことは、ShowMainMenuを呼び出してメインメニューを表示させることです。

234　13章　オーディオ、メニュー、ゲームオーバー、爆発！

```
// ゲーム開始時にメインメニューを表示する
void Start() {
    ShowMainMenu();
}
```

どのUIを表示する場合でも、指定したUIオブジェクトだけを表示し、他のすべてのUIオブジェクトを非表示にするためにShowUIメソッドを呼び出します。これは**すべての**UIオブジェクトを非表示にしたあとで、目的のUI要素を表示することで目的の処理を実現します。

```
// 対象のUIコンテナーを表示して、それ以外は非表示にする
void ShowUI(GameObject newUI) {

    // すべてのUIコンテナーのリストを作成
    GameObject[] allUI
        = {inGameUI, pausedUI, gameOverUI, mainMenuUI};

    // すべて非表示にする
    foreach (GameObject UIToHide in allUI) {
        UIToHide.SetActive(false);
    }

    // そのあと、対象のUIコンテナーのみ表示
    newUI.SetActive(true);
}
```

これを使って、ShowMainMenuを実装することができます。このメソッドはメインメニューUIを（ShowUIを介して）表示し、ゲームプレイ中ではないこと、そのため小惑星スポーナーが小惑星を生成してはいけないことをゲームに伝えます。

```
public void ShowMainMenu() {
    ShowUI(mainMenuUI);

    // ゲームが起動したときにはまだプレイ状態ではない
    gameIsPlaying = false;

    // 小惑星も生成しない
    asteroidSpawner.spawnAsteroids = false;
}
```

13.2.4　ゲームを開始する

新しいゲームボタンがタップされたときに呼び出されるStartGameメソッドは、（結果として他のUIを隠す）In-Game UIを表示し、ゲームプレイを開始する準備として、既存の宇宙船または宇宙ステーションを削除して、新しいものを作成します。また、新しく作成された宇宙船を追跡し始めるようにカメラを設定し、新しく作成された宇宙ステーションに小惑星を投げ始めるように小惑星スポーナーを設定します。

```
// New Gameボタンが押されたときに呼ばれる
public void StartGame() {
```

13.2　ゲームマネージャーとゲームオーバー　　**235**

```
    // In-Game UIを表示する
    ShowUI(inGameUI);

    // 現在はプレイ状態
    gameIsPlaying = true;

    // もし宇宙船が残っていたら破棄しておく
    if (currentShip != null) {
      Destroy(currentShip);
    }

    // 同様に宇宙ステーションもあれば破棄する
    if (currentSpaceStation != null) {
      Destroy(currentSpaceStation);
    }

    // 新しい宇宙船を作成して、開始位置に配置する
    currentShip = Instantiate(shipPrefab);
    currentShip.transform.position
      = shipStartPosition.position;
    currentShip.transform.rotation
      = shipStartPosition.rotation;

    // 同様のことを宇宙ステーションにも行う
    currentSpaceStation = Instantiate(spaceStationPrefab);

    currentSpaceStation.transform.position =
      spaceStationStartPosition.position;

    currentSpaceStation.transform.rotation =
      spaceStationStartPosition.rotation;

    // カメラの追従スクリプトが新しい宇宙船を追従するようにする
    cameraFollow.target = currentShip.transform;

    // 小惑星の生成を開始する
    asteroidSpawner.spawnAsteroids = true;

    // スポーナーがそれらを新しい宇宙ステーションに飛ばすようにする
    asteroidSpawner.target = currentSpaceStation.transform;

  }
```

13.2.5　ゲームを終了する

　GameOverメソッドは、特定のオブジェクトが破壊されたときに、そのオブジェクトによって呼び出され、ゲームを終了します。Game Over UIを表示し、ゲームプレイを止め、現在の宇宙船と宇宙ステーションを破棄します。さらに、小惑星スポーナーを停止し、残りの小惑星もすべて破棄します。基本的には、ゲームの最初の開始状態に戻ります。

```
    // 破壊されたときにゲームを終了するオブジェクトから呼ばれる
```

```
public void GameOver() {
  // Game Over UIを表示する
  ShowUI(gameOverUI);

  // もうプレイ状態ではない
  gameIsPlaying = false;

  // 宇宙船と宇宙ステーションを破棄する
  if (currentShip != null)
    Destroy (currentShip);

  if (currentSpaceStation != null)
    Destroy (currentSpaceStation);

  // 小惑星の生成を止める
  asteroidSpawner.spawnAsteroids = false;

  // ゲームに残っている小惑星を破棄する
  asteroidSpawner.DestroyAllAsteroids();
}
```

13.2.6　ゲームを一時停止する

SetPausedメソッドは、一時停止ボタンまたは再開ボタンがタップされたときに呼び出されます。一時停止用UIの表示を管理し、時間の流れを停止または再開するだけです。

```
// PauseボタンかResumeボタンが押されたときに呼ばれる
public void SetPaused(bool paused) {

  // In-Game UIとPaused UIを切り替える
  inGameUI.SetActive(!paused);
  pausedUI.SetActive(paused);

  // 一時停止状態なら
  if (paused) {
    // 時の流れを止める
    Time.timeScale = 0.0f;
  } else {
    // 時の流れを再開する
    Time.timeScale = 1.0f;
  }
}
```

13.2.7　シーンを設定する

コードを書き上げたので、シーン内にGame Managerを設定できるようになりました。Game Mangerの設定とはつまりシーン内のオブジェクトをスクリプト内の変数に接続することです。

- ［Ship Prefab］は先ほど作成した宇宙船のプレハブでなければなりません。

- ［Ship Start Position］は、シーン内のShip Start Pointオブジェクトでなければなりません。
- ［Space Station Prefab］は、先ほど作成した宇宙ステーションのプレハブでなければなりません。
- ［Space Station Start Position］は、シーン内のStation Start Pointオブジェクトにする必要があります。
- ［Camera Follow］はシーン内のMain Cameraでなければなりません。
- ［In Game UI］［Main Menu UI］［Paused UI］［Game Over UI］は、シーン内の同名のUIオブジェクトである必要があります。
- ［Asteroid Spawner］は、シーン内のAsteroid Spawnerオブジェクトでなければなりません。
- 今は［Warning UI］はそのままにしておきます。これについては次節で扱います。

ここまでの作業が終わると、Game Managerの［Inspector］は図13-6のようになります。

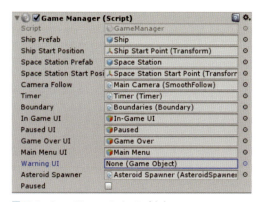

図13-6　Game Mangerのインスペクター

Game Managerが準備できたので、In-Game UIにあるさまざまなボタンをGame Managerに接続する必要があります。

1. **Pauseボタンを接続します**。In-Game UIのPauseボタンを選択し、On Click()イベントの下部にある［+］ボタンを押してください。表示されたスロットにGame Managerをドラッグし、関数をGameManager→SetPausedに変更します。チェックボックスが表示されるので、それにチェックを付けます。これで、Game Managerが持っている`SetPaused`メソッドを呼び出して、真偽値の`true`を渡すようになります。
2. **Unpauseボタンを接続します**。Pausedメニュー内のUnpauseボタンを選択します。Pauseボタンと同じ手順ですが、ひとつだけ異なることがあり、チェックボックスをオフにします。これにより、このボタンは`SetPaused`を真偽値`false`で呼び出します。
3. **New Gameボタンを接続します**。Main Menu内のNew Gameボタンを選択し、On Click()イベントの下部にある［+］ボタンを押してください。Game Managerをスロッ

トにドラッグし、関数をGameManager→StartGameに変更します。

次に、Game Over画面のNew Gameボタンに対してもこれらの手順を繰り返します。

ボタンの設定が完了しました！ ゲームプレイ体験を完成させるために残っている作業はあと少しです。

まず宇宙ステーションが破壊されるとゲームを終了する必要があります。Space StationにはすでにDamageTakingというスクリプトがあります。このスクリプトでGame ManagerのGameOver関数を呼び出さなければなりません。

4. **DamageTaking.cs内に、GameOverの呼び出しを追加します。**ファイルを開き、次のコードを追加します。

```csharp
public class DamageTaking : MonoBehaviour {

    // このオブジェクトが持っているヒットポイント
    public int hitPoints = 10;

    // もし破壊されたら、現在の位置にこれを作成する
    public GameObject destructionPrefab;

    // このオブジェクトが破壊されたらゲームを終えるべきかどうか
    public bool gameOverOnDestroyed = false;

    // 小惑星やショットなどの他のオブジェクトから呼び出されて
    // ダメージを受ける
    public void TakeDamage(int amount) {

        // 衝突したことを伝える出力をする
        Debug.Log(gameObject.name + " damaged!");

        // 受けたダメージをヒットポイントから引く
        hitPoints -= amount;

        // 死亡したなら
        if (hitPoints <= 0) {

            // ログを出力
            Debug.Log(gameObject.name + " destroyed!");

            // ゲームから自身を取り除く
            Destroy(gameObject);

            // destructionPrefabが設定されているなら
            if (destructionPrefab != null) {

                // 現在の位置にこのオブジェクトと同じ回転で作成する
                Instantiate(destructionPrefab,
                        transform.position, transform.rotation);
            }
```

13.2　ゲームマネージャーとゲームオーバー　　239

```
>          // ゲームを終了する必要があるなら Game Manager の
>          // GameOver 関数を呼ぶ
>          if (gameOverOnDestroyed == true) {
>            GameManager.instance.GameOver();
>          }
       }

     }

   }
```

このコードによりオブジェクトはgameOverOnDestroyed変数がtrueにセットされて
いるかどうかをチェックするようになります。trueに設定されていると、Game Managerの
GameOverメソッドが呼び出されて、ゲームが終了します。

また、小惑星にも衝突時にダメージを与える必要があります。そのために、小惑星に
DamageOnCollideスクリプトを追加します。

小惑星にダメージを与えるようにするには、Asteroidプレハブを選択して、
DamageOnCollideコンポーネントを追加します。

次に、小惑星は宇宙ステーションまでの距離を表示する必要があります。この情報は、プ
レイヤーがどの小惑星を早急に対処すべきかを決めるのに役立ちます。Game Manager
に現在の宇宙ステーションの情報を問い合わせ、その情報を小惑星のインジケーターの
showDistanceTo変数に渡すようにAsteroidスクリプトを修正します。

小惑星に距離ラベルを表示させるには、Asteroid.csを開き、次のコードをStart関数
に追加します。

```
public class Asteroid : MonoBehaviour {

  // 小惑星が進むスピード
  public float speed = 10.0f;

  void Start () {
    // リジッドボディの進む方向を設定
    GetComponent<Rigidbody>().velocity
      = transform.forward * speed;

    // 赤いインジケーターを小惑星用に作成
    var indicator =
      IndicatorManager.instance.AddIndicator(
        gameObject, Color.red);

>         // Game manager が管理している、このオブジェクトから
>         // 現在の宇宙ステーションまでの距離を監視する
>         indicator.showDistanceTo =
>           GameManager.instance.currentSpaceStation
>             .transform;
    }

  }
```

このコードは、小惑星から現在の宇宙ステーションまでの距離を示すインジケーターを設定します。プレイヤーはこのインジケーターが示す宇宙ステーションまでの距離を使用して小惑星を優先順位付けすることができます。

完成です！

ゲームをプレイしてみましょう。宇宙船で飛行して小惑星を撃つことができます。あまりにも多くの小惑星が宇宙ステーションにぶつかると宇宙ステーションが破壊されます。自分で宇宙ステーションを撃って破壊することもできます。宇宙ステーションが破壊されるとゲームオーバーです！

13.3　境界

ゲームプレイに最後の重要な要素を追加する必要があります。プレイヤーが宇宙ステーションから遠ざかりすぎた場合に警告を表示しましょう。プレイヤーが遠くに行きすぎた場合に、画面の端に赤い警告枠を表示します。その状態が続くとゲームオーバーです。

13.3.1　UIを作成する

まず、警告用のUIを準備します。

1. **Warningスプライトを追加します**。Warningテクスチャーを選択します。テクスチャーのタイプを［Sprite (2D and UI)］に変更します。

   ここで、スプライトを**分割**する必要があります。そうすることで、画像の角の形を歪ませずに画面全体に伸ばすことができるようになります。

2. **スプライトを分割します**。［Sprite Editor］ボタンを押すと、スプライトが新しいウィンドウに表示されます。ウィンドウの右下にあるパネルで、［Border］のすべての値を127に設定します。これにより、画像の角が伸ばされなくなります（**図13-7**を参照）。

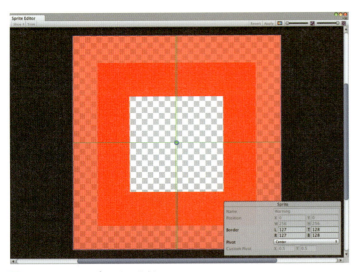

図13-7　Warningスプライトの分割

[Apply] ボタンを押してください。

3. **次に、Warning UIを作成します。** これは単にUI上に表示される画像であり、画面全体
   に広がるように設定します。

   Warning UIを設定するには、空のゲームオブジェクトを新しく作成し、Warning UIと
   いう名前を付けて、Canvasオブジェクトの子にします。

   アンカーを水平・垂直に伸ばし、マージンを0に設定します。これでキャンバス全体
   を覆うようになります。

   Imageコンポーネントを追加します。このImageコンポーネントの [Source Image] を
   先ほど作成したWarningスプライトにして、[Image Type] をSlicedに設定します。画
   像は画面全体に拡大されます。

ここまで終えると、いよいよコードを書いていきます。

13.3.2　境界のコーディング

境界線はプレイヤーには見えません。これはつまり、ゲームを編集している間も見えないと
いうことです。プレイヤーが飛行可能な空間を視覚化したい場合は、Asteroid Spawnerの場合
と同じように、Gizmos機能を使用する必要があります。

注意しなければいけない2つの同心球があります。それらを、**警告境界**と**破壊境界**と呼ぶこ
とにします。これらの球は中心は同じですが、半径が異なります。警告境界の半径は破壊範囲
の球の半径より小さくなります。

- 宇宙船の位置が警告境界内にある場合、問題はなく、警告は表示されません。
- 宇宙船が警告境界の外にいる場合、警告が画面に表示され、すぐ旋回して戻るようプレイ
  ヤーに指示します。
- 宇宙船が破壊境界の外にいる場合、ゲームは終了します。

宇宙船の位置の確認はGama Managerによって行われます。Gama Managerは（これから作
成する）Boundaryオブジェクトに格納されているデータを使用して、宇宙船がいずれかの境界
からはみ出していないかを確認します。

Boundaryオブジェクトを作成し、2つの球体を可視化するコードを追加することから始めま
しょう。

1. **Boundaryオブジェクトを作成します。** Boundaryという名前の空オブジェクトを新し
   く作成します。

   このオブジェクトにBoundary.csという名前の新しいC#スクリプトを追加し、次
   のコードを追加します。

   ```
   public class Boundary : MonoBehaviour {

       // プレイヤーが中心からこの数値だけ離れたらWarning UIを表示する
   ```

242　13章　オーディオ、メニュー、ゲームオーバー、爆発！

```
    public float warningRadius = 400.0f;

    // プレイヤーが中心からこの数値だけ離れたらゲームを終了する
    public float destroyRadius = 450.0f;

    public void OnDrawGizmosSelected() {
        // 警告境界を黄色い球で表示する
        Gizmos.color = Color.yellow;
        Gizmos.DrawWireSphere(transform.position,
            warningRadius);

        // そして、破壊境界を赤い球で表示する
        Gizmos.color = Color.red;
        Gizmos.DrawWireSphere(transform.position,
            destroyRadius);
    }
}
```

Unityエディターに戻ると、2つの球がワイヤフレーム表示されます。黄色の球は警告境界の半径を示し、赤い球は破壊境界の半径を示します（**図13-8**参照）。

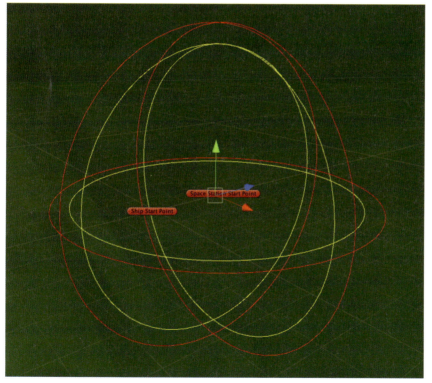

図13-8 境界線

Boundaryスクリプトは実際にはゲーム内の独自ロジックを実行しません。代わりに、GameManagerがそのデータを使用して、プレイヤーが境界半径を超えて飛行しているかどうかを判断します。

境界オブジェクトが作成できたので、これを使用するようにGame Managerを設定する必要があります。

2. 境界用のフィールドをGameManagerスクリプトに追加し、それを使用するようにGameManagerを更新します。GameManager.csに以下のコードを追加してください。

```
public class GameManager : Singleton<GameManager> {

    // 宇宙船用のプレハブと、その開始位置と、現在の宇宙船オブジェクト
    public GameObject shipPrefab;
    public Transform shipStartPosition;
    public GameObject currentShip {get; private set;}

    // 宇宙ステーションのプレハブと、その開始位置と、現在の宇宙ステーションオブジェクト
    public GameObject spaceStationPrefab;
    public Transform spaceStationStartPosition;
    public GameObject currentSpaceStation {get; private set;}

    // Main Cameraに付いているカメラ追従用のスクリプト
    public SmoothFollow cameraFollow;

>   // ゲームエリアの境界
>   public Boundary boundary;

    // いくつかのUIのコンテナー
    public GameObject inGameUI;
    public GameObject pausedUI;
    public GameObject gameOverUI;
    public GameObject mainMenuUI;

>   // 境界に達したときに表示されるWarning UI
>   public GameObject warningUI;

    // ゲームがプレイ状態かどうか
    public bool gameIsPlaying {get; private set;}

    // ゲームのAsteroid Spawner
    public AsteroidSpawner asteroidSpawner;

    // ゲームが一時停止中かどうかを監視しておく
    public bool paused;

    // ゲーム開始時にメインメニューを表示する
    void Start() {
        ShowMainMenu();
```

```
}

// 対象のUIコンテナーを表示して、それ以外は非表示にする
void ShowUI(GameObject newUI) {

    // すべてのUIコンテナーのリストを作成
    GameObject[] allUI
      = {inGameUI, pausedUI, gameOverUI, mainMenuUI};

    // すべて非表示にする
    foreach (GameObject UIToHide in allUI) {
      UIToHide.SetActive(false);
    }

    // そのあと、対象のUIコンテナーのみ表示
    newUI.SetActive(true);
}

public void ShowMainMenu() {
    ShowUI(mainMenuUI);

    // ゲームが起動したときにはまだプレイ状態ではない
    gameIsPlaying = false;

    // 小惑星も生成しない
    asteroidSpawner.spawnAsteroids = false;
}

// New Gameボタンが押されたときに呼ばれる
public void StartGame() {
    // In-Game UIを表示する
    ShowUI(inGameUI);

    // 現在はプレイ状態
    gameIsPlaying = true;

    // もし宇宙船が残っていたら破棄しておく
    if (currentShip != null) {
      Destroy(currentShip);
    }

    // 同様に宇宙ステーションもあれば破棄する
    if (currentSpaceStation != null) {
      Destroy(currentSpaceStation);
    }

    // 新しい宇宙船を作成して、開始位置に配置する
    currentShip = Instantiate(shipPrefab);
    currentShip.transform.position
      = shipStartPosition.position;
    currentShip.transform.rotation
      = shipStartPosition.rotation;
```

13.3 境界 245

```
    // 同様のことを宇宙ステーションにも行う
    currentSpaceStation = Instantiate(spaceStationPrefab);

    currentSpaceStation.transform.position =
      spaceStationStartPosition.position;

    currentSpaceStation.transform.rotation =
      spaceStationStartPosition.rotation;

    // カメラの追従スクリプトが新しい宇宙船を追従するようにする
    cameraFollow.target = currentShip.transform;

    // 小惑星の生成を開始する
    asteroidSpawner.spawnAsteroids = true;

    // スポーナーがそれらを新しい宇宙ステーションに飛ばすようにする
    asteroidSpawner.target = currentSpaceStation.transform;

  }

  // 破壊されたときにゲームを終了するオブジェクトから呼ばれる
  public void GameOver() {
    // Game Over UIを表示する
    ShowUI(gameOverUI);

    // もうプレイ状態ではない
    gameIsPlaying = false;

    // 宇宙船と宇宙ステーションを破棄する
    if (currentShip != null)
      Destroy (currentShip);

    if (currentSpaceStation != null)
      Destroy (currentSpaceStation);

    // もしWarning UIが表示されていたなら非表示にする
    warningUI.SetActive(false);

    // 小惑星の生成を止める
    asteroidSpawner.spawnAsteroids = false;

    // ゲームに残っている小惑星を破棄する
    asteroidSpawner.DestroyAllAsteroids();
  }

  // PauseボタンかResumeボタンが押されたときに呼ばれる
  public void SetPaused(bool paused) {

    // In-Game UIとPaused UIを切り替える
    inGameUI.SetActive(!paused);
    pausedUI.SetActive(paused);

    // 一時停止したら
```

```
        if (paused) {
            // 時の流れを止める
            Time.timeScale = 0.0f;
        } else {
            // 時の流れを再開する
            Time.timeScale = 1.0f;
        }
    }

>   public void Update() {
>
>       // 宇宙船がなければ終了する
>       if (currentShip == null)
>         return;
>
>       // もし宇宙船がBoundaryのdestroyRadiusの外側にあるなら、
>       // ゲームを終了する。もし、宇宙船がdestroyRadiusの内側で、
>       // WarningRadiusの外側ならWarning UIを表示す
>       // る。もし両方の内側なら、Warning UIを表示しない
>
>       float distance =
>         (currentShip.transform.position
>           - boundary.transform.position)
>             .magnitude;
>
>       if (distance > boundary.destroyRadius) {
>           // 宇宙船がdestroyRadiusを超えたのでゲーム終了
>           GameOver();
>       } else if (distance > boundary.warningRadius) {
>           // 宇宙船がwarningRadiusを超えたのでWarning UIを表示
>           warningUI.SetActive(true);
>       } else {
>           // 警告境界を越えてないので、Warning UIを非表示
>           warningUI.SetActive(false);
>       }
>
>   }

    }
```

　この新しいコードでは、先ほど作成したばかりのBoundaryクラスを使用して、プレイヤーが警告境界の半径または破壊境界の半径を超えたかどうかを確認します。毎フレーム、プレイヤーの位置から境界球の中心までの距離が確認されます。警告境界の半径を超えている場合はWarning UIが表示され、破壊境界の半径を超えている場合はゲームが終了します。プレイヤーが警告境界の半径以内にいる場合は問題がないので、Warning UIは非表示になっています。これはつまり、プレイヤーが警告境界の半径外に出て安全圏に戻った場合に、Warning UIは一旦表示されますが、安全圏に戻ったことで消えて警告を止めるということになります。

　次は、スロットを接続するだけです。Game Managerには、先ほど作成したBoundaryオブジェクトへの参照と、Warning UIへの参照が必要です。

13.3　境界　　247

3. 境界用のオブジェクトを使用して、**Game Manager**を設定します。Warning UIを [Warning UI] スロットにドラッグし、Boundaryオブジェクトを [Boundary] スロットにドラッグします。

4. **ゲームを実行します。** 境界線に近づくと警告が表示され、そのまま方向転換しなければゲームオーバーになります！

13.4　最後の仕上げ

　おめでとうございます！ かなり洗練された『Rockfall』の中心的なゲームプレイの準備を終えました。今までのセクションで、宇宙空間を準備し、宇宙船、宇宙ステーション、小惑星、レーザービームを作成しました。またそれらの物理的な挙動を実装し、それらをまとめ合わせるためのさまざまな論理的なコンポーネントをすべて用意しました。さらに、Unityエディターから離れて、アプリとしてゲームを実際にプレイするために必要なUIも作成しました。

　ゲームの中核は完成しましたが、視覚的な改善の余地はまだあります。ゲーム内の視覚要素が非常にまばらであるため、プレイヤーが移動速度を視覚的に感じ取るための基準点がほとんどありません。加えて、宇宙船と小惑星の軌跡をレンダリングすることで、ゲームに少し色を付けます。

13.4.1　スペースダスト

　『Freelancer』や『Independence War』のようなスペースシューターゲームをプレイしたことがあるなら、宇宙船が飛んでいるときに、宇宙塵やスペースデブリなどの小さな物がプレイヤーの横をすれ違うように移動することに気づいたかもしれません。

　ゲームを改善するために、小さな塵（ダスト）を追加して、プレイヤーがそれらの横を通過する際に奥行きや速度を感じ取れるようにします。プレイヤーと一緒に移動するパーティクルシステムを用意し、プレイヤーを囲む球面にDustパーティクルを連続的に作り出すことで、これを実現します。重要なのは、これらのDustパーティクルはプレイヤーの移動に対してついてこないということです。つまりプレイヤーが飛んでいると、前方からDustパーティクルが現れて後方に飛び去るように見えます。これにより、ゲームのスピード感がはるかに向上します。

　Dustパーティクルを作成するには、次の手順を実行します。

1. **Ship プレハブをシーンにドラッグします。** このプレハブにいくつかの変更を加えていきます。

2. **Dust という子オブジェクトを作成します。** 空のゲームオブジェクトを新しく作成し、それをDustと名付け、先ほどドラッグしたShipゲームオブジェクトの子にします。

3. **Particle System コンポーネントを追加します。** 図13-9と同じように設定してください。

図13-9 Dustパーティクルの設定

このパーティクルシステムの重要な部分は、[Simulation Space] が World で、[Shape] が Sphere であるというところです。[Simulation Space] を World に設定すると、パーティクルは親オブジェクト (Ship) とともに移動しなくなります。これは、Ship はそれらとすれ違うように飛ぶことを意味します。

4. プレハブの変更を適用してください。Ship オブジェクトを選択し、[Inspector] の上部にある [Apply] ボタンを押します。これでプレハブへの変更を保存します。まだ宇宙船に行う変更は終わっていないので削除しないでください。

図 13-10 は実際にパーティクルシステムが表示されている様子です。スカイボックスは比較的なめらかな色使いになっているにもかかわらず、星空のような感覚が生み出されていることに注目してください。

図 13-10　Dust パーティクルシステム

13.4.2　トレイルレンダラー

宇宙船のモデルは非常にシンプルですが、特殊効果をいくつか追加することで少しでも豪華な見た目になるのであれば、やらない理由はないでしょう。宇宙船に 2 台のラインレンダラーを追加して、機体の後ろにエンジンがあるような視覚効果を作り出します。

1. トレイルのための新しいマテリアルを作成します。[Assets] メニューを開き、[Create] → [Material] を選択します。新しいマテリアルに Trail と名前を付け、Assets フォルダーに置きます。

2. Trail マテリアルに Additive シェーダーを使用します。Trail マテリアルを選択し、シェーダーを [Mobile] → [Particles] → [Additive] に変更します。これは、単純にその色を背景と加算合成するシンプルなシェーダーです。[Particle Texture] は必要ないので空の

ままにしておきます。

3. 新しい子オブジェクトをShipに追加します。Trail1と名前を付けてください。それを（-0.38, 0, -0.77）に配置します。
4. Trail Rendererコンポーネントを追加します。図13-11の設定を使用するようにしてください。使用しているマテリアルは、作成したばかりの新しいTrailマテリアルです。

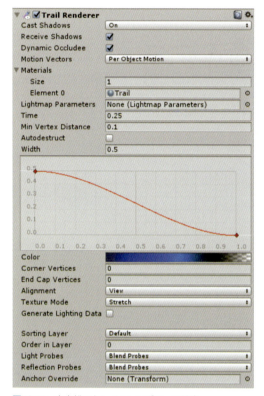

図13-11　宇宙船のトレイルレンダラーの設定

トレイルレンダラーのグラデーションで使用される色は次のとおりです。
- #000B78FF
- #061EF9FF
- #0080FCFF
- #000000FF
- #00000000

色が終端に向かって暗くなっていることがわかります。TrailマテリアルはAdditiveシェーダーを使用しているため、これによってトレイルがフェードアウトするような効果が得られます。

13.4　最後の仕上げ　　251

5. **オブジェクトを複製します**。最初のトレイルを設定したら、[Edit] メニューを開き、[Duplicate] を選択して複製します。この新しい複製したオブジェクトを (0.38, 0, -0.77) に移動します。

この第2のトレイルの位置は、第1のトレイルと同じですが、X成分が反転されています。

6. **プレハブに加えた変更を適用してください**。Shipオブジェクトを選択し、[Inspector] の上部にある [Apply] ボタンを押します。最後に、シーンから宇宙船を削除します。

これをテストする準備が整いました！ 宇宙船を操作すると図13-12に示すように、2本の青い線がその背後に現れます。

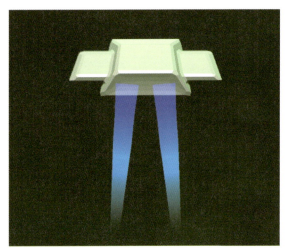

図13-12 宇宙船のエンジントレイル

小惑星にも同様の効果を適用します。ゲーム中の小惑星はかなり暗く、インジケーターがあることでどこにあるのかを把握する助けにはなりますが、もう少し色を加えて見やすくしましょう。改善のため、トレイルレンダラーを追加します。

1. **Asteroidをシーンに追加します**。変更を加えられるように、シーンにAsteroidプレハブをドラッグアウトします。
2. **Trail Renderer コンポーネントをGraphicsの子オブジェクトに追加します**。図13-13の設定を使用してください。

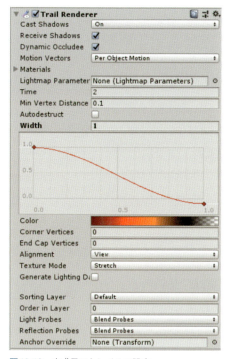

図13-13 小惑星のトレイルの設定

3. Asteroidプレハブに変更を適用し、シーンから削除します。

これで小惑星の後ろに明るい軌跡が現れるようになりました。図13-14で完成されたゲームの実行の様子を見ることができます。

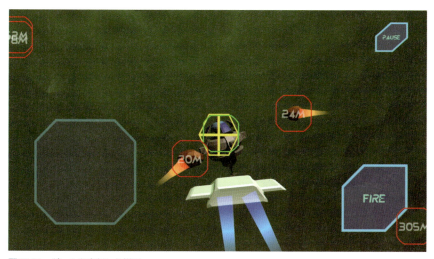

図13-14 ゲームを実行した様子

13.4 最後の仕上げ 253

13.4.3　オーディオ

最後にもうひとつ追加しなければいけない要素があります。それはオーディオです！ 現実の宇宙に音はありませんが、サウンドを追加することによってビデオゲームは大きく改善されます。追加する必要のある音は3つです。宇宙船のエンジンの轟音、レーザーの発射音、小惑星の爆発音です。ひとつずつ順番に追加します。

本書で使用するデータファイルには、パブリックドメインのサウンドエフェクトが含まれており、それらはすべてAudioフォルダーにあります。

13.4.4　宇宙船

まず、宇宙船にループする効果音を加えます。

1. Shipをシーンに追加します。これにいくつかの変更を加えていきます。
2. Audio Sourceコンポーネントを宇宙船に追加します。Audio Sourceは、音を発生させるための手段です。
3. ［Loop］にチェックを付けます。エンジン音はプレイヤーが宇宙船を飛ばしている間、鳴り続けるようにします。
4. ロケットの音を追加します。Engineオーディオクリップを［AudioClip］スロットにドラッグします。
5. プレハブへの変更を保存します。これでおしまいです！

ループ再生するサウンドを追加するのは非常に簡単ですが、このごくわずかな労力で、ゲーム全体が大きく改善されます。

Shipをシーンから削除しないでください。あとでもう少し追加することがあります。

13.4.5　武器の効果音

武器に効果音を加える手順は少し複雑です。レーザーが発射するたびに効果音を出すには、コードで効果音を発生させる必要があります。

まず、2つのレーザー発射位置にAudio Sourceを追加します。

1. Audio Sourceを武器の発射地点に追加します。武器の発射位置を両方選択します。選択された両方の位置に、Audio Sourceを追加します。
2. レーザーの効果音をAudio Sourceに追加します。これが済んだら、レーザーを発射したときだけ効果音が鳴るように［Play on Awake］のチェックを外します。

3. レーザーが発射されたときに効果音を再生するコードを追加します。ShipWeapons.
csに次のコードを追加します。

```csharp
public class ShipWeapons : MonoBehaviour {

    // 各ショットに用いるプレハブ
    public GameObject shotPrefab;

    public void Awake() {
        // このオブジェクトが初期化されるときに、
        // InputManagerに自らを現在の武器オブジェクトとして
        // 使うことを伝える
        InputManager.instance.SetWeapons(this);
    }

    // オブジェクトが破棄されるときに呼ばれる
    public void OnDestroy() {
        // プレイ中でなければ処理を行わない
        if (Application.isPlaying == true) {
            InputManager.instance
                .RemoveWeapons(this);
        }
    }

    // 発射可能な場所のリスト
    public Transform[] firePoints;

    // firePointsの添え字として使って、次の発射位置を参照する
    private int firePointIndex;

    // InputManagerから呼ばれる
    public void Fire() {

        // もし発射位置がなければリターンする
        if (firePoints.Length == 0)
            return;

        // どの位置からショットするか
        var firePointToUse = firePoints[firePointIndex];

        // 発射位置に新しいショットを発射位置の
        // 位置と回転を使って生成
        Instantiate(shotPrefab,
            firePointToUse.position,
            firePointToUse.rotation);

>       // 発射位置がAudio Sourceコンポーネントを持っているなら
>       // その効果音を再生する
>       var audio
>           = firePointToUse.GetComponent<AudioSource>();
>       if (audio) {
>           audio.Play();
>       }
```

13.4 最後の仕上げ　255

```
    // 次のショットを発射する位置に参照を移動
    firePointIndex++;

    // リストの中の最後の発射位置に達したら、最初に戻る
    if (firePointIndex >= firePoints.Length)
      firePointIndex = 0;

  }

}
```

このコードは、発射されるたびにその発射位置にAudio Sourceコンポーネントがあるかどうかを確認します。もしあれば、効果音を再生します。

4. 宇宙船のプレハブへの変更を保存し、シーンから削除します。

これで終わりです。レーザーを発射するたびに効果音が聞こえます！

13.4.6 爆発

最後にもうひとつ追加する効果音があります。爆発したときの音です。これは簡単です。Audio SourceをExplosionオブジェクトに追加し、その生成時に鳴らすようにします。Explosionオブジェクトが現れると、自動的に爆発音が鳴ります。

1. **シーンにExplosionを追加します。**
2. **Audio SourceコンポーネントをExplosionに追加します。**Explosionのオーディオクリップをドラッグし、[Play On Awake]にチェックを付けます。
3. **変更をプレハブに保存し、シーンから削除します。**

これでこのオブジェクトが現れるたびに爆発音が鳴ります！

13.5 まとめ

これですべてが終わりました。おめでとうございます！完成した『Rockfall』が手に入りました。これからどうするかを決めるのはあなたです！

いくつかのアイデアがあります。

新しい武器を追加する

目標を追尾するロケットはどうでしょう？

プレイヤーを攻撃する敵を追加する

小惑星は非常に単純で、宇宙ステーションにまっすぐ向かい、プレイヤーの移動は完全に無視しています。

256　　13章　オーディオ、メニュー、ゲームオーバー、爆発！

宇宙ステーションにダメージを受けたエフェクトを加える

　小惑星が命中したときに、衝突が起きた場所に煙や炎を発生させるパーティクルシステムを追加します。現実の宇宙空間ではそのような挙動にはなりませんが、だからといってゲームに追加することをためらう必要はありません。

第IV部
高度な機能

第IV部では、Unityの特別な機能をいくつか取り上げて詳しく見ていきます。ここで取り上げることは、UIシステムをより詳しく確認することから、エディターを拡張してさらに深くUnityの基盤を掘り下げることまで、多岐にわたります。最後に総括として、全世界に拡がるUnityエコシステムを紹介し、世界中の人にゲームをプレイしてもらうためにはどうすればよいかを説明していきます。

14章
ライティングとシェーダー

　本章では、ライティングとマテリアルを見ていきます。ゲームの外観はどのようなテクスチャーを使用するかによって決まりますが、それに加えて、ライティングとマテリアルも外観を決定する主要な要素となります。特に標準シェーダーについて詳しく見ていくことにします。標準シェーダーとは、見た目の良いマテリアルを簡単に作成できるよう設計されたシェーダーです。次に、独自のシェーダーを作成する方法についても言及します。独自にシェーダーを作成すると、ゲーム内のオブジェクトの見え方をきめ細かく制御することができるようになります。最後に、グローバルイルミネーションとライトマッピングの使い方を説明します。これを使って、シーンの中で光がどのように反射するかを実際にモデリングすることで、見た目の良い環境を作り出すことができます。

14.1　マテリアルとシェーダー

　Unityでは、オブジェクトの見た目はアタッチされたマテリアルで決まります。マテリアルは、シェーダーとそのシェーダーが使用するデータの2つの要素から構成されます。

　シェーダーはグラフィックボード上で動作するとても小さなプログラムです。スクリーン上に表示されるすべてのものは、それぞれのピクセルに描画する色をシェーダーが計算した結果です。

　Unityには、主に2種類のシェーダーがあります。**サーフェースシェーダー**と**バーテックスフラグメントシェーダー**です。

　サーフェースシェーダーは、オブジェクトのサーフェースの色を計算するものです。「14.1マテリアルとシェーダー」ですでに触れたように、アルベドや滑らかさなどの複数のコンポーネントがサーフェースの色を定義します。サーフェースシェーダーの役割は、これらのプロパティーからオブジェクトの各ピクセルの値を計算することです。このサーフェースに関する情報はUnityに戻され、シーン中の各ライトの情報と組み合わせて各ピクセルの最終的な色が決まります。

　それに対し、バーテックスフラグメントシェーダーはとてもシンプルです。このシェーダーの役割は、ピクセルの最終的な色を計算することです。つまりシェーダーがライティングの情報を必要とする場合は、独力で計算しなければなりません。バーテックスフラグメントシェー

ダーは低レベルの制御ができます。つまりエフェクトに適しています。一般的にバーテックスフラグメントシェーダーはサーフェースシェーダーよりもシンプルで、はるかに高速です。

実際には、サーフェースシェーダーはUnityによってバーテックスフラグメントシェーダーにコンパイルされます。これにより現実感のあるライティングを実現する上で必要な計算が実装され、とても大変で手間がかかる作業の大部分を肩代わりしてくれます。サーフェースシェーダーでできることはすべてバーテックスフラグメントシェーダーでもできますが、よりたくさんの労力が必要になります。

非常に特殊なユースケースでないかぎり、一般的にはサーフェースシェーダーを使うのがベストです。本章では両方を見ていくことにします。

Unityは**固定機能シェーダー**という第3のシェーダーも提供しています。固定機能シェーダーは、独自のカスタムシェーダーを作成するのではなく、あらかじめ用意された操作を組み合わせて動作するものです。カスタムシェーダーが普及するまでは固定機能シェーダーが主な方法でした。固定機能シェーダーはカスタムシェーダーに比べると単純ですが、あまり見た目が良くないため現時点では推奨されていません。本章では固定機能シェーダーについて触れませんが、詳細を知りたい場合はUnityの公式ドキュメントに固定機能シェーダーを作成するチュートリアル (http://docs.unity3d.com/Manual/ShaderTut1.html) があります。

それでは標準のシェーダーとよく似た独自のカスタムシェーダーを作るところから始めましょう。まず、リムライトを表示する機能を追加しています。リムライトとは、オブジェクトの輪郭を照らすものです。このエフェクトの例を図14-1に示します。

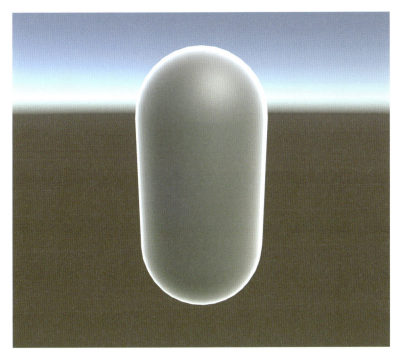

図14-1 カスタムシェーダーを用いたリムライト

このエフェクトを作成する手順を示します。

1. 新規プロジェクトを作成します。好きな名前を付けて、3Dモードを選択してください。
2. [Create] → [Shader] → [Standard Surface Shader] を選択して新しくシェーダーを作成します。このシェーダーの名前をSimpleSurfaceShaderにします。
3. このシェーダーをダブルクリックします。
4. コードを次のように書き換えます。

```
Shader "Custom/SimpleSurfaceShader" {

    Properties {
        // オブジェクトの色
        _Color ("Color", Color) = (0.5,0.5,0.5,1)

        // オブジェクトを覆うテクスチャー、デフォルトを白に
        _MainTex ("Albedo (RGB)", 2D) = "white" {}

        // サーフェースの滑らかさを指定
        _Smoothness ("Smoothness", Range(0,1)) = 0.5

        // サーフェースの金属度合いを指定
        _Metallic ("Metallic", Range(0,1)) = 0.0

    }
```

```
SubShader {
    Tags { "RenderType"="Opaque" }
    LOD 200

    CGPROGRAM
        // 物理ベースの標準ライティングモデルを使って、
        // すべてのライトタイプでシャドウを有効にする
        #pragma surface surf Standard fullforwardshadows

        // シェーダーモデル3.0をターゲットとして使用し、より見た目の良いライトにする
        #pragma target 3.0

        // 以下の"uniform"変数は、すべてのピクセルに同じ値が使われる

        // アルベドに使用するテクスチャー
        sampler2D _MainTex;

        // アルベドの色
        fixed4 _Color;

        // 滑らかさおよび金属度合いのプロパティー
        half _Smoothness;
        half _Metallic;

        // Input構造体がピクセルごとに異なる値を格納する
        struct Input {
            // このピクセルのテクスチャー座標
            float2 uv_MainTex;

        };

        // サーフェースのプロパティーを計算する単一の関数
        void surf (Input IN,
          inout SurfaceOutputStandard o) {

            // 上記の変数INに格納された値を使用して計算された
            // 値がoに格納される

            // テクスチャーの色から求めたアルベド
            fixed4 c =
              tex2D (_MainTex, IN.uv_MainTex) * _Color;
            o.Albedo = c.rgb;

            // スライダーに設定された金属度合いや滑らかさの変数
            o.Metallic = _Metallic;
            o.Smoothness = _Smoothness;

            // 使用しているテクスチャーのアルベドのアルファ値
            o.Alpha = c.a;

        }
    ENDCG
}
```

264　14章　ライティングとシェーダー

```
        // もしこのシェーダーを実行しているコンピューターがシェーダーモデル 3.0 で
        // の実行をサポートしていない場合は、組み込みの「Diffuse」シェーダー
        // が使われる。このシェーダーは見た目が良くないが、動作が保証されている
        FallBack "Diffuse"
}
```

5. 新しくマテリアルを作成し、名前をSimpleSurfaceにします。
6. このマテリアルを選択し、[Inspector]ウィンドウの上部にある[Shader]プルダウンメニューを開き、[Custom] → [SimpleSurfaceShader]を選びます。

このサーフェースシェーダーを設定すると図14-2のように[Inspector]ウィンドウにプロパティーが表示されます。

図14-2　カスタムシェーダーを設定した[Inspector]ウィンドウ

7. [GameObject] → [3D Object] → [Capsule]を選択し、新しくカプセルを作成します。
8. このカプセルに`SimpleSurface`マテリアルをドラッグ＆ドロップすると、図14-3のようにこのカプセルが新しいマテリアルを使用するようになります。

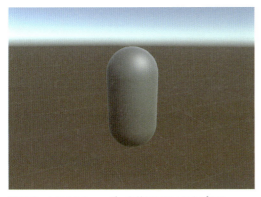

図14-3　カスタムシェーダーを使用しているカプセル

現時点のオブジェクトは標準のシェーダーにとてもよく似ています。それではリムライトを追加しましょう！

リムライトの計算には、次の3つの要素が必要です。

- ライトの色
- リムの厚さ
- カメラが指す方向とサーフェスが指す方向との間の角度

サーフェスが指す方向のことをサーフェスの**法線**と呼びます。我々が書くコードの中でもこの用語を用います。

最初の2つの項目は**uniform変数**であり、これらの値はオブジェクトのすべてのピクセルに適用されます。3つ目の項目は**varying変数**であり、どこを見ているかによって値が異なります。つまり、カメラの方向とサーフェスの法線との間の角度は、円柱の中央を見ているのか、それとも縁を見ているのかによって変わります。

varying変数はグラフィックカードによって実行時に計算され、サーフェスシェーダーが使用します。その一方でuniform変数はマテリアルのプロパティーとして公開され、[Inspector]ウィンドウを介して変更することができます。したがって、リムライトのサポートを追加するには、まず初めに2つのuniform変数をシェーダーに追加する必要があります。

1. シェーダーのPropertiesセクションを、次のコードのように修正します。

```
Properties {
    // オブジェクトの色
    _Color ("Color", Color) = (0.5,0.5,0.5,1)

    // オブジェクトを覆うテクスチャー、デフォルトを白に
    _MainTex ("Albedo (RGB)", 2D) = "white" {}

    // サーフェスの滑らかさを指定
    _Smoothness ("Smoothness", Range(0,1)) = 0.5

    // サーフェスの金属度合いを指定
    _Metallic ("Metallic", Range(0,1)) = 0.0
>   // リムライトの色
>   _RimColor ("Rim Color", Color) = (1.0,1.0,1.0,0.0)
>
>   // リムライトの厚さ
>   _RimPower ("Rim Power", Range(0.5,8.0)) = 2.0
}
```

このコードは、このシェーダーの[Inspector]ウィンドウに2つの新たなフィールドを表示します。シェーダーのコードでもこれらのプロパティーを利用できるようにして、surf関数が扱えるようにしなければなりません。

2. シェーダーに次のコードを追加します。

```
    // 滑らかさおよび金属度合いのプロパティー
```

```
        half _Smoothness;
        half _Metallic;

>       // リムライトの色
>       float4 _RimColor;
>
>       // リムライトの厚さ。ゼロに近づくほど厚くなる
>       float _RimPower;
```

次に、カメラが見ている方向をシェーダーが取得できるようにする必要があります。シェーダーが使用するvarying変数の値はすべて、Input構造体の中に含まれており、この中にカメラの方向を追加する必要があります。

Input構造体にはさまざまなフィールドを追加することができます。Unityはこれらのフィールドに関連する情報を自動的に設定します。仮にviewDirという名前でfloat3型の変数を追加すると、Unityはカメラの見ている方向をこの変数に設定します。

Unityが自動的に情報を設定する変数はviewDirだけではありません。Unityのサーフェースシェーダーのドキュメント（http://docs.unity3d.com/Manual/SL-SurfaceShaders.html）ですべて確認できます。

3. Input構造体に次のコードを追加します。

```
    struct Input {
        // このピクセルのテクスチャー座標
        float2 uv_MainTex;

>       // カメラがこの頂点を見ている角度
>       float3 viewDir;
    };
```

図14-4のように、このマテリアルの［Inspector］ウィンドウに新たなフィールドが追加されていることがわかります。

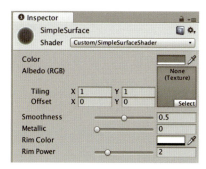

図14-4　新たにフィールドが追加された［Inspector］ウィンドウ

これでリムライトの計算に必要なすべての情報が揃いました。最後の手順は実際に計算して

サーフェスの情報に追加することです。

4. surf関数に次のコードを追加します。

```
// サーフェスのプロパティーを計算する単一の関数
void surf (Input IN, inout SurfaceOutputStandard o) {

    // 上記の変数INに格納された値を使用して計算された
    // 値がoに格納される

    // テクスチャーの色から求めたアルベド
    fixed4 c = tex2D (_MainTex, IN.uv_MainTex) * _Color;
    o.Albedo = c.rgb;

    // スライダーに設定された金属度合いや滑らかさの変数
    o.Metallic = _Metallic;
    o.Smoothness = _Smoothness;

    // 使用しているテクスチャーのアルベドのアルファ値
    o.Alpha = c.a;

>   // このピクセルのリムライトの明るさを計算
>   half rim =
>     1.0 - saturate(dot (normalize(IN.viewDir), o.Normal));
>
>   // この明るさを用いてリムの色を計算し、
>   // Emission[1]に利用
>   o.Emission = _RimColor.rgb * pow (rim, _RimPower);

}
```

5. このシェーダーを保存しUnityに戻ります。そうするとカプセルにリムライトが当たっています！ 図14-5のような結果になっていることがわかります。

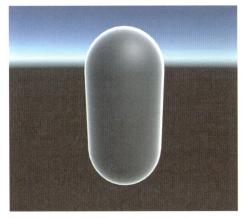

図14-5 リムライトが当たっているカプセル

＊1 訳注：放出される光の色と強度。

このマテリアルのプロパティーを介してリムライトを調整することもできます。Rim Color を変更してリムライトの明るさや色を変更してみましょう。また、Rim Power の設定でリムの厚さも調整できます。

シーン中のライトに対して従来のシェーディングシステムに基づいて反応するサーフェースを作りたいときには、サーフェースシェーダーが最適です。しかし、ライティングを気にせずにサーフェースの外観をきめ細かく制御したいケースもあります。このような場合は完全に独自のフラグメントバーテックスシェーダーを作成します。

14.1.1 バーテックスフラグメント（Unlit、ライティングを考慮しない）シェーダー

バーテックスフラグメントシェーダーは、実際には**バーテックスシェーダー**と**フラグメントシェーダー**の2つのシェーダーから構成されます。これら2つはサーフェースの外観の描画を制御する別々の機能です。

バーテックスシェーダーの機能は、描画の前準備として各バーテックス、つまりオブジェクト空間の各点をワールド空間からビュー空間に変換することです。ワールド空間とは、Unityエディターで見ることができる世界のことです。空間上にオブジェクトが配置され、その中を自由に動き回ることができます。しかしながら、Unityがカメラを使ってシーンを描画する際には、シーン中のすべてのオブジェクトの位置を最初にビュー空間に変換しなければなりません。ビュー空間とは、カメラが世界の中央にくるように世界全体やその中のすべてのオブジェクトが再配置された空間です。加えて、ビュー空間では、カメラから離れた場所にあるオブジェクトがより小さく見えるよう世界全体が再構成されます。バーテックスシェーダーは、フラグメントシェーダーに渡す varying 変数の値の計算も行います。

自分でバーテックスシェーダーを書く必要はほとんどありませんが、それが役に立つ局面もあります。例えば、オブジェクトの形状を歪ませたいときに、それぞれの頂点を変更するバーテックスシェーダーを書くことができます。

もう一方の**フラグメントシェーダー**は、オブジェクトの各フラグメント（ピクセル）の最終的な色を計算する役割があります。フラグメントシェーダーはバーテックスシェーダーが計算した varying 変数の値を受け取ります。この値は、最も近い頂点に描画されるフラグメントとの近接度合いに基づいて**補間**または合成されます。

フラグメントシェーダーはオブジェクトの最終的な色を完全に制御します。そのため、近くにあるライトの影響を計算する責務はシェーダー自身にゆだねられます。もしシェーダーが自分でこの計算をしなければ、サーフェースに光が当たることはないでしょう。

このような理由から、サーフェースに光を当てたいときにはサーフェースシェーダーを使うことをお勧めします。光の計算は複雑になることがありますが、サーフェースシェーダーではこのことを考える必要がないため、とても簡単です。

実際には、サーフェースシェーダーはフラグメントバーテックスシェーダーです。Unityは、サーフェースシェーダーをより低レベルなフラグメントバーテックスシェーダーのコードに変換し、これに光の計算を追加します。

　サーフェースシェーダーの欠点は、一般的な用途向けに設計されており、ハードコードしたシェーダーよりも効率が良くないことです。

　フラグメントバーテックスシェーダーがどのように動作するかを見るために、単一のフラットカラーでオブジェクトを描画するシンプルなシェーダーを作成します。それから、画面上のオブジェクトの位置に応じてグラデーションを描画するように変更していきます。

1. ［Assets］メニューを開き、［Create］→［Shader］→［Unlit Shader］を選択して新しいシェーダーを作成します。このシェーダーの名前はSimpleUnlitShaderとしてください。
2. ダブルクリックして開きます。
3. このファイルの中身を次のコードで置き換えます。

```
Shader "Custom/SimpleUnlitShader"
{
    Properties
    {
        _Color ("Color", Color) = (1.0,1.0,1.0,1)

    }
    SubShader
    {
        Tags { "RenderType"="Opaque" }
        LOD 100

        Pass
        {
            CGPROGRAM
            // このシェーダーで利用する関数の定義

            // バーテックスシェーダーとして利用するvert関数
            #pragma vertex vert

            // フラグメントシェーダーとして利用するfrag関数
            #pragma fragment frag

            // Unityの便利なユーティリティのインクルード
            #include "UnityCG.cginc"

            float4 _Color;

            // バーテックスシェーダーに提供する各頂点の構造体
            struct appdata
            {
```

```
                    // ワールド空間における頂点の位置
                    float4 vertex : POSITION;

                };

                // フラグメントシェーダーに提供する各フラグメントの構造体
                struct v2f
                {
                    // スクリーン空間におけるフラグメントの位置
                    float4 vertex : SV_POSITION;
                };

                // 与えられた頂点を変換
                v2f vert (appdata v)
                {
                    v2f o;

                    // Unity(UnityCG.cginc)が提供する行列と乗算することで
                    // ワールド空間からビュー空間に頂点を変換する
                    o.vertex = UnityObjectToClipPos(v.vertex);

                    // 戻り値を返し、フラグメントシェーダーに渡す
                    return o;
                }

                // 隣接した頂点の補間情報が与えられ、最終的な色を返す
                fixed4 frag (v2f i) : SV_Target
                {
                    fixed4 col;

                    // 与えられた色で描画する
                    col = _Color;

                    return col;
                }
                ENDCG
            }
        }
    }
```

4. ［Assets］メニューを開き、［Create］→［Material］を選択して新たなマテリアルを作成
   します。このマテリアルの名前はSimpleShaderとしてください。

5. このマテリアルを選択し、［Shader］プルダウンメニューを［Custom］→
   ［SimpleUnlitShader］に変更します。

6. ［GameObject］メニューを開き、［3D Object］→［Sphere］を選択して新しく球体を作
   成します。それから、SimpleShaderマテリアルをこの球体の上にドラッグ＆ドロップ
   します。

これで球体に単一の色が付きました。**図14-6**のようになることがわかります。

14.1　マテリアルとシェーダー　　271

図14-6 単一色で描画された球体

 Unityには、単一の色でオブジェクトをフラットシェーディングする共通タスク（いま作成したシェーダーととてもよく似たもの）がバンドルされています。Shaderメニューの [Unlit] → [Color] を選択して使うことができます。

次に、このシェーダーが動的にアニメーションするように実装します。スクリプトを書く必要はなく、その代わりにグラフィックシェーダーの内部ですべてのアニメーションが実行されます。

1. frag関数に次のコードを追加します。

    ```
    fixed4 frag (v2f i) : SV_Target
    {
        fixed4 col;

        // 与えられた色で描画する
        col = _Color;

    >   // 開始時の黒から徐々に_Colorの色に変化する
    >   col *= abs(_SinTime[3]);

        return col;
    }
    ```

2. Unityに戻ると、オブジェクトの色が黒になっていることがわかりますが、これは狙いどおりです。

3. プレイボタンを押すと、図14-7の例のようにオブジェクトがフェードイン・フェードアウトする様子を見ることができます。

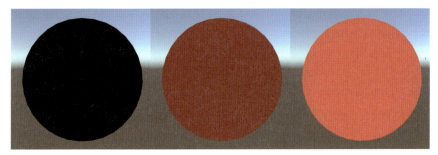

図14-7 フェードイン・フェードアウトするオブジェクト

　ここではバーテックスフラグメントシェーダーがオブジェクトの外観を細かく制御できることを確認しました。すべてを詳しく説明しているとそれだけで一冊の本ができてしまうので、シェーダーの使い方をより深く知りたい場合は、Unityの公式ドキュメント（http://docs.unity3d.com/Manual/SL-Reference.html）を参照してください。

14.2　グローバルイルミネーション

　オブジェクトに光が当たっているとき、そのオブジェクトの描画を担当するシェーダーは、複雑な計算をいくつか行ってオブジェクトが受けている光の量を決定し、それを使ってカメラに映るオブジェクトの色を計算する必要があります。通常は問題になりませんが、中には実行時に計算するのがとても難しいことがあります。

　例えば、直射日光に照らされた白い平面の上に球体が置かれているとしましょう。光は地面で反射しますので、球体には下から光が当たるはずです。しかし、シェーダーは太陽の向きしかわかりませんので、結果としてこの反射光は表示されないことになります。もちろんこれを計算することは不可能ではありませんが、毎フレーム計算しなければならないためとても難しい問題になることは容易に想像できるでしょう。

　より良い解決方法は**グローバルイルミネーション**と**ライトマッピング**を使用することです。グローバルイルミネーションとは、オブジェクトに対する光の反射の仕方まで考慮に入れた上でシーン中のすべてのサーフェスが受ける光の量を計算するさまざまな関連技術に名前を付けたものです。

　グローバルイルミネーションは非常に現実感のあるライティングをもたらしますが、プロセッサへの負担も非常に大きいため、Unityエディターを使って事前にライティングの計算を済ませておくことができます。この結果は、**lightmap**に保存されており、この中にはシーン内のすべてのサーフェスのすべての部分が最終的に受ける光の量が記録されています。

　事前にグローバルイルミネーションの計算を行うには、そのオブジェクトが決して移動しないことが保証されていなければなりません（オブジェクトが移動するとシーン中の光の振る舞いが変化するためです）。ゲーム内を移動するオブジェクトはグローバルイルミネーションを直接使うことができませんので、その代わりに別の解決策が必要です。これについては後ほど

説明します。

　ライトマッピングを使用すると、シーン内で現実感のあるライティングを行う際のパフォーマンスが劇的に向上します。これは、事前にライティングの計算が行われ、それがテクスチャーに格納されているためです。しかし、ライトマップを使用する場合はレンダラーがこれらのテクスチャーを使用できるようにメモリにロードしておかなければなりません。このことはすでにシーンが複雑な場合や、すでに多数のテクスチャーを使用している場合に問題になります。ライトマップの解像度を低下させることでこの問題を緩和できますが、ライティングの見た目の品質も低下させてしまいます。

　このことを心に留めた上で、シーンを作成してグローバルイルミネーションの使い方に触れてみましょう。まず初めに、色の異なるマテリアルをいくつか作成し、シーンの中で光がどのように反射するかを見てみることにします。それからグローバルイルミネーションの仕組みを適用したいくつかのオブジェクトを作成していきます。

1. Unityで新しいシーンを作成します。
2. 新たにGreenという名前のマテリアルを作成します。シェーダーはStandardのままにしておき、Albedoの色を緑に変更します。このマテリアルの[Inspector]ウィンドウの設定は図14-8のようになります。

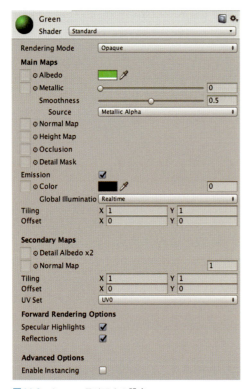

図14-8　Greenマテリアルの設定

274　14章　ライティングとシェーダー

次に、この世界の中にオブジェクトを作成しましょう。

3. ［GameObject］メニューを開き、［3D Object］→［Cube］を選択して立方体を作成します。この立方体の名前をfloorとし、［Position］を0,0,0に、［Scale］を10,1,10に設定します。
4. もうひとつ立方体を作成し、名前をWall 1とします。［Position］を-1,3,0に、［Rotation］を0,45,0に設定し、加えて［Scale］を1,5,4に設定します。
5. 3つ目の立方体を作成し、名前をWall 2とします。［Position］を2,3,0、［Rotation］を0,45,0、加えて［Scale］を1,5,4にしてください。
6. GreenマテリアルをWall 1の上にドラッグ＆ドロップします。

シーンは図14-9のようになっているはずです。

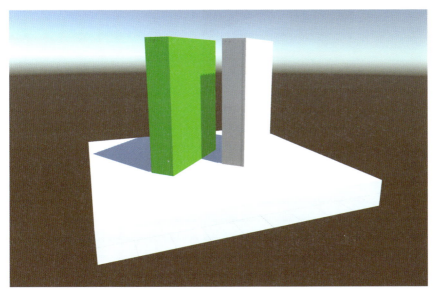

図14-9　ライトマッピング未適用のシーン

それでは、Unityでライティングを計算するようにしましょう。

7. 3つのオブジェクト（フロアと2つの壁）をすべて選択し、［Inspector］ウィンドウの右上にあるStaticチェックボックスをチェックします（図14-10）。

図14-10　オブジェクトをstaticに設定

14.2　グローバルイルミネーション　275

シーン中のオブジェクトをstaticに設定すると、Unityが即座にライティングの情報を計算し始めます。しばらくするとライティングが僅かに変化します。わかりやすい最も大きな違いは、緑の壁に反射した光が白い壁の背面に当たっている点です。図14-11と図14-12を見比べてください。

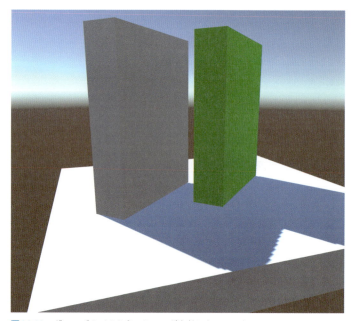

図14-11　グローバルイルミネーションが有効になっていないシーン

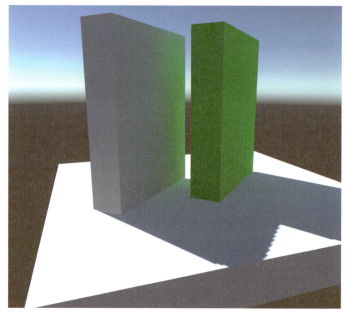

図14-12　グローバルイルミネーションを有効にしたシーン。壁の背面に緑が反射している

こうすることで、リアルタイムにグローバルイルミネーションを使用したライティングができるようになります。うまくいっているように見えますが、事前に実行されているのはライティングの計算の一部だけであるため、パフォーマンスに大きな悪影響を与える原因となります。よりたくさんのメモリが必要になりますが、ライティングをライトマップに**焼き付けておく**ことで、パフォーマンスを向上させることができます。

8. Directional Lightを選択し、Modeの設定をBakedに変更します。

しばらくするとライティングが計算され、ライトマップにその結果が保存されます。

グローバルイルミネーションはstaticなオブジェクトには適していますが、staticでないオブジェクトには効果がありません。これを改善するにはライトプローブを使います。

14.2.1　ライトプローブ

ライトプローブはあらゆる方向からやって来る光を捉えてそれを記録する目に見えないオブジェクトです。近くにあるstaticでないオブジェクトは自分自身を光らせる際にこのライトプローブオブジェクトのライティングの情報を活用することができます。

ライトプローブは単体では動作しません。代わりにグループとして作成します。実行時に、ライティングの情報を必要とするオブジェクトは、オブジェクトとプローブ間の距離に基づいて、最も近くにあるプローブを組み合わせます。例えば、これによりオブジェクトが光を反射する面に近づくにつれて、よりたくさんの光を反射するようになります。

シーンにstaticでないオブジェクトを追加してからライトプローブを追加し、ライティングにどのような影響があるかを見ていくことにしましょう。

1. ［GameObject］→［3D Object］→［Capsule］を選択して新たなカプセルをシーンに追加します。このカプセルを緑の壁の近くに置いてください。

壁が反射する緑の光をカプセルがまったく捉えていないことがわかります。実際には、空からの光が壁に向かっているので、壁の方向にたくさんの光が当たっています。この光は壁によって遮られているはずです。**図14-13**はこの様子を示したものです。

2. ［GameObject］メニューを開き、［Light］→［Light Probe Group］を選択してライトプローブを追加します。

複数の球体の集まりが表示されます。それぞれの球体が単一の光プローブを表し、空間上のそのポイントで受けている光を示します。

3. プローブの位置を動かしてシーンの中に埋まってしまわないように、つまり空間に浮かべてフロアや壁の中に嵌りこまないようにします。

14.2　グローバルイルミネーション　277

［Inspector］ウィンドウの ［Light Probe Group］を選択し ［Edit Light Probes］ をクリックすると、ライトプローブのグループ内のそれぞれのプローブの位置を調整（個々のプローブの選択や移動）することができます。

これで、カプセルが壁が反射した緑の光を捉えるようになりました。**図14-13** と **図14-14** を見比べてください。

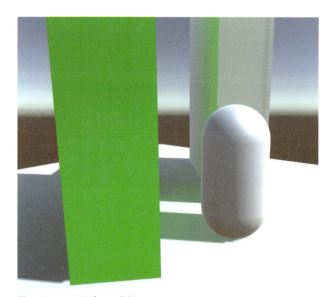

図14-13　ライトプローブがないシーン

図14-14　ライトプローブがあるシーン。カプセルに緑の光が反射している点に注目

プローブの数が多くなればなるほど、ライティングの計算が長くかかるようになります。さらに、エリアの境界のようにライティングに急激な変化がある場所では、その近くにプローブをより密に配置して、オブジェクトがその場所に合った見た目になるように気をつける必要があります。

14.3　パフォーマンスについて

　本章の作業を締めくくる前に、よい機会なのでUnityに組み込まれているパフォーマンスツールの話をしましょう。ゲームで使用する光の設定は、ユーザーのデバイスのパフォーマンスに大きな影響を及ぼす可能性があります。加えて、オブジェクトをstaticにしてグローバルイルミネーションやライトマップを使用できるようにすることもパフォーマンスに影響を与えます。

　ただし、グラフィックスだけでゲームのパフォーマンスが決まるわけではありません。例えば、スクリプトがCPUを消費する時間は大きな影響を及ぼします。

　ありがたいことに、Unityには作業の生産性を向上させるさまざまなツールや機能が付属しています。

14.3.1　プロファイラー

　プロファイラーは、実行中のゲームに関するデータを記録するツールです。フレームごとにさまざまな場所から、次のような情報を収集します。

- すべてのフレームで呼び出されるスクリプトメソッドとそれらの呼び出しにかかる時間
- フレームの描画に必要な「draw呼び出し」、つまりグラフィックチップへの描画に関する作業の指示の回数
- スクリプトとグラフィックスの両方でゲームが消費するメモリの量
- オーディオの再生にかかるCPUの時間
- 有効な物理ボディの数、およびフレーム内で処理が必要な物理的なコリジョンの数
- ネットワークを介して送受信されるデータの量

　プロファイラーは上下二分割されており、上半分はさらにデータレコーダーごとに複数の行に分割されています。プロファイラーの画面を図14-15に示します。ゲームを実行するとそれぞれのデータレコーダーが情報を蓄積します。下半分の領域には、現在選択中のレコーダーが各フレームで監視している詳細な情報が表示されます。

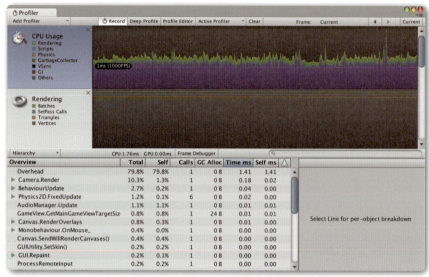

図14-15 プロファイラー

本書で示している結果と、読者の方のゲームでの結果は必ずしも細部まで一致するとはかぎりません。これは、Unityを使用しているコンピューターやゲームのテストに使っているモバイルデバイスの両方のハードウェア、および使用しているUnityのバージョンなどに依存します。Unity Technologies社はシーンの舞台裏にあるエンジンを常に変更し続けているので、結果が異なったとしてもおかしくありません。

つまり、ゲームのパフォーマンスに関するデータを収集する手順は同じであり、どのようなゲームにもその方法を使うことが可能です。

1. ［Window］メニューを開き［Profiler］を選択するとプロファイラーが開きます。別の方法として、Ctrl＋7（Macではcommand＋7）を押してプロファイラーを表示させることもできます。

プロファイラーの使用を開始するには、ゲームを実行する間はプロファイラーを開いた状態にしておく必要があります。

2. プレイボタンを押すか、Ctrl＋P（Macではcommand＋P）を押してゲームを開始します。

プロファイラーが情報の蓄積を開始します。実行中でないほうがずっと簡単にゲームを解析できますので、以降の作業を続ける前にゲームを止めておきます。

3. しばらくしてからゲームを停止、または一時停止します。プロファイラーのデータは失われずに残ったままです。

これでプロファイラーが情報の蓄積を完了しましたので、個々のフレームの情報を詳しく見ていくことができます。

4. プロファイラーの一番上の行をマウスでクリックしてそのままドラッグします。垂直の線が表示され、操作に合わせてプロファイラーの下半分に選択したフレームに関するデータが表示されるようになります。

異なるレコーダーは表示する情報も異なります。CPUレコーダーの場合、デフォルトでは階層表示されており、そのフレームで呼び出されたすべてのメソッドが各メソッドの呼び出し時間でソートされてリスト表示されます（**図14-16**）。また、各行の左側にある三角形をクリックして開くことで、その行のメソッドから呼び出したメソッドに関する情報を表示することもできます。

Overview	Total	Self	Calls	GC Alloc	Time ms	Self ms
WaitForTargetFPS	67.1%	67.1%	1	0 B	2.72	2.72
Overhead	24.4%	24.4%	1	0 B	0.99	0.99
▶ Camera.Render	4.3%	0.4%	1	0 B	0.17	0.02
▶ BehaviourUpdate	1.0%	0.1%	1	0 B	0.04	0.00
Profiler.FinalizeAndSendFrame	0.4%	0.4%	1	0 B	0.01	0.01
GameView.GetMainGameViewTargetSiz	0.4%	0.4%	1	24 B	0.01	0.01
▶ Canvas.RenderOverlays	0.3%	0.1%	1	0 B	0.01	0.00
AudioManager.Update	0.2%	0.2%	1	0 B	0.01	0.01
▶ Monobehaviour.OnMouse_	0.1%	0.0%	1	0 B	0.00	0.00
Canvas.SendWillRenderCanvases()	0.1%	0.1%	1	0 B	0.00	0.00
GUIUtility.SetSkin()	0.1%	0.1%	1	0 B	0.00	0.00
▶ Physics2D.FixedUpdate	0.1%	0.0%	1	0 B	0.00	0.00

図14-16 CPUプロファイラーの階層型の表示

ここではCPUプロファイラーに焦点を当てて詳しく説明していきます。なぜなら、これを理解することにより、ゲームの中で発生しうるパフォーマンスに関する問題の多くを特定して修正することに役立つからです。

各行のそれぞれのカラムは次のような情報を表示します。

Total

このカラムは、メソッドの呼び出しに要した時間をパーセントで表示します。結果的にメソッドはフレームを描画するときに呼び出されます。

例えば、**図14-16**の`Camera.Render`メソッド（Unityエンジンの内部的なメソッド）の呼び出しに要する時間は、このフレーム全体の描画に要する時間のうちの4.3%を占めています。

Self

このカラムは、メソッド呼び出しにおいて、フレームの描画時にこのメソッド**のみ**が要した時間をパーセントで表示します。これは、このメソッドが多くの時間を使っている原因なのか、それともこのメソッドから呼び出した他のメソッドに原因があるのかを特定す

るのに役に立ちます。Selfの値がTotalの値とあまり差がない場合、このメソッドが呼び出す他のメソッドではなく、このメソッド自体の処理に時間がかかっていることを示します。

図14-16 ではCamera.Renderはフレームが必要とする時間の0.4%しか要していないことがわかります。これは、このメソッド自体はかなり軽く、このメソッドが呼び出す他のメソッドに多くの時間がかかっていることを示しています。

Calls

このカラムは、当フレームでこのメソッドが呼び出された回数を示します。

図14-16 ではCamera.Renderが1回しか呼び出されていない（おそらくシーン中にはカメラが1台しかない）ことがわかります。

GC Alloc

このカラムは、このメソッドがこのフレーム中に必要としたメモリの確保量を示します。メモリが頻繁に確保されると、やがてガベージコレクタが実行される可能性が高くなり、ラグが発生する原因になります。

図14-16 では、GameView.GetMainGameViewTargetSizeの呼び出しで24バイトが確保されていることがわかります。これは少なく感じるかもしれませんが、ゲームはできるかぎりたくさんのフレームを描画しようとしていることを忘れないでください。時間が経過すると、たとえ少量のメモリであっても毎フレーム確保されることでガベージコレクタを動作させてクリーンアップしなければならない必要性が高まり、ゲームのパフォーマンスに悪影響を及ぼします。

Time ms

このカラムは、このメソッドおよびこのメソッドから呼び出されるすべてのメソッドの呼び出しの実行に要する時間をミリ秒で示します。**図14-16** ではCamera.Renderメソッドが0.17ミリ秒かかったことがわかります。

Self ms

このカラムは、このメソッド（このメソッド**のみ**）の呼び出しの実行に要する時間をミリ秒で示します。**図14-16** ではCamera.Renderメソッドは0.02ミリ秒しか使用していませんので、結果として、残りの0.15ミリ秒は、このメソッドから呼び出された他のメソッドが使用したことになります。

Warnings

このカラムには、プロファイラーが特定した問題が表示されます。プロファイラーには、記録したデータから分析をする機能があり、いくつかのアドバイスを提供することができます。

282　14章　ライティングとシェーダー

14.3.2　デバイスからのデータ収集

　今までの節の手順では、Unityエディターからデータが収集されます。しかしながら、エディター上でゲームを実行しても、デバイス上でゲームを実行するのと同じパフォーマンス特性があるわけではありません。WindowsやMacのコンピューターは一般的にモバイルデバイスよりもはるかに高速なCPU、豊富なメモリ、優れたGPUを搭載しています。プロファイラーの結果も異なりますので、エディター上で実行したゲームに合わせて最適化したとしても、エンドユーザーのパフォーマンスの改善にはつながりません。

　この件に対処するために、次のような手順でプロファイラーがデバイスで実行されているゲームからデータを収集することができます。

1. 「17.2 デプロイ」の手順に従って、デバイス向けにゲームをビルドしインストールします。重要な点として、［Development Build］と［Autoconnect Profiler］にチェックを付けることを忘れないでください。
2. デバイスとコンピューターが同じWiFiのネットワークに接続されていること、およびデバイスとコンピューターがUSBケーブルで接続されていることを確認します。
3. デバイスでゲームを起動します。
4. プロファイラーを開き、［Active Profiler］メニューを開きます。リストからデバイスを選択すると情報が表示されます。

　プロファイラーがデバイスから直接データを収集し始めます。

14.3.3　一般的な TIPS

次のように、ゲームのパフォーマンスを向上させるためにできることはいくつかあります。

- Rendering プロファイラーのVertsの数を1フレームあたり200,000以下に保つようにしましょう。
- ゲーム内で使用するシェーダーを選ぶときは、MobileかUnlitのカテゴリーの中のものから選ぶようにしましょう。これらのシェーダーはシンプルで、他のものに比べてフレームあたりの実行時間が短くなります。
- シーン中で使用するマテリアルの種類の数をできるかぎり少なく保ちます。補足すると、同じマテリアルを使ったオブジェクトをたくさん作成するようにしてください。こうすることで、Unityがこれらのオブジェクトを同時に描画することが容易になり、パフォーマンスが向上します。
- オブジェクトが決して移動、拡大縮小、回転することがない場合は、［Inspector］ウィンドウの右上部にある［Static］チェックボックスにチェックを付けておきます。こうすることでエンジンによってさまざまな内部最適化が行われるようになります。
- シーン中のライトの数を減らします。ライトが多ければ多いほど、エンジンがより多くの作業をしなければなりません。

- リアルタイムなライティングの代わりにBakedなライティングを使用するほうが効率が良くなります。しかし、Bakedなライトは移動ができないことや、ライティングの情報がメモリを消費することを念頭に置いてください。
- 未圧縮のテクスチャーを使う代わりに、できるかぎり圧縮テクスチャーを使用します。圧縮されたテクスチャーは読み込むデータが小さくなるためメモリの使用量を抑え、エンジンのアクセス時間を短縮できます。

その他の役に立つパフォーマンスのTIPS集（http://docs.unity3d.com/Manual/OptimizingGraphicsPerformance.html）がUnityの公式マニュアルにあります。

14.4　まとめ

ライティングを使うとシーンの見映えをとても良いものにすることができます。たとえ現実感がいまいちなゲームでも、シーンのライティングにある程度の労力を割くだけで、ゲーム全体の雰囲気を良くすることができます。

ゲームのパフォーマンスに注意を払うことも重要です。プロファイラーを使えば、ゲームの実際の挙動を詳しく確認することができ、この情報を活用してゲームを調整することができます。

15章
UnityでのGUIの作成

　ゲームはソフトウェアであり、そしてすべてのソフトウェアにはユーザーインターフェース
が必要です。新しくゲームを開始するためのボタンやプレイヤーの現在のスコアを表示するラ
ベルのように単純なものであったとしても、ゲームにはユーザーが操作する「ゲームではない」
ありふれたものを表示するための手段が必要になります。

　ありがたいことに、Unityには非常によくできたUIシステムがあります。Unity 4.6から導入
されたUIシステムは非常に柔軟かつ強力で、通常のゲームで必要になる場面のために設計さ
れています。例えば、UIシステムはPC、コンソール、モバイルプラットフォームをすべてサ
ポートしていて、ひとつのUIでさまざまな画面サイズに対応でき、キーボード、マウス、タッ
チスクリーン、ゲームコントローラーなどからの入力を受け付けることができ、スクリーン空
間とワールド空間の両方にUIを表示することができます。

　要するに信じられないほど素晴らしいツールキットです。「第II部 2Dゲーム『Gnome's Well』
の開発」と「第III部 3Dゲーム『Rockfall』の開発」で説明したゲーム内でもGUIを構築してきまし
たが、このGUIシステムで提供されている機能を最大限利用できるようにどういった点で優れ
ているのかについていくつか見ていきましょう。

15.1　UnityでGUIはどのように動作するのか

　まず第一に、UnityのGUIはシーン内で表示されるその他のオブジェクトと極端に異なるも
のではありません。

　GUIはUnityによって実行時に構築されるテクスチャーが設定されたメッシュです。加えて、
GUIにはマウスの移動やキーボードイベント、タッチなどに反応してメッシュを更新したり変
形するスクリプトが設定されています。メッシュはカメラを通じて表示されます。

　UnityのGUIシステムには協力して動作するいくつかの要素があります。GUIの核となる部分
は自身のコンテンツを描画しeventsに反応するためのRectTransformを持ついくつかの
オブジェクトで構成され、それらはすべてCanvasによって保持されます。

15.1.1　Canvas

　CanvasはすべてのUI要素を画面上に表示することに責任を持つオブジェクトです。結果と
してUI要素が描画される領域全体のことでもあります。

285

UI要素はすべてCanvasの子要素です。もしボタンがCanvasの子要素でなかったとすると、それは画面には表示されません。

Canvasを使用することでUIが**どのように**描画されるかを指定できます。また、Canvas Scalerコンポーネントを追加すると、UI要素がどのくらい拡大縮小されるかを指定することもできます。Canvas Scalerについては「15.5 Canvasの拡大縮小」で詳しく説明します。

Canvasは **Screen Space - Overlay**、**Screen Space - Camera**、**World Space** という3つのモードのいずれかを使用できます。

Screen Space - Overlay モード

Canvas全体がゲーム画面に重なるように描画されます。つまりシーン内のすべてのカメラがゲームのビューを画面上に描画したあとで、Canvasがそれらすべての上に描画されます。これはCanvasのデフォルトモードです。

Screen Space - Camera モード

Canvasのコンテンツは特定のカメラから一定の距離だけ離れた正面にある3D空間内の平面の上に描画されます。カメラが移動するとCanvasはカメラとの相対位置を保つように再配置されます。このモードが使用されているときには、Canvasは事実上の3Dオブジェクトであるといえます。つまりCanvasとカメラの間にオブジェクトがあると、そのオブジェクトによってCanvasの表示が遮られます。

World Space モード

Canvasはシーン内の3Dオブジェクトです。独自の位置と回転を持ち、シーン内のいずれのカメラからも独立しています。つまり、例えば、ドアを開けるためのキーパッドを表すCanvasを作成して、ドアの隣に配置することができます。

『DOOM』(2016) や『Deus Ex: Human Revolution』(2011) といったゲームをプレイしたことがあれば、ワールド空間GUIを操作したことがあるはずです。これらのゲームではプレイヤーはゲーム内のコンピューターの前まで歩き、表示されている画面上のボタンを「クリック」するという形で、その画面を操作します。

15.1.2　RectTransform

Unityは3Dエンジンです。つまりすべてのオブジェクトには3D空間内での位置、回転、拡大縮小を指定するTransformコンポーネントがあります。しかし、Unity内のGUIは2Dです。つまりUI要素はすべて位置、幅、高さを持つ2Dの矩形です。

これを制御するためにUIオブジェクトにはRectTransformオブジェクトが組み込まれています。RectTransformはUIコンテンツが表示されている矩形を表します。重要なのは、RectTransformが**別の**RectTransformの子要素である場合は、子要素の位置とサイズは親要素に対して相対的な値で指定されるということです。

例えば、CanvasオブジェクトにはまでもGUIのサイズを定義するRectTransformがあり、ゲームのGUIを構成するGUI要素のすべてはそれぞれ独自のRectTransformを持っています。GUI要素はCanvasの子オブジェクトなので、GUI要素のRectTransformが指定する位置はCanvasからの**相対的な**位置になります。

CanvasのRectTransformではGUIの位置を定義することもありますが、これはCanvasのモードが**スクリーン空間**か、**カメラ空間**か、**ワールド空間**か、それ以外かによります。Canvasのモードが**ワールド空間**以外なら、Canvasの位置は自動的に決まります。

複数の子オブジェクトを入れ子にするとこの関係はさらに深くなります。RectTransformを持つオブジェクトを作成して、いくつかの子オブジェクト（それぞれ独自のRectTransformを持つこととします）を追加すると、それらの子オブジェクトの位置は親の位置からの相対的なものとして解釈されます。

RectTransformの利用はUI要素に限定されるものではありません。RectTransformはあらゆるオブジェクトに追加できます。もしそうすると、RectTransformが[Inspector]の一番上にあるTrnsformコンポーネントと置き換えられます。

15.1.3　Rectツール

Rectツールを使用するとRectTransformコンポーネントを持つオブジェクトの位置やサイズを簡単に変更できます。Rectツールを有効にするにはTキーを押下するか、Unityウィンドウの左上にあるツールバーからRectツールを選択します（**図15-1**）。

図15-1　ツールバーでRectツールを選択

Rectツールが有効なら、選択したオブジェクトの周りにハンドルが設定された矩形が表示されます（**図15-2**）。このハンドルをドラッグすると、オブジェクトの位置やサイズを変更できます。

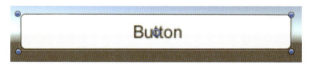

図15-2　中心にピボットポイントのあるRectツールハンドル

さらにもしマウスカーソルを矩形の外側にあるハンドルの近くに移動すると、カーソルの形

が変わり回転モードになったことがわかります。クリックしてドラッグすると、オブジェクトはピボットポイントを中心に回転します。ピボットポイントはオブジェクトの中心にある丸印です。選択したオブジェクトにRectTransformがあれば、ピボットポイントをクリックしてドラッグし、オブジェクトを移動できます。

RectツールはUI要素専用ではありません！ 3Dオブジェクトにも利用できます。選択されたオブジェクトがあれば、シーンビューでのオブジェクトの表示状態に応じて矩形とハンドルが配置されます。図15-3でどのような見た目かを確認してください。

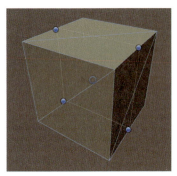

図15-3　3Dの立方体の周りにあるRectツールのハンドル

15.1.4　アンカー

RectTransformが他のRectTransformの子要素の場合、アンカーを使用して相対的な位置を指定できます。これにより親の矩形エリアの大きさや、その子要素の位置や大きさとの相対的な関係を定義できます。例えば、横幅全体を使用する矩形を親要素の一番下に配置できます。親要素の大きさを変更すると、子要素の矩形エリアの位置やサイズも自動的に更新されます。

RectTransformの [Inspector] にアンカーのプリセット値を選択できるボックスがあります（図15-4）。

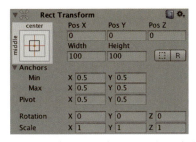

図15-4　現在RectTransformのアンカーのために選択されているプリセットを表示するボックス

このボックスをクリックすると、小さなポップアップウィンドウが表示されてプリセットを変更できます（図15-5）。

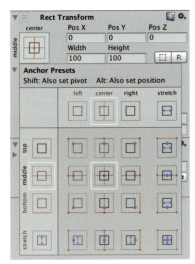

図15-5 アンカープリセット選択パネル

これらのプリセットのいずれかをクリックするとRectTransformのアンカーを変更できます。矩形エリアの位置やサイズは変更されませんが、**親要素**のサイズが変更されたときに矩形エリアがどのように変更されるかが変わります。

これはGUIシステムの表示に大きく関わる部分です。そのためどのように動作するかを学ぶには実際に使ってみるのが一番いいでしょう。Imageゲームオブジェクトを他のImageオブジェクトの中に配置して、子ビューのアンカーを変更し、親ビューのサイズを変更してどのようになるかを試してみましょう。

15.2　コントロール

シーン内で利用できるコントロールがいくつかあります。コントロールにはボタンやテキストフィールドのようにどこにあるかが簡単にわかる単純なものもあれば、スクロールビューのように複雑なものもあります。

ここでは、最も重要で知っておくべきもののいくつかとそれらはどのように使うべきかを紹介します。新しいコントロールは常に追加されているので、完全な一覧が必要ならUnityマニュアルを確認してください。

Unity GUIシステムのコントロールは協力して動作する複数のゲームオブジェクトで構成されていることがよくあります。Canvasにコントロールを追加したときに、[Hierarchy]に複数のオブジェクトが追加されることになっても驚かないでください。

15.3　イベントとレイキャスト

　ユーザーは何か設定されたタスクが実行されることを期待して画面上のボタンをタップします。これを実現するには、UIシステムが**ど**のオブジェクトがタップされたのかを識別できなければいけません。

　これをサポートするシステムは**イベントシステム**と呼ばれています。このシステムは非常に洗練されています。GUIに入力を提供するだけでなく、ゲーム内のなんらかのオブジェクトがクリック／タップ／ドラッグされたときにそれを識別する一般的な手段としても利用できます。

イベントシステムはCanvasを作成したときに合わせて作成されるEventSystemオブジェクトとして表現されています。

　イベントシステムは**レイキャスト**の原理に沿って動作します。レイキャストでは**レイ**（線分）はユーザーが画面上をタップした位置から開始し、何かに衝突するまで伸び続けます。これによりイベントシステムはユーザーの指の「下」に何があるかを知ることができます。

　レイキャストシステムは3D空間で動作しているので、エンジンの他の部分と同じようにイベントシステムも2D GUIと3D GUIの両方で利用できます。指によるタップやマウスによるクリックのようなイベントが発生すると、シーンのすべての**raycaster**がレイを飛ばします。レイキャストコライダーには3種類あり、それぞれ衝突するレイが異なります。

グラフィックレイキャスター
　レイがcanvasのImageコンポーネントのいずれかと衝突したかどうかを確認します。

2D物理レイキャスター
　シーン内の2Dコライダーのいずれかと衝突したかどうかを確認します。

3D物理レイキャスター
　シーン内の3Dコライダーのいずれかと衝突したかどうかを確認します。

　ユーザーがボタンGUIをタップすると、Canvasに紐付いたグラフィックレイキャスターコンポーネントが発火され、画面上の指の位置からレイが飛び、いずれかのImageと衝突するかどうかを確認します。ボタンにはImageコンポーネントがあるので、イベントシステムにボタン

がタップされたことが通知されます。

GUIシステムでは使用されていませんが、シーン内の2Dまたは3Dオブジェクトのクリックやタップ、ドラッグを判定するために2Dと3Dの物理レイキャスターも使用できます。例えば、3D物理レイキャスターを利用してユーザーがキューブをクリックしたことを判定できます。

15.3.1　イベントへの反応

独自UIを作成するときにUI要素に独自の振る舞いを追加できると非常に便利なことがよくあります。一般に、そのような振る舞いにはクリックやドラッグなどの入力イベントの通知が含まれます。

スクリプトをそのようなイベントに反応させるには、あるインターフェースをクラスに追加して、そのインターフェースが必要とするメソッドを実装します。例えば、IPointerClickHandlerインターフェースではpublic void OnPointerClick (PointerEventData eventData)というシグネチャを持つメソッドを実装しなければいけません。このメソッドはイベントシステムが現在のポインタ（マウスカーソルまたは画面を触っている指）が「クリック」されたことを検知したとき、つまりマウスボタンが押されてから離されたか、指が画像の上を触ってから離れたときに実行されます。

この動作を実際に試してみるための、GUIオブジェクトをポインタでクリックしたときにどのように反応するかを示すちょっとしたチュートリアルが以下です。

1. [GameObject]メニューを開き、[UI]→[Canvas]を選択して**空のシーンでCanvasを新しく作成します**。Canvaはシーンに追加されます。
2. [GameObject]メニューを開き、[UI]→[Image]を選択して**Imageを新しく作成します**。ImageオブジェクトはCanvasの子要素として追加されます。
3. **ImageオブジェクトにC#スクリプトを新しく追加**し、ファイルにEventResponder.csと名前を付けて以下のコードを追加します。

```csharp
// IPointerClickHandlerとPointerEventDataにアクセスするために必要
using UnityEngine.EventSystems;

public class EventResponder : MonoBehaviour,
    IPointerClickHandler {

    public void OnPointerClick (PointerEventData eventData)
    {
        Debug.Log("Clicked!");
    }

}
```

4. ゲームを実行します。画像をクリックするとコンソールに「Clicked!」という文字列が表示されます。

15.4 レイアウトシステムの利用

UI要素を新しく作成すると、通常はシーンに直接追加して位置とサイズを手作業で設定するでしょう。しかしこのやり方は2つの重要な状況ですぐに対応できなくなります。

- ゲームがさまざまな大きさの画面で表示されるためCanvasのサイズがわからない場合
- 実行時にUIに要素を追加したり、要素を削除したりする予定がある場合

これらのような状況では、UnityのGUIシステム組み込みのレイアウトシステムが利用できます。

これがどのように動作するかを説明するために、垂直に並ぶボタンを簡単に作成しましょう。

1. ［Hierarchy］上のオブジェクトをクリックして**Canvasオブジェクトを選択します**（もしCanvasオブジェクトがなければ、［GameObject］メニューを開き［UI］→［Canvas］を選択して作成します）。
2. ［GameObject］メニューを開いて［Create Empty Child］を選択するか、Ctrl＋Alt＋N（Macではcommand＋option＋N）を押下して**新しく空の子オブジェクトを作成します**。
3. **新しいオブジェクトの名前を「List」とします**。
4. ［GameObject］メニューを開き［UI］→［Button］を選択して**Buttonを新しく作成します**。この新しいButtonをListオブジェクトの子要素にします。
5. Listオブジェクトを選択して［Add Component］ボタンをクリックし、［Layout］→［Vertical Layout Group］を選択して**ListオブジェクトにVertical Layout Groupコンポーネントを追加します**（「vertical layout group」の最初の数文字を入力してこのオブジェクトを素早く選択することもできます）。

Vertical Layout GroupをListオブジェクトに追加すると、ButtonのサイズがListの矩形全体を埋めるように大きくなることがわかるでしょう。**図15-6**と**図15-7**でその前後の見た目を確認できます。

図15-6 ListにVertical Layout Groupを追加する「前の」ボタン

図15-7 ListにVertical Layout Groupを追加した「後の」ボタン

次に、**複数の**ボタンがレイアウトグループ内にあるときにどうなるかを見てみましょう。

6. Ctrl＋D（Macではcommand＋D）を押下して**選択したButton**を複製します。

実際に試してみると、元のボタンと複製されたボタンの両方の位置がすぐに変更されてサイズも変わり、Listオブジェクトにぴったりとはまるようになります（**図15-8**）。

図15-8 垂直揃えでレイアウトされた2つのボタン

Vertical Layout Groupだけでなく、GUIシステムにはHorizontal Layout Groupもあり、横向きであることを除けばVertical Layoutとまったく同じように動作します。さらにGrid Layout Groupを使用するとコンテンツが規則的な格子内に配置され、複数行にわたるコンテンツを必要に応じて回り込むように表示できます。

15.5　Canvasの拡大縮小

ゲームが表示される画面にはさまざまな種類がありサイズも多様であるということに加え、**ディスプレイ密度**も異なることがよくあります。ディスプレイ密度とは個別のピクセルのサイズのことを指します。通常は新しいモバイルデバイスであればそれだけ画面の密度は高くなります。

この目立つ例はiPhone 4以降のすべてのiPhoneと第三世代以降のすべてのiPadで採用されているRetinaディスプレイです。これらのデバイスはそれ以前のモデルと物理的には同じ大きさの画面を持っていますが、ディスプレイ密度は2倍になっています。iPhone 3GSでは画面幅は320ピクセルでしたが、iPhone 4の画面幅は640ピクセルです。画面上に表示されるコンテンツの物理的な大きさは保たれるように設計されていますが、ディスプレイ密度が増しているのでコンテンツの表示はよりなめらかになり美しく見えます。

Unityは個別のピクセルを扱うので、GUIを高密度ディスプレイで表示すると、GUIの中身が半分の大きさで表示されることになります。

　この問題に対応するために、UnityのGUIシステムにはCanvas Scalerというコンポーネントがあります。Canvas Scalerの役割は現在ゲームがプレイされているディスプレイ上で要素が適切な大きさに保たれるようにGUI要素の拡大縮小率を自動的に調節することです。

　GameObjectメニューを通じてCanvasオブジェクトを作成すると、Canvas Scalerコンポーネントは自動的に追加されています。Canvas Scalerには**Constant Pixel Size**、**Scale With Screen Size**、**Constant Physical Size**という3つのモードのいずれかを指定できます。

Constant Pixel Sizeモード

　デフォルトモード。このモードではCanvasが画面サイズや密度に応じて拡大縮小されることはありません。

Scale With Screen Sizeモード

　このモードではCanvasはInspectorで指定する「リファレンス解像度」と比較したサイズに基づいてコンテンツを拡大縮小します。例えば、リファレンス解像度を640x480に設定して、たまたま1280x960のデバイスでゲームをプレイしたとすると、すべてのUI要素は2倍に拡大されます。

Constant Physical Sizeモード

　このモードではCanvasはもし可能ならゲームを実行しているデバイスから取得できるDPI（Dot Per Inch）に基づいてコンテンツを拡大縮小します。

　実際に試してみた結果、ほとんどの環境でScale With Screen Sizeモードが最も有用であることがわかりました。

15.6　画面間の遷移

　ゲームGUIの多くは2種類に分けることができます。メニューとゲーム内GUIです。メニューGUIはゲームをプレイする準備のためにプレイヤーが操作するものです。つまりゲームを新しく開始するか、先ほどのプレイを再開するかを選択したり、設定を変更したり、参加できるマルチプレイヤーゲームをざっと見て回ることができます。ゲーム内GUIはゲームワールドのプレイヤーの視界の上に重ねて表示されます。

　ゲーム内GUIはその構造は頻繁には変更されない傾向があり、通常はプレイヤーの矢筒に何本の矢が残っているか、残りの体力はどの程度か、次の目的地までの距離はいくらかなどの重要な情報が表示されています。しかしメニューGUIは大幅に変更されることもよくあり、メインメニューと設定画面は通常構造的な要求が異なるので見た目も大幅に異なります。

GUIはカメラによって描画される単なるオブジェクトなのでUnityは実際にはコンテンツの「画面」という捉え方はしていません。単にCanvasに表示されるオブジェクトのコレクションがあるだけです。ある画面から別の画面に遷移できるようにしたければ、次の2つの方法のどちらかを行わなければいけません。つまりカメラが現在見ているCanvasを変更するか、何か別のものを映すようにカメラを移動するかです。

Canvasを変更するのはGUI要素のサブセットを変更したい場合にはうまくいきます。例えば、装飾的なGUI要素の大部分は見えるようにしたままGUIの一部を入れ替えたいというときには、カメラを調節するのではなくCanvasを変更するほうが妥当だと感じられるでしょう。しかし、もしGUI要素を完全に入れ替える必要があるなら、おそらくカメラの位置を調節するほうが効率的です。

ただし重要なこととして、Canvasから独立してカメラを動かすにはCanvasのモードをWorld Spaceに設定する必要があるということを覚えておきましょう。Screen Space - OverlayとScreen Space - CameraはどちらもUIが常にカメラの前に表示されます。

15.7　まとめ

見てきたとおり、UnityのGUIシステムは活用範囲が広く強力です。さまざまなやり方、さまざまなコンテキストで利用できます。さらに柔軟なデザインにより必要なGUIを正確に構築できます。

ゲームのUIは最も重要なコンポーネントであることを覚えておきましょう。UIはユーザーがゲームとやり取りする手段で、モバイルデバイスではゲームコントロールの基礎となる部分です。UIを改善し強化するために十分な時間をとれるように準備しておきましょう。

16章
エディター拡張

Unityでゲームを作るということは、たくさんのゲームオブジェクトを取り扱い、このゲームオブジェクトを構成するすべてのコンポーネントを処理するということです。Unityの[Inspector]ウィンドウは、すでにたくさんのことをサポートしています。[Inspector]ウィンドウは、スクリプト中の変数を自動的に公開し、テキストフィールドやチェックボックスを簡単に使えるようになっています。アセットやシーンオブジェクトのドラッグ＆ドロップ用スロットを使えば、とてもスピーディーにシーンを組み立てることができます。

しかし、時には[Inspector]ウィンドウでは解決するのに不十分な場合があります。Unityは、2Dや3Dの環境などをできるかぎり簡単に作成できるように設計されていますが、ゲーム内のありとあらゆることをUnityの開発者が事前に予知することはできません。

カスタムエディターを使用すると、エディター自体を制御することができます。これは、小さなアドオンウィンドウを使ってエディター内の一般的なタスクを自動化することから、Unityの[Inspector]ウィンドウを完全に上書きすることに至るまで、多岐にわたります。

もし本書で作成したゲームよりも複雑なゲームを作っているなら、繰り返しの作業を自動化するツールを書けば莫大な時間を節約できることは明らかです。ただし、ゲーム開発者の主な仕事が、ゲームを作るのに役に立つソフトウェアを書くことだと言っているわけではありません。ゲーム開発者の本分はゲームを作ることです！しかし、もし既存のUnityの機能では難しい作業や、何度も繰り返す必要がある作業をする際には、エディター拡張を使ってそれに対処することを検討してください。

本章では、Unityのシーンの舞台裏に踏み込むことにします。Unityエディター自体が使用しているクラスやコードを実際に使用していきます。このコードは結果的に今までに書いてきたコードよりも少し複雑でトリッキーなものになります。

Unityを拡張する手段はいくつかあります。本章では、次に示す4つの方法を見ていきます。それぞれひとつ前のものと比べて徐々に複雑になりますが、その分さらに強力になります。

- カスタムウィザードは、ユーザーからの入力に応じてシーン中でなんらかのアクションを実行するシンプルな手段を提供します。複雑なオブジェクトの作成などで用いられます。

- カスタムエディターウィンドウは、独自のウィンドウとタブを作成することができます。この中に好きなコントロールを含めることができます。
- カスタムプロパティードロアーは、独自の種類のデータに対応したカスタムユーザーインターフェースを［Inspector］ウィンドウの中に作成できます。
- カスタムエディターは、特定のオブジェクト向けに［Inspector］ウィンドウを完全に上書きできます。

本章のサンプルの動作確認を始めるにあたり、新たにプロジェクトを作成することをお勧めします。

1. Editor Extensions という名前で**新しいプロジェクトを作成**します。**図16-1**のように、3Dモードに設定して好きな場所に保存します。

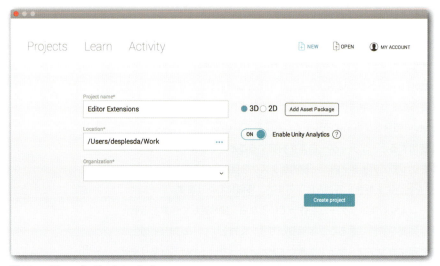

図16-1 新しいプロジェクトの作成

2. Unityのロードが終わったら、Assetsフォルダーの中に新しいフォルダーを作成し、その名前をEditorにしてください。ここにエディター拡張のスクリプトを追加していく予定です。

正確な綴りで文字の大小まで厳密にEditorという名前にすることがとても重要なので注意してください。Unityはこの名前のフォルダーを見つけると特別扱いします。

このフォルダーの場所は実際にどこにあっても問題ありません。つまりEditorという名前でありさえすれば、Assetsフォルダーの直接のサブフォルダーである必要はありません。これにより、プロジェクトを通して複数のEditorフォルダーを使うことができることになり、例えば大規模なプロジェクトで大量のスクリプトを整理しやすくなるなどの利点があります。

これで、独自のカスタムエディターのスクリプトを作成する準備ができました。

16.1　カスタムウィザードの作成

それではまずカスタムウィザードを作成していきます。ウィザードとはウィンドウを簡単に表示する手段で、ユーザーからの入力を受け取ってシーン内でなんらかの処理を行います。とても一般的な例は、設定された値に基づいてシーン内のオブジェクトを作成することです。

カスタムウィザードと、「16.2 カスタムエディターウィンドウの作成」で説明するカスタムエディターウィンドウは、どちらもコントロールを持ったウィンドウを表示するという点で概念的に似ています。カスタムエディターウィンドウのコントロールはすべて自前で行うのに対し、カスタムウィザードのコントロールはUnityによって処理されます。表示する内容を制御する必要があるときにはカスタムエディターウィンドウが適していますが、目的を達成する上で特別なUIをまったく必要としないのであれば、カスタムウィザードが最適です。

Unityを使った日々の中でウィザードがどのように役に立つかを理解するには、実際に作ってみることがベストです。四面体（tetrahedron：三角形のピラミッドのような形状）のゲームオブジェクトを作成するウィザードを作成します。このオブジェクトはシーンの中で図16-2のように表示されます。

図16-2　ウィザードで作成した四面体

このようなオブジェクトを作成するには、手作業でMeshオブジェクトを作成する必要があります。大抵の場合、「9章『Rockfall』の開発」で用いた.blendファイルなどからオブジェクトをインポートしますが、コードで作成することもできます。

Meshを使って、そのメッシュを描画するオブジェクトを作成します。これを行うには、まず初めに新しいGameObjectを作成し、次にMeshRendererとMeshFilterの2つのコンポーネントをアタッチします。この作業が完了すると、このオブジェクトはシーンで使用できる状態になっています。

この手順はとても自動化しやすいので、ウィザードにうってつけです。

1. Editorフォルダーの中にTetrahedron.csという名前で**新しくC#スクリプトを作成**し、次のコードを追加します。

```
using UnityEditor;

public class Tetrahedron : ScriptableWizard {

}
```

ScriptableWizardクラスには、ウィザードの基本的な振る舞いが定義されています。いくつかのメソッドを実装してこの振る舞いをオーバーライドし、今回の用途に合わせていきます。

まず初めに、ウィザードを表示するメソッドを実装します。このために次の2つの作業を行います。ひとつ目の作業として、Unityのメニューにメニュー項目を追加してユーザーがこのメソッドを呼び出せるようにする必要があります。次に2つ目の作業として、このメソッドの中でUnityにウィザードを表示するよう指示を行う必要があります。

2. Tetrahedronクラスに次のコードを追加します。

```
using UnityEngine;
using System.Collections;
using System.Collections.Generic;

    // このメソッドは任意の場所から呼び出される。重要なことは
    // staticであること、およびMenuItemアトリビュートがあること
    [MenuItem("GameObject/3D Object/Tetrahedron")]
    static void ShowWizard() {
      // ひとつ目のパラメーターはタイトル
      // 2つ目のパラメーターはCreateボタンのラベル
      ScriptableWizard.DisplayWizard<Tetrahedron>(
        "Create Tetrahedron", "Create");
    }
```

MenuItemアトリビュートがstaticメソッドにアタッチされると、Unityがアプリケーションメニューに項目を追加します。この例では、Tetrahedronという名前の項目が[GameObject]→[3D Object]メニューの中に新しく作成されます。メニューからこの項目が選択されると、ShowWizardメソッドが呼び出されます。

300   16章 エディター拡張

実際にはメソッドの名前がShowWizardである必要はありません。Unityは MenuItemアトリビュートだけを見ていますので、メソッドには好きな名前を付けることができます。

3. **Unity**に戻って［GameObject］メニューを開き［3D Object］→［Tetrahedron］を選びます。すると**図16-3**のように中身が何もないウィザードウィンドウが表示されます。

図16-3　何もないウィザードウィンドウ

次に、ウィザードのクラスに変数を追加していきます。変数を追加すると、［Inspector］ウィンドウと同じように、Unityがこの変数に対応したコントロールをウィザードのウィンドウに表示します。ここではVector3を使って、オブジェクトの高さ、幅、奥行きを表すようにします。

4. **Tetrahedron**に次の変数を追加し、四面体のサイズを表します。

```
// この変数が[Inspector]ウィンドウのように表示される
public Vector3 size = new Vector3(1,1,1);
```

5. **Unity**に戻り、ウィザードを閉じて再度開きます。すると**図16-4**のようにSize変数のスロットが表示されることがわかります。

図16-4　Size変数のコントロールが追加されたウィザード

これでウィザードがデータを提供できるようになりましたが、現時点ではこのデータは何にも使われていません。これを解決しましょう。

DisplayWizardメソッドを呼び出す際に2つの文字列を渡します。ひとつ目はメニューのタイトル、2つ目はウィザードのCreateボタンに表示される文字列です。このボタンを押すとウィザードのクラスのOnWizardCreateメソッドがコールバックされ、ユーザーがウィザードの画面上で情報を入力し終えたことを知らせます。OnWizardCreateメソッドの処理が完了すると、Unityはウィザードのウィンドウを閉じます。

それではOnWizardCreateメソッドを実装していきます。ウィザードの実際の処理の大部分がこのメソッドで行われます。Size変数を使ったMeshを作成し、このメッシュで描画するゲームオブジェクトを作成します。

6. Tetrahedronクラスに次のメソッドを追加します。

```
// ユーザーがCreateボタンをクリックしたときに呼び出される
void OnWizardCreate() {

    // メッシュの作成
    var mesh = new Mesh();

    // 4点の作成
    Vector3 p0 = new Vector3(0,0,0);
    Vector3 p1 = new Vector3(1,0,0);
    Vector3 p2 = new Vector3(0.5f,
                             0,
                             Mathf.Sqrt(0.75f));
    Vector3 p3 = new Vector3(0.5f,
                             Mathf.Sqrt(0.75f),
                             Mathf.Sqrt(0.75f)/3);

    // sizeによる大きさの調整
    p0.Scale(size);
    p1.Scale(size);
    p2.Scale(size);
    p3.Scale(size);

    // 頂点のリストの設定
    mesh.vertices = new Vector3[] {p0,p1,p2,p3};

    // 各頂点をつなげる三角形のリストの設定
    mesh.triangles = new int[] {
      0,1,2,
      0,2,3,
      2,1,3,
      0,3,1
    };

    // メッシュのデータの更新
    mesh.RecalculateNormals();
    mesh.RecalculateBounds();
```

302   16章　エディター拡張

```
// メッシュを使用したゲームオブジェクトの作成
var gameObject = new GameObject("Tetrahedron");
var meshFilter = gameObject.AddComponent<MeshFilter>();
meshFilter.mesh = mesh;

var meshRenderer
    = gameObject.AddComponent<MeshRenderer>();
meshRenderer.material
    = new Material(Shader.Find("Standard"));

    }
```

このメソッドでは、最初に新しいMeshオブジェクトを作成し、それから四面体を構成する4点の位置を計算します。これらはsizeベクトルの値に基づいた大きさにスケーリングされます。つまり、sizeの幅、高さ、奥行きで四面体が構成されるように、適切な位置に再配置されます。

これら4点の情報はMeshのvertexプロパティーに設定され、その次に三角形のリストが数値のリストの形式で設定されます。各数値はverticesプロパティーの各点を表します。

例を示します。三角形のリストの0はひとつ目の点を、1は2つ目の点を示します（以降も同様）。三角形のリストは、3組の数値のセットで三角形を定義します。したがって、例えば0，1，2という数値は、このメッシュがverticesリスト中のひとつ目、2つ目、3つ目の点から構成された三角形を含むということです。四面体は底面と3つの側面からなる4つの三角形からできていますので、trianglesのリストも3つの数字からなる4組のセットで構成されます。

最後に、メッシュは自身が保有するverticesとtrianglesのデータに基づいて内部情報を再計算します。それから新しいGameObjectが作成され、いま作成したMeshが設定されたMeshFilterがアタッチされます。そしてMeshRendererがアタッチされ、実際にMeshが描画されます。［GameObject］メニューで作成した他のビルトインオブジェクトと同様に、標準シェーダーを使って作成した新しいMaterialがMeshRendererに設定されています。

7. **Unityに戻り、ウィザードのウィンドウを閉じて再度開きます**。Createボタンをクリックすると新たに四面体がシーンに追加されます。Size変数を変更すると、四面体の大きさが変化することがわかるでしょう。

最後にウィザードに追加する機能がもうひとつあります。現時点では、ウィザードはSize変数に適切な値が設定されているかどうかをチェックしていません。例えば、高さが負となる−2の四面体を作成してしまわないようにウィザードがエラーにする必要があります。

16.1 カスタムウィザードの作成　303

正確に言うと、Unityは本件にうまく対処できますので実際に問題になることはありません。しかし、このような入力値の検証方法を知っておくと役に立ちます。

このサンプルでは、Size変数のいずれかの要素（X、Y、Z）の値が0以下の場合は、四面体を作成できないようにします。

OnWizardUpdateメソッドを実装してこれを実現していきます。このメソッドは、ユーザーがウィザード内のいずれかの変数を変更するたびに呼び出されます。これにより、値をチェックしたり、Createボタンを有効化・無効化したりといったことができます。そしてすごいことに、ウィザードが**なぜ**入力値を拒否しているのかの理由をユーザーに示す説明文を追加できます。

8. Tetrahedronクラスに次のメソッドを追加します。

```csharp
// ウィザード内の何かをユーザーが変更するたびに呼ばれる
void OnWizardUpdate() {

  // 値が適切かどうかをチェックする
  if (this.size.x <= 0 ||
    this.size.y <= 0 ||
    this.size.z <= 0) {

    // isValidがtrueならCreateボタンが押せる
    this.isValid = false;

    // 理由の説明
    this.errorString
      = "Size cannot be less than zero";

  } else {

    // ユーザーがCreateボタンを押せるように有効化し
    // エラーメッセージをクリアする
    this.errorString = null;
    this.isValid = true;
  }
}
```

isValidプロパティーにfalseを設定するとCreateボタンが無効になります。つまり、ユーザーがこのボタンをクリックできなくなります。さらに、errorStringプロパティーにnull以外のものを設定すると、ウィンドウにエラーメッセージが表示されます。これを利用して、図16-5のように何が問題なのかをユーザーに説明することができます。

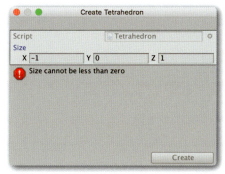

図16-5 エラーを表示しているウィンドウ

　ウィザードを使用することで、繰り返しの作業時間を大幅に短縮できたり、Unityエディターだけでは実現が難しい作業を行うことができます。必要なユーザーインターフェースの大部分はUnityエディターが面倒を見てくれるため、簡単にコードにできます。しかし、時としてウィザードの仕組みで提供できる以上のものが必要になることがありますので、次はエディターウィンドウを完全にカスタマイズする方法について見ていくことにしましょう。

16.2　カスタムエディターウィンドウの作成

　ウィンドウとはUnityが呼び出す領域のことで、分割ウィンドウ、フローティングウィンドウ、メインのUnityエディターのインターフェースの一部にドッキングするタブウィンドウのいずれかの形になります。

　Unityの各部品はほぼすべてエディターウィンドウで確認することができます。

　エディターウィンドウを作成することで、ウィンドウの内容を完全に制御できます。これは、Unityが自動的にユーザーインターフェースを描画するウィザードや［Inspector］ウィンドウの標準の振る舞いとはまったく異なります。自分だけのニーズに合ったまったく新しい機能をUnityに追加できるので、これは大きな力となりますが、特別に何かをしないかぎりエディターウィンドウには何も表示されません。

　ここでは、プロジェクト内のテクスチャーの数を単純に数えるエディターウィンドウを新たに作成していきます。ですが、この機能に取りかかる前に、エディターウィンドウに**何か**を描画する方法を学ぶ必要があります。

　まず初めに、空っぽのエディターウィンドウを作成しましょう。

1. `TextureCounter.cs`という名前で**新しくスクリプトを作成**し、それを`Editor`フォルダーの中に置きます。
2. このファイルを開き、ファイルの内容を次のコードに置き換えます。

```
using UnityEngine;
using System.Collections;
using UnityEditor;

public class TextureCounter : EditorWindow {

    [MenuItem("Window/Texture Counter")]
    public static void Init() {
        var window = EditorWindow
            .GetWindow<TextureCounter>("Texture Counter");
        // 新たにシーンがロードされたときにアンロードされることを防ぐ
        DontDestroyOnLoad(window);
    }

    private void OnGUI() {
        // Editor GUI goes here
    }

}
```

このコードでは [Window] メニューに新たにメニュー項目を追加し、TextureCounterを使って新しいウィンドウを作成し表示します。もうひとつ特筆すべきこととして、現在のシーンが変更された場合などにUnityによってアンロードされるのを回避しています。

3. **このファイルを保存**し、Unityに戻ります。

4. [**Window**] **メニューを開く**と [Texture Counter] というメニュー項目が増えていることがわかります。これをクリックすると、空っぽのウィンドウが表示されるでしょう。

これで空っぽのウィンドウが完成しました。次はこのウィンドウにコントロールを追加しましょう。そのためには、エディターのGUIシステムの仕組みを理解しておく必要があります。

16.2.1　エディター GUI API

エディターが使用するGUIシステムは、ゲームの構築に使用するGUIシステムとはまったく異なります。

ゲームにおけるGUIシステム（ここでは**Unity GUI**と呼びます）では、テキストラベルやボタンなどを表現するゲームオブジェクトを作成し、これらをシーン内に配置します。

エディター GUIの作成に用いられるGUIシステム（即座に反映されることから、ここでは**イミディエイトモードGUI**と呼びます）では、特別な関数を呼び出して、特定の場所にラベルやボタンを配置します。これらの関数は画面の再描画が必要になるたびにUnityによって繰り返し呼び出されます。

イミディエイトモードという用語が示すとおり、特別なGUIの関数を呼び出すと、画面上にボタンが即座に表示されます。そのあとに画面が消去され、その際に他の要素とともにボタンも画面から削除され、次のフレームで再びGUI関数が呼び出されます。このような処理の流れが永久に繰り返されます。

306　16章　エディター拡張

効率化のため、Unityはこれらの GUI 関数をずっと呼び出し続けるわけではありません。ユーザーがマウスをクリックしたり、キーを入力したり、GUIコンテンツを含むウィンドウの大きさが変更されたり、その他、画面に関連したイベントが発生した場合にのみ必要になります。

イミディエイトモードとUnityのGUIシステムとのもうひとつの主な違いは、そのレイアウト方法です。Unity GUIでは、親となるオブジェクトやアンカーとの関係に基づいてオブジェクトが配置されるのに対し、イミディエイトモードのGUIでは、描画したいものの位置と大きさを表す特定の四角形を設定するか、このすぐあとに説明するGUILayoutというレイアウトマネジメントの仕組みを使用することになります。

この違いを理解するにはサンプルを見るのがベストです。ここからの数ページにわたって、GUIシステムの基本的な使い方や、使用できるさまざまなコントロールについて説明していきます。

16.2.2 矩形とレイアウト

ウィンドウに追加できる最も簡単なコントロールは単純なテキストラベルです。この作業を行うコードを追加し、それを説明していきます。

1. OnGUIメソッドに次のコードを追加します。

    ```
    GUI.Label(                         // ❶
        new Rect(50,50,100,20),        // ❷
        "This is a label!"             // ❸
    );
    ```

2. Unityに戻って、エディターウィンドウを開きます。すると**図16-6**のように、ウィンドウ内に「This is a label」というテキストが表示されていることがわかります。

図16-6 エディターウィンドウに手作業で配置したラベル

このコードを見ていくことにしましょう。

❶ 最終的にGUIクラスのLabelメソッドがウィンドウにテキストを表示します。

❷ 新しいRectを作成し、ラベルのx軸の位置、y軸の位置、幅、高さを定義します。こ

の例では、左上の端から50ピクセル、幅が100ピクセル、高さが20ピクセルとなります。

❸ ラベルの中に実際に表示されるテキスト「This is a label!」を設定します。

ウィンドウ内に表示されているものをUnityが更新する必要があるたびにこのコードが実行されます。GUI.Labelメソッドが呼び出されると、ラベルがウィンドウに追加されます。

GUI関数の呼び出しは、すべて必ずOnGUIメソッドの中で行わなければなりません。他の場所からGUI.Labelを呼び出した場合、問題が発生します。

設定したRectが、ラベルを表示する場所を制御します。今回のサンプルのような単純な局面ではこれで問題ありませんが、もっと複雑な局面になると、この方法では煩雑になることがあります。

これを支援するために、イミディエイトモードのGUIは、コントロールを垂直方向または水平方向に自動的にレイアウトする仕組みを提供します。

例えば、垂直方向に積み重ねたリストの中にコントロールを表示するには、新たにEditorGUILayout.VerticalScopeを作成し、これをusingステートメントで囲みます。

3. OnGUIメソッドの内容を次のコードで置き換えます。

```
using (var verticalArea
    = new EditorGUILayout.VerticalScope()) {
        GUILayout.Label("These");
        GUILayout.Label("Labels");
        GUILayout.Label("Will be shown");
        GUILayout.Label("On top of each other");
}
```

このサンプルのラベルには、主に2つの変更点があります。

まず1点目は、GUIクラスではなくGUILayoutクラスのLabelメソッドを呼び出している点です。このLabelメソッドは、VerticalScopeのコンテキストの中で呼び出されており、正しい位置に配置されるようになります。

2点目は、もう位置や大きさをRectで定義する必要がないという点です。VerticalScopeを利用することでこれに対処しています。

このようなレイアウトの仕組みを使用するほうがはるかにスピーディーです。そのため本章の残りのほぼすべての部分でこのレイアウトの仕組みを利用していきます。プログラマーの皆さんにとって、とても良い経験になるでしょう。

これにはひとつ例外があり、プロパティードロアー（PropertyDrawer）ではGUIレイアウトの仕組みが動作しません。よって該当のセクションでは、代わりに手動でコントロールをレイアウトし、矩形を指定する方法を使用しましょう。

16.2.3　コントロールの仕組み

すでに述べたように、イミディエイトなGUIシステムでのコントロールは関数呼び出しです。ラベルなどのシンプルなコントロールであれば簡単に理解できますが、ボタンやテキストフィールドなどのようなユーザーの入力を受け付けるコントロールでは、少々複雑になることがあります。

関数を呼び出してコントロールが表示できたとして、それからどのようにすればユーザーからの情報を取得できるのでしょうか？　答えはとても巧妙な方法です。コントロールを表示する関数は、呼び出し元に戻り値として情報を返すことができます。

繰り返しになりますが、これを理解するベストな方法はサンプルを見ることです。

16.2.4　ボタン

イミディエイトGUIの仕組みを使ってボタンを作成しましょう。

1. **OnGUIメソッドを次のコードで置き換えます。**

```
private void OnGUI() {
  using (var verticalArea
    = new EditorGUILayout.VerticalScope()) {
    var buttonClicked = GUILayout.Button("Click me!");
    if (buttonClicked) {
     Debug.Log("The custom window's " +
       "button was clicked!");
    }
  }
}
```

GUILayout.Buttonメソッドを呼び出すと、2つのことが起きます。ひとつは画面上にボタンが表示されること、そしてもうひとつはこのボタンの領域の中をクリックされたときに、このメソッドがtrueを返すことです。

この仕組みはOnGUIメソッドが何度も繰り返して呼び出されることによって動作します。ウィンドウが最初に表示されるときには、Buttonメソッドが呼び出されて画面上にボタンが表示されます。そしてユーザーがボタンの上にマウスを移動させてボタンを押したときに、再びOnGUIメソッドが呼び出され、押し込んだ状態のボタンの画像をGUIシステムが描画します。ユーザーがマウスのボタンを離すと、再度OnGUIメソッドが呼び出されます。このときはクリックが完了しているため、この3度目のButtonメソッドの呼び出しはtrueを返します。

実際に利用する際には、GUILayout.Buttonは画面にボタンを即座に描画し、ユーザーがそれをクリックするとtrueを返すものというようなプログラミングのスタイルとして考え

ておけばよいでしょう。

2. **Unityに戻る**と、ボタンが表示されていることがわかります。このボタンをクリックすると、ConsoleタブにThe custom window's button was clicked!」というテキストが表示されます。

16.2.5 テキストフィールド

ボタンは最もシンプルな類のコントロールで、ボタンのクリックの有無を通じてユーザーが情報を設定できます。GUIシステムはもっと複雑な種類のコントロールもサポートしています。例えば、テキストフィールドには、ユーザーになんらかのテキストを表示することと、ユーザーがテキストを編集できることの2つの役割があります。

テキストフィールドの表示に使うメソッドはEditorGUILayout.TextFieldです。このメソッドを呼び出すと、設定した文字列がテキストフィールドの中に表示されます。このメソッドは戻り値としてユーザーがテキストフィールドに**入力した内容**を返します。ここが今までと違う点かもしれません。

これを動作させるには、テキストを保存する変数にローカル変数を使ってはいけません。次のコードは正しく**動作しません**。

```
private void OnGUI() {
  using (var verticalArea
    = new EditorGUILayout.VerticalScope()) {
        string textValue = "";
        textValue
          = EditorGUILayout.TextField(textValue);
  }
}
```

ここで使用しているTextFieldメソッドはEditorGUILayoutクラスのもので、GUILayoutクラスのものではありません。GUILayoutクラスにもTextFieldメソッドがありますが、機能がまったく同じというわけではありません。

Unityでこのコードをテストすると、テキストフィールドに入力することはできますが、テキストフィールドから離れると空文字列でリセットされてしまうことがわかります。

これを正しく修正するには、テキストを保存する変数をクラスに紐付く変数に変更する必要があります。

```
private string stringValue;
private void OnGUI() {
  using (var verticalArea
    = new EditorGUILayout.VerticalScope()) {
    this.stringValue
```

```
            = EditorGUILayout.TextField(this.stringValue);
    }
}
```

別のOnGUIメソッドの呼び出しの間もstringValueの内容が保存されているので、これは問題なく動作します。

TextFieldコントロールは1行のテキストを表示するものですが、複数の行のテキストを表示したい場合は、TextAreaを使います。

```
this.stringValue = EditorGUILayout.TextArea(
  this.stringValue,
  GUILayout.Height(80)
);
```

テキストフィールドのコードを削除せずにテキストエリアを追加した場合、これら2つのコントロールは同じ変数を使用しているため、双方に同じテキストが表示されます。加えて、どちらか一方の内容を変更するともう一方の内容も自動的に変更されます。とてもよいですね。

先ほどの例では、GUILayoutオプションを設定してテキストエリアの高さを上書きしました。これは**あらゆる**コントロールで利用できます。背が高いボタンが必要なときは、GUILayout.Height(80)の呼び出しをボタンに追加するだけで高さが80ピクセルになります。

16.2.5.1　遅延テキストフィールド

テキストフィールドにはもうひとつ別の種類の**遅延テキストフィールド**というものがあります。これは通常のテキストフィールドのように動作しますが、フォーカスが失われるまで、つまりユーザーが別のテキストフィールドを触ったり、何か他の場所をクリックしたりするまでは、戻り値の値が元のまま変更されないようになっています。

ユーザーが入力したデータに対してなんらかのバリデーションを行う必要があるとして、ユーザーが入力を完了するまでは行っても意味がないようなシチュエーションではこれが便利です。

遅延テキストフィールドを作成するには、次のようにDelayedTextFieldメソッドを使います。

```
this.stringValue
  = EditorGUILayout.DelayedTextField(this.stringValue);
```

16.2.5.2　特別なテキストフィールド

テキストフィールドを一般的なテキストだけでなく数値の入力に使うこともできま

す。TextFieldコントロールは、特に役に立つ4種類の変数（整数値、浮動小数点数値、Vector2D、Vector3D）を特別にサポートしています。

例えば、クラス内に次のようなバッキングフィールドがあるとします。

```
private int intValue;

private float floatValue;

private Vector2 vector2DValue;

private Vector3 vector3DValue;
```

次のように、フィールドに対してデータを設定することができます。

```
this.intValue
  = EditorGUILayout.IntField("Int", this.intValue);

this.floatValue
  = EditorGUILayout.FloatField("Float", this.floatValue);

this.vector2DValue
  = EditorGUILayout.Vector2Field("Vector 2D",
                                 this.vector2DValue);
this.vector3DValue
  = EditorGUILayout.Vector3Field("Vector 3D",
                                 this.vector3DValue);
```

ひとつ目のパラメーターに設定している文字列に着目しましょう。これを設定すると、テキストフィールドの前にラベルが表示されます。

16.2.6　スライダー

数値の設定には、テキストフィールドを使う他に、グラフィカルなスライダーを使うこともできます。IntSliderを使った例は次のようになります。

```
var minIntValue = 0;
var maxIntValue = 10;
this.intValue
  = EditorGUILayout.IntSlider(this.intValue,
                              minIntValue,
                              maxIntValue);
```

スライダーは、同じ変数を共有するIntFieldコントロールやFloatFieldコントロールと組み合わせて使うと特に便利です。スライダーで素早く値を設定することもできますし、特定の値を設定したいときは直接入力することもできます。

MinMaxSliderを使って、値の最小値と最大値を設定する方法を提供することもできま

す。例えば、次のように最小値と最大値の範囲を保存する2つのインスタンス変数を定義します。

```
private float minFloatValue;
private float maxFloatValue;
```

MinMaxSliderメソッドでスライダーを描画します。

```
var minLimit = 0;
var maxLimit = 10;
EditorGUILayout.MinMaxSlider(ref minFloatValue,
                             ref maxFloatValue,
                             minLimit,
                             maxLimit);
```

このメソッドは値を返さないことに注意してください。値を返す代わりに、先ほど定義したminFloatValue変数とmaxFloatValue変数の値を変更します。加えて、minLimitとmaxLimitの値は、minFloatValueとmaxFloatValueの双方で設定可能な値の最小値と最大値を制限するものです。

16.2.7　スペース

Spaceコントロールはまったく目に見えず、単にUIに余白を追加するものです。複数のコントロールを視覚的に別々のグループに分けたいときに役に立ちます。

```
EditorGUILayout.Space();
```

16.2.8　リスト

今までに見てきたコントロールは、いずれもきわめて自由にユーザーが入力できるものばかりでした。ユーザーは好きな文字列や数値を入力することができます。ただし、事前に定義した選択肢のリストの中からユーザーに選んでもらうような局面もあるかもしれません。

ポップアップを使うことでこれを実現できます。ポップアップは、選択肢となる文字列の配列と、現在選択されている項目のインデックスとなる数値を使って動作します。現在選択されている項目をユーザーが変更すると、インデックスの数値も合わせて変化します。

例えば、クラスに次の変数を追加します。

```
private int selectedSizeIndex = 0;
```

それから、次のコードをOnGUIメソッドに追加します。

```
var sizes = new string[] {"small","medium","large"};

selectedSizeIndex
  = EditorGUILayout.Popup(selectedSizeIndex, sizes);
```

しかし、selectedSizeIndexに格納されている数値と、その数値が示す値との関連を覚えておかなければならないので面倒です。これを行う良い方法は、**列挙型**（enum）を使用す

16.2　カスタムエディターウィンドウの作成　　**313**

ることです。

　列挙型が良い理由は、コンパイラーがチェックしてくれるためです。先ほどの例では、0が smallであると覚えておく必要がありましたが、シンプルにSmallと言えるほうがよいですね。列挙型はこれを実現できます。

　いくつかのダメージの種類を表す列挙型を定義しましょう。現在選択されているダメージの種類を保存する変数も追加していきます。

1. TextureCounterクラスに次のコードを追加します。

```
private enum DamageType {
  Fire,
  Frost,
  Electric,
  Shadow
}

private DamageType damageType;
```

この列挙型とdamageType変数を使って、リストから値を表示するポップアップを作成することができます。

2. OnGUIメソッドに次のコードを追加します。

```
damageType
  = (DamageType)EditorGUILayout.EnumPopup(damageType);
```

こうすることで、DamageType列挙型で表現されるすべての値を含んだポップアップが表示され、現在選択されている値がdamageType変数に設定されます。

EnumPopupメソッドは、使用している列挙型の型がわからないため、適切な型にキャストする必要があります。

16.2.9　スクロールビュー

　本章でこれまでに見てきたさまざまなコントロールをすべて追加すると、もしかしたらコントロールがエディターウィンドウの境界からはみ出してしまっているかもしれません。これを解決するには、**スクロールビュー**を使用してユーザーがスクロールできるようにすることができます。

　スクロールビューがスクロールの位置を把握できる必要ようにしなければなりませんので、他のコントロールで行ったのと同じように、スクロールの位置を保存する変数を作成する必要があります。

1. TextureCounterクラスに次の変数を追加します。

```
private Vector2 scrollPosition;
```

縦方向のリストを作成するのととてもよく似た方法でスクロールビューを作成することができます。新しくusingステートメントの中にEditorGUILayout.ScrollViewScopeを作成します。

2. OnGUIメソッドに次のコードを追加します。

```
using (var scrollView =
  new EditorGUILayout.ScrollViewScope(this.scrollPosition)) {

  this.scrollPosition = scrollView.scrollPosition;

  GUILayout.Label("These");
  GUILayout.Label("Labels");
  GUILayout.Label("Will be shown");
  GUILayout.Label("On top of each other");
}
```

3. Unityに戻ると、スクロール領域の中にラベルが配置されていることがわかります。この効能を確認するにはウィンドウのサイズを変更する必要があるかもしれません。

16.2.10　アセットデータベース

エディターウィンドウの話の締めくくりとして、TextureCounterウィンドウの目的に立ち戻ります。このウィンドウはプロジェクト内のテクスチャーの数を数え、その個数をラベルに表示するものです。

これを実現するにはAssetDatabaseクラスを使用します。このクラスはプロジェクトの中にあるすべてのアセットのゲートウェイとして機能し、Unityの管理下にあるすべてのファイルの情報を取得したり、変更したりすることができます。

ここで紙面を割いてAssetDatabaseクラスが実現できるさまざまなことをすべて説明することはできませんので、Unityの公式マニュアルのAssetDatabaseのページ（http://docs.unity3d.com/Manual/AssetDatabase.html）を確認することを強くお勧めします。

1. TextureCounterクラスのOnGUIメソッドを次のコードで置き換えます。

```
private void OnGUI() {
  using (var vertical = new EditorGUILayout.VerticalScope()) {
    // すべてのテクスチャーのリストを取得
    var paths = AssetDatabase.FindAssets("t:texture");

    // テクスチャーの数を取得
    var count = paths.Length;

    // ラベルに表示
    EditorGUILayout.LabelField("Texture Count",
      count.ToString());
```

```
        }
    }
```

2. **Unityに戻り、画像を何枚かプロジェクトに追加します**。どんな画像でもかまいませんので、画像ファイルをドラッグ＆ドロップします。ちょうどよい画像がなかったら、Flickr (https://flickr.com/) を開いて、猫でも検索すればよいでしょう。

エディターウィンドウには、追加したテクスチャーの数が表示されていることがわかります。

16.3　カスタムプロパティードロアーの作成

完全にカスタマイズしたエディターウィンドウを作成する以外に、［Inspector］ウィンドウの振る舞いを拡張することもできます。

［Inspector］ウィンドウの役割は、現在選択されているゲームオブジェクトにアタッチされた各コンポーネントを設定するユーザーインターフェースを提供することです。［Inspector］はコンポーネントごとにコントロールを表示して、それぞれの変数を示します。

［Inspector］ウィンドウは、文字列型、整数型、浮動小数点数型などの一般的な型に対して適切なコントロールを表示する方法をすでに知っています。ただし、独自の型を定義した場合、必ずしも［Inspector］ウィンドウがそれを正しく表示できるとはかぎりません。大抵の場合問題ありませんが、うまくいかないこともあります。

そこでプロパティードロアーの出番です。さまざまなデータの型をユーザーにどのように表示すればよいかをコードでUnityに指定することができるようになります。

GUIレイアウトの仕組みはカスタムプロパティードロアーの中では動作しません。その代わりに手動でコントロールをレイアウトする必要があります。心配するほど難しいことではありませんので、サンプルコードを使って実際にやってみましょう。

これを確かめるために、値の範囲を表現するカスタムクラスを作成します。このクラスは好きなスクリプトで使用できます。その次に、このカスタムクラス用のカスタムプロパティードロアーを定義していきます。手順は次のとおりです。

1. **Range.csという名前でC#スクリプトを新たに作成**し、**Assets**フォルダーの中に置きます。
2. **Range.csを次のコードで書き換えます**。

```
[System.Serializable]
public class Range {

    public float minLimit = 0;
```

```
        public float maxLimit = 10;

        public float min;
        public float max;

    }
```

System.Serializableアトリビュートは、このクラスがディスクに保存可能である旨を示します。こうすることで、Unityがこのクラスの値を[Inspector]ウィンドウに表示するようになります。

3. **C#のクラスをもうひとつ作成**し、名前をRangeTestにします。そして、このファイルを先ほどと同じようにAssetsフォルダーの中に置きます。このクラスはRangeを使用したシンプルなスクリプトコンポーネントになります。次のコードをRangeTest.csに追加します。

```
    public class RangeTest : MonoBehaviour {

        public Range range;

    }
```

4. メニューから[GameObject]→[Create Empty]を選択し、**空のゲームオブジェクトを作成**します。RangeTestをドラッグし、このオブジェクトの上にドロップします。

このゲームオブジェクトを選択すると、**図16-7**のように[Inspector]ウィンドウにそのままの値が表示されます。

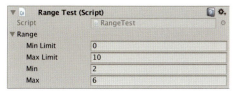

図16-7 Rangeクラス向けに標準のインターフェースを表示している[Inspector]ウィンドウの様子

これを上書きするために、新たなクラスを実装してUnityが提供する標準のインターフェースを置き換えます。

5. RangeEditorという名前で**新しくスクリプトを作成**し、このファイルをEditorフォルダーの中に置きます。
6. **RangeEditor.csの内容を次のコードで置き換えます。**

```
    using UnityEngine;
    using System.Collections;
```

```csharp
using UnityEditor;

[CustomPropertyDrawer(typeof(Range))]
public class RangeEditor : PropertyDrawer {

  // このプロパティードロアーは、スライダーが1行、値を直接変更できる
  // テキストフィールドが1行の、計2行の高さとなる
  const int LINE_COUNT = 2;

  public override float GetPropertyHeight (
    SerializedProperty property, GUIContent label)
  {
    // このプロパティーが表示される高さのピクセル数を返す
    return base.GetPropertyHeight (property, label)
      * LINE_COUNT;
  }

  public override void OnGUI (Rect position,
    SerializedProperty property, GUIContent label)
  {

    // Rangeプロパティー内のフィールドを表現するオブジェクトを取得
    var minProperty = property.FindPropertyRelative("min");
    var maxProperty = property.FindPropertyRelative("max");

    var minLimitProperty
      = property.FindPropertyRelative("minLimit");
    var maxLimitProperty
      = property.FindPropertyRelative("maxLimit");

    // PropertyScopeの中にあるコントロールはプレハブでうまく動作す
    // る。プレハブから変更された値は太字になり、値を右クリックする
    // とプレハブの初期値に戻すことができる
    using (var propertyScope
      = new EditorGUI.PropertyScope(
        position, label, property)) {

        // ラベルの表示：このメソッドはこのラベルの隣に格納可能な
        // 領域の矩形を返す
        Rect sliderRect
          = EditorGUI.PrefixLabel(position, label);

        // 各コントロールの矩形を作成

        // 1行あたりの大きさを計算
        var lineHeight = position.height / LINE_COUNT;

        // スライダーは1行分の高さを占める
        sliderRect.height = lineHeight;

      // 2つのテキストフィールドの領域はスライダーと同じ形状となり
      // 1行下に配置される
      var valuesRect = sliderRect;
```

318　16章　エディター拡張

```
        valuesRect.y += sliderRect.height;

        // 2つのテキストフィールドの矩形を作成
        var minValueRect = valuesRect;
        minValueRect.width /= 2.0f;

        var maxValueRect = valuesRect;
        maxValueRect.width /= 2.0f;
        maxValueRect.x += minValueRect.width;

        // 小数値の取得
        var minValue = minProperty.floatValue;
        var maxValue = maxProperty.floatValue;

        // 変更のチェックを開始。これにより
        // 複数オブジェクトの編集を正しくサポートする
        EditorGUI.BeginChangeCheck();

        // スライダーの表示
        EditorGUI.MinMaxSlider(
          sliderRect,
          ref minValue,
          ref maxValue,
          minLimitProperty.floatValue,
          maxLimitProperty.floatValue
        );

        // フィールドの表示
        minValue
          = EditorGUI.FloatField(minValueRect, minValue);
        maxValue
          = EditorGUI.FloatField(maxValueRect, maxValue);

        // 値が変更されたか
        var valueWasChanged = EditorGUI.EndChangeCheck();

        if (valueWasChanged) {
          // 変更値の保存
          minProperty.floatValue = minValue;
          maxProperty.floatValue = maxValue;
        }
      }

    }
  }
```

このコードはとても量が多いので、ここでまとめて順を追って見ていくことにしましょう。

16.3.1　クラスの作成

まず初めにクラスを定義し、［Inspector］ウィンドウが取り扱うRangeプロパティーのインターフェースを描画するためにこのクラスを使用することをUnityに伝える必要があります。

16.3　カスタムプロパティードロアーの作成　　**319**

これを行うには、Rangeクラスの型を引数に取るCustomPropertyDrawerアトリビュートを使用します。

加えて、RangeEditorの親クラスにPropertyDrawerを指定します。

```
[CustomPropertyDrawer(typeof(Range))]
public class RangeEditor : PropertyDrawer {
```

16.3.2 プロパティーの高さの設定

[Inspector]ウィンドウの中で、プロパティーはある特定の高さの領域を占めます。デフォルトでは約20ピクセルの高さです。しかし、Rangeのプロパティーには範囲を設定するスライダー、およびその下に2つのテキストフィールドを描画したいので、より広い領域が必要になります。

GetPropertyHeightメソッドは、プロパティーの高さをピクセルの単位で返すものです。このメソッドをオーバーライドして、高さを変更することができます。

Unityのバージョンによってはこの値が変わる可能性があるので、ハードコーディングするのではなく、必要な行数をLINE_COUNTという名前の定数として定義します。そして、親クラスのこのメソッドの実装を呼び出して1行の高さを取得し、それにLINE_COUNTを掛けます。

```
// このプロパティードロアーは、スライダーが1行、値を直接変更できる
// テキストフィールドが1行の、計2行の高さとなる
const int LINE_COUNT = 2;

public override float GetPropertyHeight (
  SerializedProperty property, GUIContent label)
{
  // このプロパティーが表示される高さのピクセル数を返す
  return base.GetPropertyHeight (
    property, label) * LINE_COUNT;
}
```

16.3.3 OnGUIメソッドのオーバーライド

それでは、このクラスの中心的なメソッドとなるOnGUIメソッドの実装を始めましょう。このメソッドはプロパティードロアー向けに次の3つの引数を取ります。

- positionパラメーターは、OnGUIメソッドが描画する必要があるコントロールの利用可能な領域の位置と高さをRect型で定義します。
- propertyパラメーターはSerializedPropertyオブジェクトで、このクラスの特定のインスタンスが提供するコンポーネントのRangeプロパティーとやり取りできるものです。
- labelパラメーターはGUIContentで、グラフィカルなコンテンツ（大抵の場合、このプロパティーのラベルとなるテキスト）を表現するものです。

```
public override void OnGUI (Rect position,
  SerializedProperty property, GUIContent label)
{
```

16.3.4　プロパティーの取得

　プロパティードロアーの仕事は、コンポーネント内のひとつのプロパティーを表示したり変更したりできるようにすることです。コンポーネントそのものを直接変更するのではなく、代わりにpropertyパラメーターを介してアクセスします。そうすることで、Undo（変更の取り消し）の自動サポートなどの追加機能をUnityが提供できるようになります。

　Rangeオブジェクトの場合、このオブジェクト自身が他のプロパティーを含んだひとつのプロパティーになります。min、max、minLimit、maxLimitの変数はすべてプロパティーになりますので、これらに対してアクセスできるようにする必要があります。

```
// Rangeプロパティー内のフィールドを表現するオブジェクトを取得
var minProperty = property.FindPropertyRelative("min");
var maxProperty = property.FindPropertyRelative("max");

var minLimitProperty
  = property.FindPropertyRelative("minLimit");
var maxLimitProperty
  = property.FindPropertyRelative("maxLimit");
```

16.3.5　プロパティースコープの作成

　プロパティーを表すこれらのオブジェクトの取得方法に加えて、描画するコントロールが特定のプロパティーに関連していることをGUIシステムに明示する必要があります。

　こうすることでUnityは必要に応じてコントロールの見た目をカスタマイズすることができます。重要な例は、プロパティーに紐付けられているオブジェクトのインスタンスがプレハブを修正したものであるときで、このようなケースではプロパティーは太字で表示されるべきです。さらに、変更されたプロパティーを右クリックすると、Unityがメニューを開き、その値をプレハブの初期値で元に戻すことができます。

　これを実現するために、すべてのコントロールをPropertyScopeの中にラップするようにします。

```
using (var propertyScope
  = new EditorGUI.PropertyScope(position, label, property)) {
```

16.3.6　ラベルの描画

　PrefixLabelコントロールを使ってラベルを描画します。このコントロールはpositionで指定された矩形の中にlabelテキストを描画します。それから新しいRectを返します。このRectは、ラベルの隣に残っている領域を示すもので、この領域の中にコントロールを描画できます。

16.3　カスタムプロパティードロアーの作成　　**321**

こうすることで、プロパティーのレイアウトがUnityの定番のスタイルに従います。プロパティーは左上にラベルがあり、その右側にフィールドが配置されます。ラベルの配下の領域は空のままです。

```
Rect sliderRect = EditorGUI.PrefixLabel(position, label);
```

16.3.7　矩形の計算

これでコントロールを描画するためにどの程度のスペースが残っているかわかりましたので、次に、スライダーと2つのテキストフィールドの3つのコントロールを配置する矩形の計算を始める必要があります。

まず初めに、全体のスペースをLINE_COUNTで割って、1行分の高さのピクセル数を計算します。そして、この高さlineHeightをsliderRectのheightに設定します。その一方で、widthに対しては何もしていませんので、スライダーは先頭行の左右全体を占めることになります。

次に、2つのテキストフィールドの矩形を計算します。これらはスライダーの下の行に横並びに表示されます。これを計算するには、2行目の全体の領域を示す矩形を求め、それを二等分に分割します。

```
var lineHeight = position.height / LINE_COUNT;

// スライダーは1行分の高さを占める
sliderRect.height = lineHeight;

// 2つのテキストフィールドの領域はスライダーと同じ形状となり
// 1行下に配置される
var valuesRect = sliderRect;
valuesRect.y += sliderRect.height;

// 2つのテキストフィールドの矩形を作成
var minValueRect = valuesRect;
minValueRect.width /= 2.0f;

var maxValueRect = valuesRect;
maxValueRect.width /= 2.0f;
maxValueRect.x += minValueRect.width;
```

16.3.8　値の取得

MinMaxSliderは指定した変数の内容を直接変更するため、minPropertyとmaxPropertyの値を一時的に変数へ格納する必要があります。これらの値はコントロールによって変更され、最終的にプロパティーオブジェクトに保存されます。

```
var minValue = minProperty.floatValue;
var maxValue = maxProperty.floatValue;
```

322　16章　エディター拡張

16.3.9　変更のチェックの作成

　コントロールを描画する前に、さらに追加で行うべき設定があります。描画しようとしているコントロールの値が変更されたかどうかをUnityに確認できるようにしなければいけません。

　この手順は大切です。もしこれをしなければ、値にまったく変更がなかったとしてもコントロールを描画するたびに毎回プロパティーを変更することになってしまいます。

　複数のオブジェクトを選択しなければこのままでもうまく動作します。ただし、複数のオブジェクトを選択すると、それらがRangeを持っていますので、それぞれのコントロールがRangeを使って表示しようとした際に、たとえユーザーが

　いっさい何もしていなくともすべて単一の値に変更されてしまうことになります。変更のチェックを追加することで、この予期せぬ動作を防止することができます。

```
EditorGUI.BeginChangeCheck();
```

16.3.10　スライダーの描画

　これでついにコントロールを描画することができます。表示しなければならないデータ、戻って来た結果を保存する方法、表示すべき領域の矩形の情報をコントロールが把握しています。

　まず初めにMinMaxSliderを描画します。

```
EditorGUI.MinMaxSlider(
    sliderRect,
    ref minValue,
    ref maxValue,
    minLimitProperty.floatValue,
    maxLimitProperty.floatValue
);
```

16.3.11　フィールドの描画

　次に、2つのテキストフィールドを描画します。MinMaxSliderに渡した変数と同じ変数を使っている点に注目しましょう。こうすることで、スライダーを変更するとテキストフィールドも併せて更新されます。その逆も同様です。

```
minValue = EditorGUI.FloatField(minValueRect, minValue);
maxValue = EditorGUI.FloatField(maxValueRect, maxValue);
```

16.3.12　変更されたかどうかの確認

　最後に、変更チェックを開始してから現時点までの間になんらかのコントロールが変更されたかどうかをUnityに確認することができます。変更されている場合、EditorGUI.EndChangeCheckメソッドがtrueを返します。

```
var valueWasChanged = EditorGUI.EndChangeCheck();
```

16.3　カスタムプロパティードロアーの作成　　**323**

16.3.13　プロパティーの保存

コントロールに変更があった場合、この新しい値でプロパティーを保存する必要があります。

```
if (valueWasChanged) {
  // 変更値の保存
  minProperty.floatValue = minValue;
  maxProperty.floatValue = maxValue;
}
```

16.3.14　動作確認

これですべて完了です。

Unityに戻り[Inspector]ウィンドウを見てみましょう。図16-8のようにRange変数に対応したカスタムUIが表示されることがわかります。

図16-8　カスタムプロパティードロアー

 ユーザーインターフェースを更新するために、ゲームオブジェクトの選択を解除してから再度選択し直す必要があるかもしれません。

記述したこのコードを使えば、どんなスクリプトのどんなRangeプロパティーに対しても、このカスタムインターフェースを使うことができます。

16.4　カスタムインスペクターの作成

本章の最後に、完全にカスタマイズした独自のインスペクターの作成方法について説明します。個々のプロパティーの見た目をカスタマイズできるだけでなく、インスペクター内のコンポーネントのユーザーインターフェース全体を置き換えることもできます。

どのようにすればよいかを見てみましょう。まず初めにシンプルなコンポーネントを作成し、それからこのコンポーネント向けのまったく新しいインスペクターインターフェースを作成します。

16.4.1　シンプルなコンポーネントの作成

このシンプルなコンポーネントは、ゲームの開始時にメッシュの色を変えるものです。

1. RuntimeColorChangerという名前で**新たにスクリプトを作成**します。
2. RuntimeColorChangerクラスを次のコードで書き換えます。

```
public class RuntimeColorChanger : MonoBehaviour {
```

```
    public Color color = Color.white;

    void Awake() {
      GetComponent<Renderer>().material.color = color;
    }
  }
```

3. Unityに戻り、[GameObject]メニューを開き、[3D Object]→[Capsule]を選択します。

4. このカプセルオブジェクトの上に**RuntimeColorChanger**スクリプトをドラッグ＆ド
   ロップします。

5. [Inspector]ウィンドウで、**RuntimeColorChanger**の**Color**プロパティーを赤色に変更
   し、プレイボタンを押します。そうするとこのカプセルが赤色に変わることがわかり
   ます。

16.4.2　カスタムインスペクターの作成

今のところとてもいい感じですね。意図どおりにスクリプトが動作しています。

それでは、クールな機能を追加するカスタムインスペクターを作成しましょう。事前に定義
した色のボタンの一覧から選択することで、色を手軽に変更できるようにしたいと思います。
ボタンを追加するカスタムインスペクターを作成して、これを実現します。

1. `RuntimeColorChangerEditor`という名前で**新たにスクリプトを作成**し、この
   ファイルを`Editor`フォルダーの中に置きます。

2. **RuntimeColorChangerEditor.cs**の内容を次のコードで書き換えます。

```
using UnityEngine;
using System.Collections;
using System.Collections.Generic; // 辞書型を使う上で必要
using UnityEditor;

// RuntimeColorChangerのエディターであることを示す
[CustomEditor(typeof(RuntimeColorChanger))]
// 複数のオブジェクトの変更に同時に対処できることを示す
[CanEditMultipleObjects]
class RuntimeColorChangerEditor : Editor {

    // 文字列と色のペアのコレクション
    private Dictionary<string, Color> colorPresets;

    // 選択されているすべてのオブジェクトのcolorプロパティーの定義
    private SerializedProperty colorProperty;

    // Called when the editor first appears
    public void OnEnable() {

        // 色のリストの設定
        colorPresets = new Dictionary<string, Color>();
```

16.4　カスタムインスペクターの作成　325

```csharp
        colorPresets["Red"] = Color.red;
        colorPresets["Green"] = Color.green;
        colorPresets["Blue"] = Color.blue;
        colorPresets["Yellow"] = Color.yellow;
        colorPresets["White"] = Color.white;

        // 選択されているオブジェクトのプロパティーを取得
        colorProperty
            = serializedObject.FindProperty("color");
    }

    // ［Inspector］内のGUIを描画するために呼び出される
    public override void OnInspectorGUI ()
    {
        // serializedObjectを最新の状態にする
        serializedObject.Update();

        // コントロールの垂直方向のリスト
        using (var area
            = new EditorGUILayout.VerticalScope()) {

            // リストに定義されている各色に対して実施
            foreach (var preset in colorPresets) {

                // ボタンの表示
                var clicked = GUILayout.Button(preset.Key);

                // クリックされたらプロパティーを更新
                if (clicked) {
                    colorProperty.colorValue = preset.Value;
                }
            }

            // 最終的に設定された色を直接フィールドに表示する
            EditorGUILayout.PropertyField(colorProperty);
        }

        // プロパティーに対する変更を適用
        serializedObject.ApplyModifiedProperties();
    }
}
```

また今回もコードが大きいので、詳細をひとつずつ順番に確認していくことにしましょう。

16.4.3　クラスのセットアップ

　最初の手順は、クラスを定義して、Unityシステムにおけるこのクラスの役割をはっきりさせることです。RuntimeColorChangerEditorクラスはEditorクラスのサブクラスになります。

　CustomEditorアトリビュートを設定して、このクラスがRuntimeColorChangerコンポーネントのエディターとして使われることを示します。最後に、

326　16章　エディター拡張

CanEditMultipleObjectsアトリビュートをクラスに設定します。このアトリビュートは、名前が示すとおり、複数のオブジェクトを同時に変更できることを示します。

```
// RuntimeColorChangerのエディターであることを示す
[CustomEditor(typeof(RuntimeColorChanger))]
// 複数のオブジェクトの変更に同時に対処できることを示す
[CanEditMultipleObjects]
class RuntimeColorChangerEditor : Editor {
```

16.4.4　色とプロパティーの定義

このクラスは主に次の2つの情報を保持する必要があります。まず、あらかじめ定義しておいた色のリストを用意してユーザーがその中から選択できるようにします。次に、現在選択されているすべてのオブジェクトのcolorプロパティーを設定するオブジェクトが必要です。

カスタムプロパティードロアーを作成したときと同じように、このプロパティーをSerializedPropertyとして定義します。そうすることでUnityがUndo（取り消し）などの追加機能を提供できるようになります。

```
// 文字列と色のペアのコレクション
private Dictionary<string, Color> colorPresets;

// 選択されているすべてのオブジェクトのcolorプロパティーの定義
private SerializedProperty colorProperty;
```

16.4.5　変数の設定

RuntimeColorChangerコンポーネントを含むオブジェクトが選択されると、[Inspector]ウィンドウはこのコンポーネントに対応したエディターを作成しようとします。この際に呼び出されるのがOnEnableメソッドです。このメソッドはなんらかの設定を行う最初のタイミングです。このエディターでは、準備として辞書型のcolorPresetsにプリセットの色を設定しています。

次に、colorプロパティーから値を取得できるようにしなければなりません。Unityが設定したserializedObject変数を介して行います。この変数は現在選択されているすべてのオブジェクトを示します。

```
public void OnEnable() {

    // 色のリストの設定
    colorPresets = new Dictionary<string, Color>();

    colorPresets["Red"] = Color.red;
    colorPresets["Green"] = Color.green;
    colorPresets["Blue"] = Color.blue;
    colorPresets["Yellow"] = Color.yellow;
    colorPresets["White"] = Color.white;
```

16.4　カスタムインスペクターの作成　　327

```
        // 選択されているオブジェクトのプロパティーを取得
        colorProperty = serializedObject.FindProperty("color");
    }
```

16.4.6　GUIの描画

OnInspectorGUIメソッドの中に独自のカスタムインスペクターを実装することができます。最初の手順はserializedObjectをゲームシーン内の現在の状態に更新するよう依頼することです。これにより、描画しようとしているコントロールがシーンを正確に表現できるようになります。

```
public override void OnInspectorGUI ()
{
    // serializedObjectを最新の状態にする
    serializedObject.Update();
```

16.4.7　コントロールの描画

ここまできたら、このコンポーネントのコントロールを描画できます。VerticalScopeメソッドを使って、辞書型のcolorPresets内にあるプリセットのボタンを描画します。いずれかのボタンがクリックされたら、対応するプリセットの色の値がcolorPropertyに設定されます。

ボタンが描かれたあと、色のPropertyFieldが表示されます。PropertyFieldコントロールは、colorPropertyがRuntimeColorChangerのcolor変数を表し、カラーウェルが表示され、ユーザーが自分の色を選択できるようにするため、プロパティーがどんなタイプであっても適切なコントロールを表示します。このようにして、ユーザーがオブジェクトについて細かい選択を行う機能と、追加の機能を提供する機能が維持されます。

ボタンが描画されたら、その色をPropertyFieldに表示します。PropertyFieldコントロールは、どのような種類のプロパティーに対しても適切なコントロールを表示します。colorPropertyがRuntimeColorChangerのcolor変数を示しており、ユーザーが自分の好きな色を選ぶことができる色選択ウィンドウが表示されます。このようにして、オブジェクトに関する細かな調整と新たな機能の追加を両立させます。

```
using (var area = new EditorGUILayout.VerticalScope()) {

    // リストに定義されている各色に対して実施
    foreach (var preset in colorPresets) {

        // ボタンの表示
        var clicked = GUILayout.Button(preset.Key);

        // クリックされたらプロパティーを更新
        if (clicked) {
            colorProperty.colorValue = preset.Value;
```

328　16章　エディター拡張

```
        }
    }
    // 最終的に設定された色を直接フィールドに表示する
    EditorGUILayout.PropertyField(colorProperty);
}
```

16.4.8　変更の適用

最後に行うことは、選択されたオブジェクト（複数のオブジェクトが選択されている場合はそれら選択中のオブジェクトすべて）に対して変更を適用することです。`serializedObject`の`ApplyModifiedProperties`メソッドを呼び出すことでこれを実現します。

```
// プロパティーに対する変更を適用
serializedObject.ApplyModifiedProperties();
```

16.4.9　テスト

これでカスタムインスペクターをテストできるようになりました。

ゲームオブジェクトを選択すると、図16-9のようにカスタムインスペクターが表示されることがわかります。もしかすると、最初にカプセルの選択を解除して再び選択し直す必要があるかもしれません。

図16-9　カスタムインスペクター

デフォルトのインスペクターコンテンツの表示

場合によっては、コンポーネントを描画するために［Inspector］を置き換えるまでの必要はないが、少しだけ別のものを追加したいということがあります。このようなときは、`DrawDefaultInspector`メソッドを使用します。このメソッドは、標準の［Inspector］ウィンドウが持つすべてのものを手軽に描画します。そのあとに上部や下部に別のコントロールを追加で描画することができます。

```
public override void OnInspectorGUI() {

    // 標準の［Inspector］のコントロールを描画
    DrawDefaultInspector();
```

```
    // 鼓舞するメッセージを下部に表示
    var msg = "You're doing a great job! " +
      "Keep it up!";

    EditorGUILayout.HelpBox(msg, MessageType.Info);
  }
```

16.5　まとめ

　カスタムエディターは、あなたの日々をとても簡単なものにしてくれます。繰り返しの作業が必要な場合や、より良い方法でオブジェクト内に含まれているデータを表示させたい場合などに、エディターが本当に助けになります。ただし、次のことを肝に銘じてください。プレイヤーがカスタムエディターを見ることは決してありません。カスタムエディターはあくまでも開発者のためにのみ存在しますので、完璧なカスタムエディターを作ることにこだわりすぎないようにしてください。重要なことは、これらのエディターはゲームの作成を手助けするためにあるということです。

17章
エディターを超えて

　ゲームは完成しました。ゲームプレイは洗練され、すべてがうまくいっているように見えます。次は何をすればよいのでしょう？

　今こそUnityエディター自体から飛び出すときです。Unityはゲームを改善したり、ゲームの作り方を改善したり、ゲームから利益を得る方法までも改善できる便利なサービスを数多く提供しています。本章ではこれら3つのことを紹介します。

　また作成したゲームをさまざまなデバイス向けにビルドしてより多くの人に届けられるようにすることについても説明します。

17.1　Unityサービスのエコシステム

　人々が「Unity」と言うとき、通常それはUnity Technologiesが開発し販売しているソフトウェアであるUnityエディターをことを指しています。しかし、Unityはただのエディターではありません。このソフトウェア本体に加えて、Unityは開発者のクオリティ・オブ・ライフを向上させるために設計されているさまざまなサービスを提供しています。その中でも最も役に立つのがアセットストア、Unity Cloud Buildサービス、Unity Adsプラットフォームの3つです。

17.1.1　アセットストア

　Unityアセットストアはプログラマーやアーティスト、その他のゲームのコンテンツ作成者がゲームに組み込めるように設計されたコンテンツを販売できるオンラインストアです。

　アセットストアは特に、あるスキルが不足しているという人にとってはありがたいものです。例えばアートアセットを作成するためのスキル（もしくは時間）がないプログラマーは必要な3Dモデルを購入して、自分の得意なプログラミングだけに集中できます。ゲームの音楽やスクリプトなどが必要な人にとっても同様です。アセットストアで扱われるコンテンツはちょっとしたものから本格的なものまで多岐にわたります。ストアでは、自動車の3Dモデルを単独で購入することもできれば、ある種のゲームに必要なアセット一式をすべて購入することもできます。

331

アセットストアから購入したアセットは、特にそれが**良い**アセットだった場合に、ほかの人にすぐにそれと気づかれてしまうことがよくあります。アセットストアに依存しすぎるとゲームの見た目や雰囲気がどこかで見たように感じられるものになるので注意しましょう。

Unityにはない機能を追加してくれるような、非常に興味深いアセットもストアで提供されています。

17.1.2　PlayMaker

PlayMakerはHutong Gamesによって提供されているビジュアルスクリプティングツールです。ビジュアルスクリプティングシステムでは、ボックスとそこから引き出されるワイヤーという形で表される事前定義されたコードモジュールをお互いに接続することでゲームオブジェクトの振る舞いを定義できます。

ビジュアルスクリプティングシステムはコードを作成する代わりになり、プログラミングに馴染みのないユーザーにはより理解しやすく感じられることがよくあります。このシステムは状態に大きく依存した振る舞いを表現することに特に長けています。そのような振る舞いには、例えばランダムに歩き回ってプレイヤーを見つけると**狙いを定めた状態**になり、自身が死ぬか、プレイヤーが死ぬか、プレイヤーを見失うまで攻撃を続けるエネミー AIがあります。

PlayMakerはアセットストアから取得できます。

　https://www.assetstore.unity3d.com/#!/content/368

17.1.2.1　PlayMakerのインストール

PlayMakerを使用するとそれまでとはまったく異なるやり方でゲームの振る舞いを定義できるので、詳細に調査して簡単な振る舞いをいくつか定義してみる価値があるでしょう。次の手順を試してみるには、アセットストアからPlayMakerを購入する必要があります。本書執筆時点（2017年半ば）では65ドルです。

以降の手順は3Dグラフィックス用に設定された新しい空のプロジェクトで試してください。

1. パッケージをダウンロードしてインポートします。インストールウィンドウが開きます（**図17-1**）。

図 17-1 パッケージインポート後に表示される PlayMaker のインストールウィンドウ

2. **Install をクリックします**。PlayMaker がインストールを実行可能かどうか確認し、最新バージョンであることを確認します。

 Git などのバージョン管理ツールを使用していない場合、PlayMaker はそのことを指摘します。指摘を無視することもできますが、いずれにしてもバージョン管理を使用することは良い考えです。

3. 2番目のインストールウィンドウ（**図 17-2**）で**インストールボタンをクリック**すると、ダイアログが表示されるので「I Made a Backup, Go Ahead!」をクリックします。Unity が2番目のパッケージをインストールします。

図17-2 2番目のインストールウィンドウ

4. 表示されるウィンドウで［Import］をクリックします。

使用しているUnityのバージョンによっては、最新のAPIを使用するためにUnityがコードをアップグレードしていいかどうかを尋ねるかもしれません。作業を進めるには同意する必要があります。

インストールが終了したら、残っているウィンドウをすべて閉じてください。これで先に進む準備が整いました。

17.1.2.2　PlayMakerを試す

　PlayMaker全体の考え方は**有限状態機械**（Finite State Machine：**FSM**）に基づいています。有限状態機械はオブジェクトが複数ある状態のうちのひとつを取ることができ、それぞれの状態は事前に定義された状態のサブセットに変化もしくは遷移することができる論理的なシステムです。例えばあなたに**座っている**、**立っている**、**走っている**という状態があるとすると、あなたは**立っている**状態から**座っている**もしくは**走っている**状態に遷移することはできますが、**座っている**状態から**走っている**状態に直接遷移することはできません。状態が遷移するときには、なんらかの処理を実行する機会が得られます。

　この簡単なチュートリアルで追加する振る舞いは非常に単純です。今回作成するのは地面に落ちると色が変わるボールです。

　まず初めに環境を準備しましょう。

1. ［GameObject］メニューを開き、［3D Object］→［Sphere］を選択して**球を作成します**。
新しく作成したオブジェクトを選択し、［Inspector］のTrnsformコンポーネントを使用

して位置を (0, 15, 0) 設定してください。
2. 球に**Rigidbody**コンポーネントを追加します。
3. もう一度 [GameObject] メニューを開き、[3D Object] → [Plane] を選択して**地面を作成します**。
   オブジェクトの位置を (0, 0, 0) に設定します。
4. 最後に、(0, 9, -16) に**カメラの位置を再設定**し、回転をゼロに設定します。これでボールと地面の両方が視界に入ります。

シーンは**図17-3**のような見た目になっているはずです。

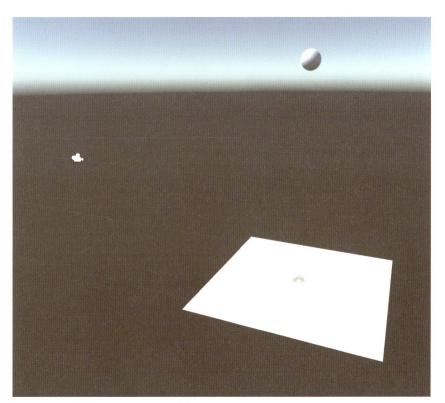

図17-3 チュートリアルのシーンレイアウト

それではこれから球にPlayMakerの振る舞いを追加していきます。

1. PlayMakerメニューを開き、PlayMakerエディターを選択して**PlayMakerエディターを開きます**。
   PlayMakerエディタータブが開きます (**図17-4**)。

Unityウィンドウにタブをアタッチしたほうが便利だと思うかもしれません。そのためにはタブを配置したいウィンドウの上部にドラッグ＆ドロップします。

図17-4　PlayMakerエディター

2. **球にFSMを追加します。** Sphereを選択し、PlayMakerウィンドウで右クリックしてAdd FSMを選択します。

［PlayMaker］ウィンドウは多くのヒントを表示します。これは非常に有益なこともありますが、大きな領域を専有してしまいます。F1キーを押下するか［PlayMaker］ウィンドウの右下にある［Hints］ボタンをクリックするとヒントを無効化できます。

デフォルトではFSMは`State1`という名前の単一の状態を持ちます。今回のデモでは2つの状態、`Falling`と`HitGround`を使用します。そのため最初の状態の名前を変更して、もうひとつ新しく追加します。

3. **最初の状態の名前をFallingに変更します。** 最初の状態を選択して［PlayMaker］ウィンドウの右にある［State］タブを開き名前を`Falling`に変更します。
4. ［PlayMaker］ウィンドウを右クリックして［Add State］を選択し、新しい状態の名前を`HitGround`として、**HitGround状態を追加します。**
    FSMは図17-5のような見た目になっているはずです。

図17-5　状態を追加したFSM

ボールが地面に当たったときに状態を変更します。そのためには、FSMがアタッチされたオブジェクトが何かに衝突したときに発火される`Falling`状態から`HitGround`状態への**transition**を作成します。

5. Falling状態を右クリックして［Add Transition］→［System Events］→［COLLISION ENTER］を選択し、**transitionを追加します**。transitionが目的の状態と接続されていないという警告とともに新しいtransitionが現れます（**図17-6**参照）。

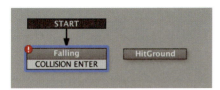

図17-6 transitionを追加して接続する前のFSM

6. COLLISION ENTER transitionを左クリックしてHitGround状態までドラッグし、**transitionをHitGround状態に接続します**。それらを接続する矢印が表示されます（**図17-7**）。

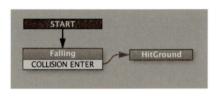

図17-7 状態が接続されたFSM

7. プレイボタンを押下して**ゲームをテストします**。FSMウィンドウは現在の状態をハイライトします。つまり球が地面に接するまでFallingアクションがハイライトされています。

次にオブジェクトがHitGround状態になったときに実行されるアクションを追加する必要があります。ここではマテリアルの色を変更することにします。

1. 状態を選択して［State］タブを開き、［Action Browser］をクリックして**HitGround状態にSet Material Colorアクションを追加します**。［Action Browser］ウィンドウが表示されるので、［Material］ボタンまでスクロールし、クリックしてSet Material Colorエントリーを選択します（**図17-8**）。［Add Action to State］をクリックすると［State］タブにアクションが表示されます（**図17-9**）。

17.1 Unityサービスのエコシステム 337

図17-8　Action Browser

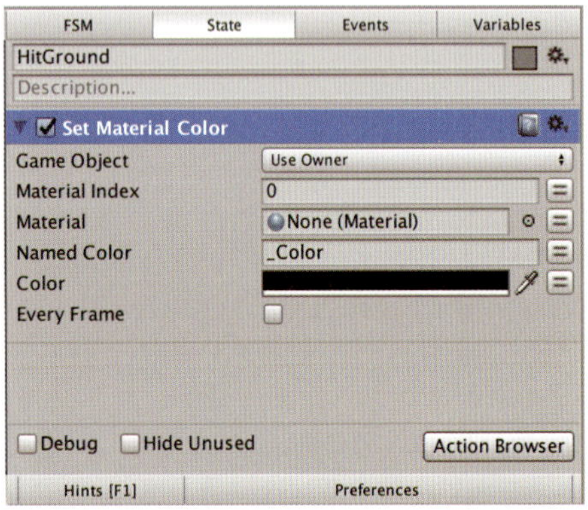

図17-9　アクションが追加され設定されたFSM

2. 色が緑に変更されるようにします。［State］セクションで、色を緑に変更します。
3. ゲームをテストします。ボールが地面に接すると色が緑に変わります。

17.1.3　Amplify Shader Editor

「14章 ライティングとシェーダー」で見たとおり、シェーダーは通常コードを記述する必要があります。しかしシェーダーはビジュアルな性質に関係するものなので、ゲームプレイのコード以上にビジュアルな構築が有効です。色を表す2つのベクトルをお互いに掛け合わせるコードを記述するよりも、実際起きることを目で見たほうがより直感的でしょう。

Amplify Shader Editor（図17-10）はいくつかあるそのようなUnity用のビジュアルなシェーダーエディターのうちのひとつです。Amplifyではノードをお互いに接続することで、マテリアルを作成して結果を確認し、ゲームで利用できるアセットを生成できます。このやり方のほ

うが自分でシェーダーコードを記述するよりも早く簡単なこともよくあり、ビジュアルな結果をビジュアルに作成することのほうが直感的だと感じる人にとっては特に有用です[*1]。

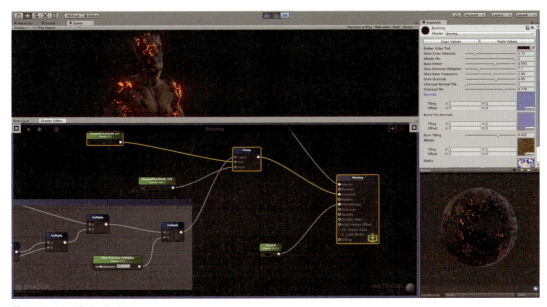

図 17-10　Amplify Shader Editor

Amplify Shader Editorはアセットストアから取得できます。

https://www.assetstore.unity3d.com/en/#!/content/68570

17.1.4　UFPS

UFPSもしくはUltimate FPS（図17-11）は一人称視点シューティングゲームの単純な土台です。Unityには一人称視点のコントローラーがありますが、そこにはダッキング、はしごの昇降、ボタン操作など一人称視点ゲームで一般的な操作が含まれていません。UFPSを使用するとこれらを簡単に実装できるだけでなく、武器一覧の管理、銃弾の管理、プレイヤーの体力の管理などシューティングゲームプレイ専用の機能も利用できます。

 UFPSはアクション志向のシューティングゲーム用に作られたものですが、よりスローペースなゲームにも使うことができます。そのようなゲームにはFullbright社の『Gone Home』（2014）があります。このゲームはある家の周りを歩き回り残されたオブジェクトやドキュメント、家具などを調べるもので、一人称視点を実現するためにUFPSが使用されています。

[*1] 訳注：Unity 2018.1でShader Graphという新機能が導入され、標準状態のUnityでもビジュアルにシェーダーを作成できるようになりました。

図17-11 Ultimate FPS

UFPSはアセットストアから取得できます。

　https://www.assetstore.unity3d.com/en/#!/content/2943

17.1.5　Unity Cloud Build

　目的のプラットフォームのためにプロジェクトをビルドすることは強力な処理能力と時間が必要になる複雑なプロセスです。自分のコンピューターでビルドすることも**できます**が、だからといって、特にプロジェクトが巨大で複雑な場合には、常にそう**しなければいけない**というわけではありません。

　Unity Cloud Buildはソースコードをダウンロードしてビルドし、そのビルド結果を手元にダウンロードできるように（もしくはビルドに失敗したことを通知）してくれるサービスです。ソースコードのリポジトリにアクセスできるようにCloud Buildを設定するとその変更を監視するようになり、変更があればUnityが自動的にゲームをビルドします。

> Cloud Buildを使わずに自分で独自のビルドサーバーを構築することもたしかに可能です。しかしその作業には手間がかかり、しかも取得したライセンスのアクティベーションの2つのうちのひとつを消費してしまいます。Cloud Buildを使用すると自分でコントロールできない領域ができる代わりに、利用が非常に簡単になります。

　本書の執筆時点ではCloud Buildは無料サービスです[*1]。もしUnity Plusに申し込んでいれば、あなたのビルドは優先的に実行され、より早く完了します。Unity Proに申し込んでいれば、ビルドは並列に実行することもでき、ゲームが複数プラットフォーム（例えばiOSとAndroidの両方に）対応している場合には両方のビルドを同時に開始することもできます。

　Cloud Buildに関するさらに詳しい情報はUnityのWebサイト（https://unity3d.com/services/cloud-build）で確認できます。

　＊1　訳注：Cloud Buildは月額9ドルからのUnity Team Advancedに含まれており、1か月は無料で試用することができます。

17.1.6　Unity Ads

　Unity Adsはゲーム画面にフルスクリーンのビデオ広告を提供するサービスです。プレイヤーが広告を見るとあなたは少しの料金を得ることができます。これによりゲームから利益を得る手段をさらに開拓することができます。

　ビデオ広告に特有な利用ケースは広告閲覧と引き換えにプレイヤーが（ボーナス通貨、見た目の変更、その他コンテンツなど）なんらかのゲーム内報酬を受け取ることができる**リワード広告**です。

　ゲームのマネタイズ戦略を設計することは大きなテーマで、そのテーマだけで書庫全体を占めることもありえます（実際にあります！）。Unity Adsを始めるためには、UnityのWebサイトにあるそのサービスのページ（https://unity3d.com/services/ads）を見てみましょう。

17.2　デプロイ

　ゲームをエディターから取り出して実際のデバイスに載せる準備ができると、Unityでゲームを**ビルド**する必要があります。これにはゲームのアセットすべてをバンドルし、スクリプトをコンパイルして、ビルドしたアプリをデバイスにインストールするという3つの処理が含まれます。最初の2つはUnityで行いますが、3つ目は少し自分で行わなければならない部分があります。

　ここでは、iOSとAndroidの両方のためにゲームをビルドする方法について説明します。しかしその前に行うべき事前準備があり、Unityのバージョンによって少しずつ異なることもあるため少し説明しておきます。

17.2.1　プロジェクトの準備

　プロジェクトはいつでもビルドできます。しかし良い結果を得るにはゲームのプレイヤー設定が正しいことを確認しておいたほうがよいでしょう。プレイヤー設定にはゲームの名前やアイコン、ゲームを実行する画面の向き、インストールするOSがゲームを識別するための一意なID文字列などが含まれます。

　これらを設定するにはPlayerSettingsにアクセスしなければいけません。それには［Edit］メニューを開き、［Project Settings］→［Player］を選択します。［Inspector］の表示は**図17-12**のようになります。

図17-12 PlayerSettingsの [Inspector]

 複数のプラットフォームで同じになる設定もあります。例えばゲームの名前がプラットフォーム間で異なることはまずありませんし、アイコンも同様です。Unityは名前の後ろにアスタリスク（*）が付いているかどうかで複数のプラットフォームで共有される設定を識別します。

iOSであれAndroidであれ、いくつかの設定はすべてのアプリケーションで必要です。

- ゲームの**プロダクト名**。ホームスクリーンとマーケットプレイスで表示されます。
- ゲームの**会社名**。マーケットプレイスで使用されます。
- ゲームの**アイコン**。これもホームスクリーンとマーケットプレイスで使用されます。
- ゲームの**スプラッシュ画面**。ゲームの起動処理中に表示されます。
- ゲームの**バンドルID**。マーケットプレイス内でゲームを一意に識別する文字列です

が、ユーザーには表示されません。自分のドメイン名（例、oreilly.com）を使用
してそれを反転し、ゲームの名前を追加して作成されます（例、com.oreilly.
MyAwesomeGame）。

　ゲームをテストするには、名前と識別子が設定されていなければいけません。iTunes App
StoreとGoogle Playストアの両方でゲームをリリースするには上記の要素すべてが必要になり
ます。

　デフォルトではプロダクト名にはプロジェクトの名前が設定されていて、会社名には
DefaultCompanyが設定されています。それでよければ、（図17-12にあるように）プロダクト
名を変更せずにそのままにしておいてもかまいません。

　バンドルIDを変更するには、Cursor Hotspotの下にあるタブからビルドしたいプラット
フォームを選択してOther Settingsセクションを開きます。そこからBundle Identifierに使用
したい識別子を設定します（図17-13参照）。

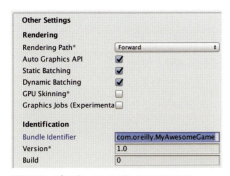

図17-13　プロジェクトのバンドルIDの設定

 iOSとAndroidの両方に対応するゲームをビルドする場合は、バンドルIDを2回
設定する必要はありません。この設定とゲームのバージョン番号やその他のいく
つかの機能はすべてのプラットフォームで共有されます。

17.2.2　ターゲットを設定

　ビルドターゲットは一度にひとつだけしか選択できません。デフォルトではUnityはター
ゲットを［PC, Mac & Linux Standalone］に設定し、Unityを実行しているのと同じ特定のター
ゲットをデフォルトにします。つまり、例えばMacを使用しているときにはターゲットはデ
フォルトでmacOSになり、PCを使用しているときにはWindowsになります。

 プラットフォームモジュールのダウンロード
あるプラットフォーム用にビルドするには、まずUnityに正しいモジュールがイ
ンストールされている必要があります。Unityを初めてインストールするときに、

17.2　デプロイ　　343

インストーラーはモジュールをインストールしたいプラットフォームがどれか
を尋ねます。もしデプロイしたいプラットフォーム用のモジュールがなければ、
Build Settingsウィンドウは図17-14のような表示になります。適切なモジュール
をダウンロードしてインストールするには、このウィンドウの［Open Download
Page］ボタンをクリックしなければいけません。

図17-14　モジュールがロードされていないプラットフォームを選択したときのBuild Settingsウィンドウ

「第Ⅱ部 2Dゲーム『Gnome's Well』の開発」と「第Ⅲ部 3Dゲーム『Rockfall』の開発」で設計、
構築したモバイルゲームを考えると、最初に行うのは求めるプラットフォームを切り替えるこ
とです。そのために、［File］メニューを開き、［Build Settings］を選択して［Build Settings］ウィ
ンドウを開きます（図17-15を参照）。

図17-15　Build Settingsメニュー

ここからは簡単で、ウィンドウの左下の［Switch Platform］ボタンをクリックして、ターゲットプラットフォームを選択するだけです。

プラットフォームを切り替えると、Unityはゲームのアセットをすべて再インポートします。プロジェクトが巨大ならこの処理には長い時間がかかることがあります。心の準備をしておいてください。この問題を軽減するために、UnityはCashe Serverというツールを提供しています。これによりインポートされたアセットのコピーを減らすことができます。詳細についてはドキュメント（http://bit.ly/cache-server）を参照してください。

17.2.3　スプラッシュ画面

ビルドしたアプリを公開するにあたって、UnityのPersonalプランとPlus/Proプランには違いがあるということは指摘しておいたほうがよいでしょう。Personalプランのユーザーはゲームの開始時にスプラッシュ画面を表示する必要がありますが、PlusとProのユーザーは無効にすることができます。

スプラッシュ画面は非常に制限されています。「Made with Unity」という文字と一緒にUnityのロゴのある画面が、バックグラウンドでゲームの初期シーンを読み込んでいる間、2秒間は表示されなければいけません。

スプラッシュ画面は使用しているUnityのバージョンにかかわらず大幅にカスタマイズすることができます。Unityロゴだけでなく自身のロゴも加えてかまいませんし、背景色や背景画像、透明度もカスタマイズできます。スプラッシュ画面では複数のロゴをひとつの画面に表示することもできますし、順番にひとつずつ表示してもかまいません。スプラッシュ画面をカスタマイズするには、［Edit］メニューを開き、［Project Settings］→［Player］を選択して、［Splash Image］→［Splash Screen］までスクロールダウンします。Unityはこのトピックスについて多くのドキュメントを公開しています。さらに情報が必要であればhttps://docs.unity3d.com/Manual/class-PlayerSettingsSplashScreen.htmlを参照してください。

17.2.4　特定プラットフォーム向けビルド

iOS向けとAndroid向けのビルド手順は異なります。ここではそれぞれの手順について見ていきます。

17.2.5　iOS向けビルド

Unityを使用すると自身のゲームのiOSバージョンを簡単にビルドできます。ここでは、ゲー

ムをスマートフォン上で動かすために必要な手順をひとつずつ確認します。

iOS向けのビルドは現在のところmacOSコンピューター上か、Unity Cloud（Macでビルドを行っている）でのみ可能です。

ゲームを自身の個人的なデバイスに直接デプロイするのは完全に無料です。ゲームをほかの人に配布する場合は、iTunes App Store経由で行わなければいけません。つまり、Apple Developer Programに登録して年間99ドル支払う必要があります。これはhttps://developer.apple.com/programs/で行います。

まず初めに、iOSの開発環境であるXcodeをダウンロードする必要があります。

1. Mac App Storeを立ち上げてXcodeを検索し、**Xcodeをダウンロードします**。
2. ダウンロードが終わると、**Xcodeを立ち上げます**。

ここでXcodeに自分のアカウントを設定しなければいけません。あなたが有料のApple Developer Programに登録しているかどうかにかかわらず、ゲームをデバイスにインストールする前に必須のコード署名を行うためにXcodeはApple IDを使用してあなたを開発者として登録する必要があります。

1. **Xcodeメニューを開き、Preferencesを選択します**。ウィンドウの上部でAccountsをクリックします。左下の角の追加ボタン（+）をクリックし、ポップアップメニューからAdd Apple IDを選択します。
2. デバイスとコンピューターのUSBポートを接続します。

Xcodeの設定が完了し、Unityのゲームをビルドする準備が整いました。

1. Unityに戻り、[File]メニューを開いて[Build Settings]を選択して[**Build Settings**]ウィンドウを開きます。
2. **iOSプラットフォームを選択して、Switch Platformをクリックします**。Unityはプロジェクト全体をiOSに切り替えます（**図17-16**）。これには数分かかることがあります。

容量を節約するにはSymlink Unity Librariesボタンを有効にします。これによってプロジェクトが数百メガバイトにもなるUnityライブラリ全体を自身のプロジェクトにコピーすることがなくなります。

346　17章　エディターを超えて

図17-16 iOSプラットフォームを使用するBuild Settingsウィンドウ

3. **Build And Run**をクリックします。Unityがプロジェクトを保存する場所を聞いてきます。保存するフォルダーを選択すると、UnityがアプリをiOS向けにビルドし、Xcodeでプロジェクトを開き、接続されたデバイス上でアプリをビルドして実行するようにXcodeを操作します。

 コードサインの問題

コードサインで何かエラーが起きた場合は、ウィンドウの左上でプロジェクトを選択し、Unity-iPhoneターゲットを選択して、Teamドロップダウンメニューから開発チーム（もしかすると単にあなたの名前かもしれません）を選択して、Fix Issue（図17-17）をクリックします。証明書が選択されるので、command＋Rを押して再度ビルドを試してください。

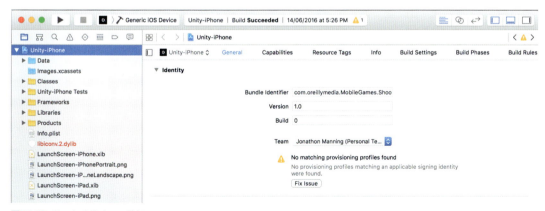

図17-17 XcodeのFix Issueボタン

17.2 デプロイ 347

17.2.6　Android向けビルド

Android向けビルドのために必要なAndroid SDKをまず初めにインストールします。このSDKを使用することでビルドしたアプリケーションをデバイスに転送できます。

1. Android Developerサイト（http://developer.android.com/sdk）から**Android SDK**をダウンロードします。
2. http://developer.android.com/sdk/installing/index.htmlの指示に従って**SDKをインストール**します。

Windowsを使用している場合は、コンピューターがAndroidデバイスと通信できるようにさらにUSBドライバをダウンロードする必要があるかもしれません。ドライバはhttp://developer.android.com/sdk/win-usb.htmlからダウンロードできます。macOSまたはLinuxを使用している場合はこの作業は必要ありません。

これでUnityにAndroid SDKをインストールした場所を設定できます。

1. **Unity**のメニューを開き、[Preferences]→[External Tools]を選択します。このウィンドウで、SDKフィールドの横にある[Browse]ボタンをクリックして、Android Studioをインストールしたフォルダーを選択します。
2. [File]メニューを開き[Build Settings]を選択して、[**Build Settings**]ウィンドウを開きます。
3. **Android**プラットフォームを選択し、[**Switch Platform**]をクリックします。Unityはプロジェクト全体をAndroid用に切り替えます。
4. **Google Android Project**を選択します（**図17-18**を参照）。これによりUnityはAndroid Studioで使用されるプロジェクトをエクスポートして生成します[*1]。

図17-18　AndroidビルドがGoogle Androidプロジェクトを生成するようにする

5. [**Export**]をクリックします。Unityがプロジェクトを保存する場所を尋ねます。場所を指定するとプロジェクトが生成されます。
6. **Android Studio**でプロジェクトを開き、プレイボタンをクリックします。プロジェクトがコンパイルされて、スマートフォンにインストールされます。

Unityはリリースごとにそれほど大きくは変わらないことが多いのですが、モバイルデバイ

[*1] 訳注：現在のバージョンでは、この設定項目は[Export Project]という名前になっています。

スの設定とビルドの手順はより頻繁に変更されます。そのため、印刷された瞬間から古びていく可能性のあるやり方でUnityのドキュメントを繰り返すのではなく、AndroidとiOSの両方でどのように設定するかを示したUnityの便利なステップ・バイ・ステップチュートリアルを紹介します。

- 「Getting started with Android development」(http://bit.ly/android-gettingstarted)
- 「Getting started with iOS development」(http://bit.ly/iphone-gettingstarted)

iOSとAndroid両方の開発で大量のソフトウェアをダウンロードしてインストールしなければいけません。セットアップは安定したインターネット接続のあるところで行うようにしましょう。

17.3 次に行うこと

本書の長い旅路もここで終わります。本書を読み終えた皆さんは、何もない状態から始めて、2Dと3Dの2つのゲームを完成させて、必要に応じてUnityをカスタマイズする方法を学びました。

本書をここまで読み飛ばしてきた人も、これで終了です。甘えん坊さん、おめでとう。

最後に、あとで目を通すとよい便利な参考資料をいくつか紹介しておきます。

- Unityのドキュメント(http://docs.unity3d.com)は非常に良くできていて、エディター全体のリファレンスマニュアルも用意されています。ドキュメントは2つのセクションに分かれています。マニュアル(http://docs.unity3d.com/Manual/index.html)ではエディターが説明されています。スクリプティングリファレンス(http://docs.unity3d.com/ScriptReference/index.html)では、UnityのスクリプティングAPIで利用できるすべてのクラス、メソッド、関数が説明されています。これはリファレンスとして非常によくまとまっています。
- Unityの公式フォーラム(http://forum.unity3d.com)はコミュニティによる議論のハブとして、そして助けを得られる場所として使用されています。
- Unity Answers(http://answers.unity3d.com)は公式にサポートされた質問と回答のフォーラムです。具体的な疑問があるときには、初めにここを確認するとよいでしょう。
- Unityはよくライブトレーニングセッション(http://unity3d.com/learn/live-training)を開催します。ライブクラスセッションの中では公式のトレーナーの一人が機能をデモしたり、プロジェジェクトを完成させたりします。もしライブセッションに参加できなかったとしても、通常は録画されあとで見ることができます。

- 最後にUnityは初心者向けの入門用コンテンツから、高度で非常に専門的な説明まで幅広いチュートリアル (http://unity3d.com/learn/tutorials) を数多く公開しています。

読者の皆さんに本書を楽しんでいただけたなら、著者としてこれ以上の幸せはありません。皆さんが何かを作ったら、ぜひ教えてください。それが、どんなにちっぽけなものでもかまいません。いつでも気軽にメールしてください。筆者らのメールアドレスはunitybook@secretlab.com.auです。

付録A
Unity Hub のすすめ

鈴木 久貴●株式会社ソニー・インタラクティブエンタテインメント

本付録は日本語版オリジナルの記事です。本稿ではUnityの複数のバージョンを一括管理するためのツールUnity Hubについて解説します。

A.1　Unity Hub

Unity HubはUnityエディターのインストールの手助けと、Unityプロジェクトを開く際にどのUnityのバージョンで開くか管理してくれます。Unityを使った開発では、開発の途中にUnityエディターのバージョンアップを行うことによる問題がしばしば起こります。Unity Hubを用いることでどのプロジェクトをどのバージョンのUnityエディターで開発しているかを管理してくれるため、バージョン問題の煩わしさから解放されます。本稿執筆時（2018年5月）のバージョンは0.16.0で、ベータ版ではありますがUnityでの開発時に使用することをお勧めします。

A.1.1　Unity Hub で Unity をインストール

それでは、まずUnity Hubをインストールしましょう。

1. **Unity Hubをインストールします。** Windowsユーザーは（https://public-cdn.cloud.unity3d.com/hub/prod/UnityHubSetup.exe）から、macOSユーザーは（https://public-cdn.cloud.unity3d.com/hub/prod/UnityHubSetup.dmg）からUnity Hubのインストーラーをダウンロードしてきて、インストーラーの指示に従ってインストールしてください。

2. **[Installs] タブを開きます。** インストールが終わってUnity Hubを開き、[Installs] タブを開くと**図A-1**の画面が表示されます。[Download] ボタンを押すと、[Official Releases] が選択され、現在インストール可能なUnityのバージョンのリストが表示されます（**図A-2**）。

351

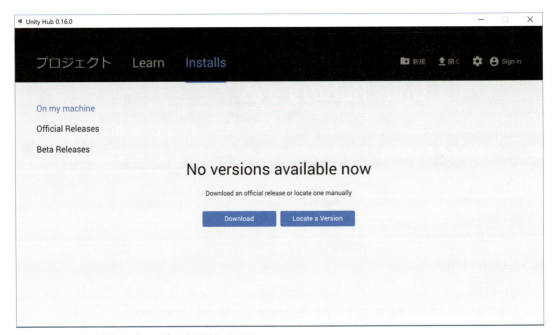

図A-1 Unity Hubを起動し、[installs]タブを選択した画面

図A-2 インストール可能なUnityのリスト

3. **最新のUnityをインストールします**。リストの一番上に表示されているUnityバージョンの右側にある［Download］ボタンを押してください。そうすると図A-3のようにインストール可能なコンポーネントの選択画面が表示されます。

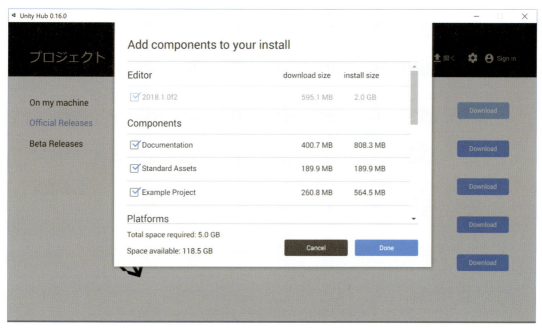

図A-3　インストール可能なコンポーネントの選択画面

コンポーネントは大きくEditor、Components、Dev tools、Platformsに分かれており、Editorは必須ですが、そのほかは自由に選択してください。デフォルトではPlatformsの選択肢はいづれも選ばれていないことがあるので、自分の開発するゲームのターゲットプラットフォームに合わせて選択されていることを確認してください。

4. **［Done］ボタンを押してインストールを開始します**。必要なものにチェックを付けたら［Done］ボタンを押してインストールを開始します。インストールが完了すると、インストールされたバージョンのUnityエディターの下にインストールディレクトリーが表示されます。

インストールが終了後に、インストール済みのUnityエディターの右の三点リーダーを選択することで以下のことができます（**図A-4**）。

A.1　Unity Hub　353

図A-4　三点リーダーを押して表示されるメニュー

コンポーネントの追加

[Add Component] を押すと、**図A-3**の画面が再び現れてコンポーネントの追加ができます。削除はできません。

優先して使用するエディターの設定

[Set as preferred]を押すと、新しくプロジェクトを作成するときに、選択中のUnityエディターをデフォルトとして使用する設定になり、加えて、後述するチュートリアルプロジェクトを開くためのエディターとしても使用されます。

アンインストール

[Uninstall] を押すと、エディターを個別にアンインストールができます。

A.2　Unityプロジェクトを開く

Unity Hubを使ってプロジェクトを開くことで、プロジェクトとUnityエディターのバージョンの関連づけが整理されます。

Unity Hubを起動して、[新規] ボタンを押してください。そうすると**図A-5**のようになります。

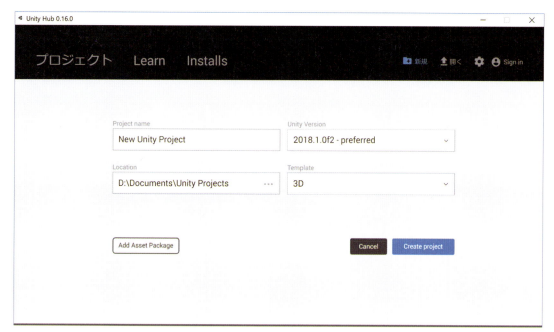

図A-5 プロジェクトの新規作成

　この画面はUnityエディターを直接起動したときの画面に似ていますが、[Unity Version]という項目が追加されています。この項目を選択すると、新規プロジェクトをどのバージョンのエディターで開くか、簡単に選択できるようになっています。デフォルトで設定されているのは、優先して使用するエディターとして設定したUnityエディターになります。[Template]という項目は以前から存在していましたが、Unity 2018から追加されたものがあります（**図A-6**）。

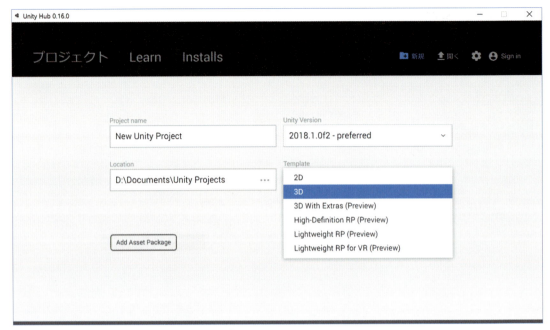

図A-6 Unity 2018におけるプロジェクト設定のテンプレート

以下のテンプレートはUnity 2017にもありました。

2D

一般的な2Dのプロジェクト用のテンプレートです。

3D

一般的な3Dのプロジェクト用のテンプレートです。

そして、以下の4つが新たに追加されたテンプレートです。2018年5月時点ではまだプレビュー版となっているため、バグを含んでいることも大いにありますが、今後改善されることに期待して触れておくとよいでしょう。

3D With Extras

Unity 2018で改良されたポストプロセッシングスタックと、それを扱うためのプリセットが追加されたテンプレートです。

High-Definition RP

Direct X11以降でサポートされているシェーダーモデル5.0を扱えるハイエンドなプラットフォーム向けテンプレートです。3D With Extrasで追加される機能やプリセットに加えて、高品質グラフィック向けに設定されたスクリプタブルレンダーパイプラインのアセットが追加されています。

Lightwieght RP

描画のパフォーマンスを抑えたい場合や、ライティングの多くがベイクされているプロジェクトに適したテンプレートです。3D With Extrasで追加される機能やプリセットに加えて、高パフォーマンス向けに設定されたスクリプタブルレンダーパイプラインのアセットが追加されています。

Lightwieght RP for VR

このテンプレートはLightwieght RPの設定に加えて、PlayerSettingsで確認できる[XR Settings]が設定済みになっています（PlayerSettingsの開き方は「17章 エディターを超えて」を確認してください）。このテンプレートはVRアプリケーション向けに設計されているので、事前に手元にVRデバイスとそのSDKを用意する必要があります。

A.3　その他の機能

Unity Hubにはプロジェクトと Unityバージョンの管理の一元化以外にも、Unityを学習する上で手助けになる機能が用意されています。それらは[Learn]タブにまとめられています（図A-7）。

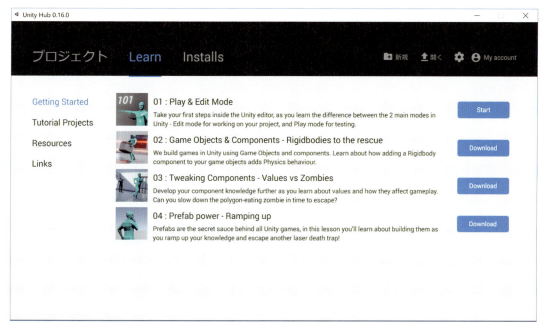

図A-7　[Learn]タブに用意された教材プロジェクト

[Learn]タブを選ぶといくつかの項目が出てくるので、ここでは[01：Play & Edit Mode]を使って説明します。まず右にある[Download]ボタンを押すとダウンロードが始まり、ダウン

ロードが終わると［Start］になるので押して起動します（**図A-8**）。

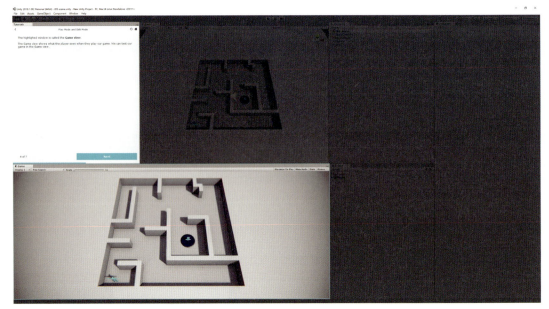

図A-8　教材プロジェクトの起動画面

　［Tutorials］タブに従って進めていくだけでUnityの機能を学ぶことができます。タブの右上のホームボタンを押すとUnity Hubのチュートリアルの項目に戻り、リスタートボタンを押すとこのチュートリアルを初めから見直すことができます。

　これらのプロジェクトに加えて［Tutorial Projects］を選択して表示されるプロジェクトは、Unityが公式に提供しているよりゲーム制作に特化したチュートリアルです。詳しくはhttps://unity3d.com/jp/learn/tutorialsを参照してください。

A.4　まとめ

　いかがでしたでしょうか。Unity Hubを使ってみたくなりましたか。これからUnityを始める皆さんにはUnity Hubを使うことで、Unityエディターのバージョン管理の煩わしさから解放されたコンテンツ開発をしてほしいです。2018年5月時点では、Unity Hubはまだベータ版ですが、今後の正式なリリースに期待して使っていきましょう！

付録 B
Visual Studio 2017 Community による
デバッグの方法

鈴木 久貴●株式会社ソニー・インタラクティブエンタテインメント

　本付録は日本語版オリジナルの記事です。本稿では Visual Studio 2017 Community をスクリプトエディターとして使用した際のデバッグの方法について解説します。

　Unity 2018.1の リ リ ー ス は2018年5月2日 のUnity Blog（https://blogs.unity3d.com/jp/2018/05/02/2018-1-is-now-available/）にて発表されました。これによると Unity 2018.1から、macOSではMonoDevelopの代わりにVisual Studio for Macが配布され、Windowsでは Visual Studio 2017 Community（以降、VS2017 Community）が配布されます。MonoDevelopは配布されなくなります。詳しくは Unity Blogの記事（https://blogs.unity3d.com/jp/2018/01/05/discontinuing-support-for-monodevelop-unity-starting-in-unity-2018-1/）を参照してください。

　今後のアップデートを考えると Unity 2017を使用している方でも、VS2017 Communityによるデバッグの方法は知っておいて損はありません。

B.1　VS2017 Community のインストール

　VS2017 CommunityはUnityをインストールする際のウィザードで、一覧から「Microsoft Visual Studio 2017 Community」を選択することで、一緒にインストールできます。すでに Unityエディターをインストール済みで、VS2017 Communityがインストールされていない場合は、Microsoftのサイト（https://www.visualstudio.com/ja/vs/community/）からダウンロードしてください。

1. **Visual Studio Installerを起動します**。Visual Studio Installerを起動したら、［変更］ボタンを押してください。
2. **Unityでの開発に必要なコンポーネントをインストールします**。［ワークロード］タブ内で［Unityによるゲーム開発］が選択されていることを確認してください（**図B-1**）。このとき右側に表示される［概要］で、Unityエディターが選択されている場合があります。もし、エディターのインストールは済んでいてここでのインストールが不要であれば、チェックを外してください。そのあと、［変更］ボタンを押してください。

359

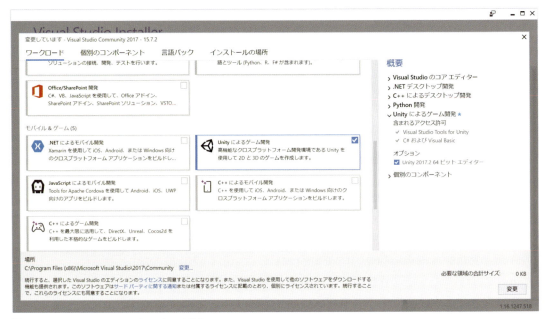

図B-1 VS2017 Communityのインストール設定

　これで、VS2017 Communityのインストールと、Unityによる開発で使用するコンポーネントのインストールは完了です。

B.2　スクリプトエディターの変更

　Unity 2017を使用している場合はMonoDevelopがデフォルトのスクリプトエディターになっていますので、まずはデフォルトのエディターをVS2017 Communityに変更する必要があります。そのためには、Unityエディターを開いた状態で、メニューから［Edit］→［Preference］を選択して、［Unity Preference］ウィンドウを表示します。［External Tools］を選択して現れる項目のうち、［External Script Editor］を選択してください（**図B-2**）。もしそのときに表示される項目にVS2017 Communityがあればそれを選択して完了ですが、なければ［Browse...］を選択して、自身の環境でVS2017 Communityの実行ファイルを選択してください。

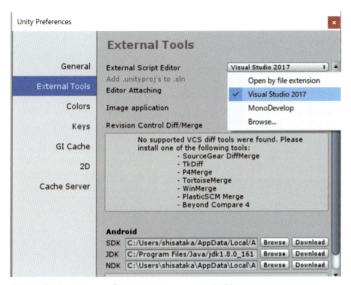

図B-2 ［Unity Preference］でVS2017 Communityを選択

B.3　VS2017 Communityでデバッグする

　設定が完了したらプロジェクト内の適当なスクリプトファイルをダブルクリックして開いてください。設定を変更する前まではMonoDevelopが開かれていたと思いますが、今はVS2017 Communityが開かれるようになっているはずです。

　それでは、コードの適当な行にブレークポイントを追加していきます。ブレークポイントを追加するには以下の手順に従ってください。

1. **コードをVS2017 Communityで開きます。** 今回は「第Ⅱ部 2Dゲーム『Gnome's Well』の開発」で作成した『Gnome's Well』の`GameManager.cs`ファイルを例に進めます。Unityエディターで『Gnome's Well』のプロジェクトを開いたら［Project］ウィンドウからGameManagerをダブルクリックして選択してください。VS2017 Communityが自動で起動します。
2. **ブレークポイントを設定します。** ノームが死亡したときがわかりやすいので、KillGnome関数の開始してすぐの箇所にブレークポイントを設定します（図B-3）。ブレークポイントを設定するには、図B-3で言うところのウィンドウ左端の灰色の部分をクリックします。ここの色はVS2017 Communityのテーマの色によって変わるので注意してください。

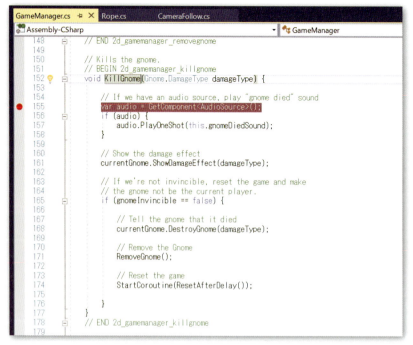

図B-3 ブレークポイントを設定する

3. **Unityデバッガーにアタッチします**。次に、メニューから［デバッグ］→［Unityデバッガーのアタッチ］を選択してください。そうすると、**図B-4**のようなウィンドウが表示されるので、選択されている項目のプロジェクト名が合っているか確認して［OK］を押します。

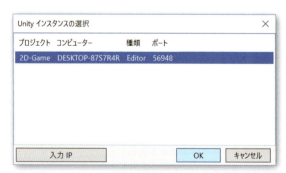

図B-4 Unityインスタンスを選択する

4. **実行してみます**。ゲームを起動して、ノームが死亡するような操作を行ってみてください。ブレークポイントでコードの実行が停止します。このとき、［自動］ウィンドウと［ローカル］ウィンドウにそれぞれ、変数に現在格納されている情報が確認できます（**図B-5**）。

図B-5 ブレークポイントで止まった箇所での変数の状態を確認

　ブレークポイントでコードの実行が停止したら、図B-6のようなアイコンがメニューの行の下に現れます。［続行］を押すと、次にブレークポイントに到達するまで、コードは通常どおり実行され、停止マークを押すとデバッグが中止されます。Unityプロジェクトではないプロジェクトを開発しているときと同様に、ステップイン実行やステップオーバー実行にも対応しています。

図B-6 デバッグ用の各種ツール

B.4　まとめ

　本稿ではVS2017 CommunityによるUnityプロジェクトのデバッグの方法をまとめました。MonoDevelopがUnityエディターとして完全廃止になる流れなので、Unity 2017をお使いの方もVS2017 Communityでのスクリプト開発に移行することをオススメします。

索引

記号・数字

2Dゲーム	33
3Dゲーム	155

A

AddComponentメソッド	28
Amplify Shader Editor	338
Anchor	46
Android	4, 348
API	19
Audio Sourceコンポーネント	152, 256
Awakeメソッド	23

B

Blender	161
BoxCollider2Dコンポーネント	44, 104

C

C#	17, 41
Camera.Renderメソッド	281
Canvas	285, 293
CircleCollider2Dコンポーネント	44
class	18
Connected Anchor	46
CPUプロファイラー	281

D

Debug.Log	32
deltaTime変数	31
Destroyメソッド	28
draw呼び出し	279

E

enum（列挙型）	313
Event Triggerコンポーネント	69
ExecuteInEditModeアトリビュート	30

F

FindObjectOfTypeメソッド	200
Fireボタン	199
FixedUpdateメソッド	25
FSM（Finite State Machine：有限状態機械）	334

G

Game Manager	86, 230
［Game］ウィンドウ	16
GameObject	21, 28
GameView.GetMainGameViewTargetSize	282
GetComponentメソッド	22
Git	9
Gizmos機能	211
『Gnome's Well』	33
GUI	285, 328

H

Headerアトリビュート	29
HideInInspectorアトリビュート	30
［Hierarchy］ウィンドウ	13
HingeJoint2Dコンポーネント	44

I

IEnumerator	25
［Inspector］ウィンドウ	15
Instantiateメソッド	27
iOS	4, 345

J

JavaScript	17

L

LateUpdateメソッド	24
LineRendererコンポーネント	49

M

Mathf.Lerpメソッド	73
Meshオブジェクト	300
Microsoft .NET Framework	18
MonoBehaviour	18, 22
MonoDevelop	19, 73, 359

N

namespace	18
new	28

O

Object	28
OnBeginDrag メソッド	180
OnCollisionEnter2D メソッド	102
OnDrag メソッド	180
OnDrawGizmosSelected メソッド	73, 213
OnEnable メソッド	23
OnEndDrag メソッド	180
OnGUI メソッド	308, 320
OnTriggerEnter2D メソッド	102

P

Perforce	9
PlayMaker	332
PolygonCollider2D コンポーネント	102
private 修飾子	22
［Project］ウィンドウ	14
PropertyDrawer	309
public 修飾子	22

Q

Quad（四角形ポリゴン）	107

R

ragdoll（ラグドール）	38
raycaster	290
Rect ツール	287
Rect ツールモード	12
RectTransform コンポーネント	286
Rendering プロファイラー	283
RequireComponent アトリビュート	29
Rigidbody2D コンポーネント	43
『Rockfall』	155

S

［Scene］ウィンドウ	11
SerializeField アトリビュート	30
［Services］ウィンドウ	15
Singleton クラス	64
Space アトリビュート	29
SpringJoint2D コンポーネント	46
Sprite Renderer コンポーネント	114
SpriteRenderer	79, 105
Start	21, 23
StartCoroutine メソッド	26

StopCoroutine メソッド	26
surf	266

T

［Tag］	42
Time クラス	31
Time.deltaTime プロパティー	166

U

UFPS（Ultimate FPS）	339
UI	184, 285
uniform 変数	266
Unity	1, 17, 174, 285
Unity Ads	341
Unity Cloud Build	7, 340
Unity GUI	306
Unity Hub	351
Unity Remote	63
Unity エディター	7
UnityScript	17
Update	21, 24, 166
using	18

V

varying 変数	266, 269
Vector2	67
Vector3	66
Vector3.forward プロパティー	195
Visual Studio	73, 359

Y

yield 文	26

あ行

アーキテクチャー	162
アセット	xi, 14, 20, 39, 162
アセットストア	331
アセットデータベース	315
アトリビュート	18, 29
アニメーション	139
アンカー	288
一時停止	97, 228
移動・回転・スケールモード	12
移動モード	11
イベントシステム	290
イミディエイトモード GUI	306
色とプロパティー	327
インジケーター	184
インジケーターマネージャー	189
インスタンス化	27

インスペクター	22	コリジョン	194
インスペクターウィンドウ	15	コルーチン	25
インプットマネージャー	181	コンストラクター	21
宇宙船	164, 196, 254	コンセプトアート	160
エコシステム	331	コンソールログ	32
エディター拡張	297	コントロール	289, 309, 328
エディットモード	10	コンポーネント	16, 20, 22, 31
エミッター	145		
オーディオ	152, 254	**さ行**	
オブジェクト	11, 14, 22, 27	サーフェースシェーダー	261

か行

		サウンドエフェクト	152
回転ノコギリ	138	仕上げ	111, 248
回転モード	11	シーン	10, 20, 23, 149, 163
カスタムインスペクター	324	シーンウィンドウ	11
カスタムウィザード	299	シェーダー	261
カスタムエディター	297, 305	四角形ポリゴン（Quad）	107
カスタムプロパティードロアー	316	時間の扱い	31
加速度センサー	66	ジョイスティック	162, 177
ガベージコレクタ	282	衝突	194
カメラ	71, 126, 166	小惑星	209
カメラ空間	287	小惑星スポーナー（小惑星生成器）	211
画面間の遷移	294	シングルトンクラス	64
画面内ジョイスティック	162	スカイボックス	171
キーフレーム	141	スクリーン空間	189, 287
キネマティックリジッドボディ	193	スクリプティング	17
キャスト	28	スクリプト	20, 73
キャンバス	175	スクリプトエディターの変更	360
境界	241	スクロールビュー	314
矩形	307	スケールモード	11
クラス	18	スプライト	38, 41, 112, 241
グラフィックレイキャスター	290	スプライトレンダラー	79, 105
グラブモード	11	スプラッシュ画面	345
グループ化	128	スペース	313
グローバルイルミネーション	273	スペースダスト	248
クロスプラットフォーム	4	スライダー	312
ゲーム	3, 33, 93, 96, 155	遷移	294
ゲームウィンドウ	16	線分（レイ）	290
ゲームエンジン	1	ソース管理システム	9
ゲームオーバー画面	229	ソーティングレイヤー	119
ゲームオブジェクト	20		
ゲームデザイン	36, 158	**た行**	
ゲームプレイ	63, 101	ターゲットレティクル	206
ゲームマネージャー	86, 230	タグ	42
効果音	254	ダメージ	214
剛体	38	チートコード	133
コードサインの問題	347	列挙型（enum）	313
コード補完	19	遅延テキストフィールド	311
固定機能シェーダー	262	血しぶき	143
コライダー	44, 101, 170	チルトコントローラー	64
		テキストフィールド	310

出口	103
デザインとディレクション	163
テスト	329
デバイスからのデータ収集	283
デバッガー	75
デバッグ	73, 75, 361
デプロイ	341
トゲ	137
トラップ	101, 137
トリガー領域	102
トレイルレンダラー	193, 250

な行

入力	63
入力システム	177
ノーム	42, 94, 112

は行

パーティクルエフェクト	142, 218
バーテックスシェーダー	269
バーテックスフラグメントシェーダー	261
背景	107, 119
爆発	218, 256
バネジョイント	46
パフォーマンス	279
ハンドルコントロール	12
ヒエラルキーウィンドウ	13
飛行の制御	182
ビュー空間	269
ビューポート空間	188
ビルド	20, 345
ビルドターゲット	343
ヒンジジョイント	45
フィールド	18
武器	193, 196, 254
フライトシミュレーター	157, 168
フラグメントシェーダー	269
プレイモード	10
プレイモードコントロール	10
ブレークポイント	73, 360
フレームレート	63
プレハブ	27, 41, 103
プロジェクト	7, 9, 39
プロジェクトウィンドウ	14
プロパティードロアー	309

プロファイラー	279
法線	266
ボタン	309

ま行

マーカーオブジェクト	231
マテリアル	218, 261
無限ループ	26
無敵モード	133
メインメニュー	147, 227
メソッド	22
メニュー	225
モードセレクター	11
モデリング	161
モデル	170
モバイルゲーム	3

や行

有限状態機械（Finite State Machine：FSM）	334
ユーザーインターフェース	127

ら行

ライティング	172, 261
ライトプローブ	277
ライトマッピング	273
ラインレンダラー	49
ラグドール（ragdoll）	38
リジッドボディ	38
リスト	313
リセットボタン	98
リファクタリング	20
リムライト	262
レイ（線分）	290
レイアウトシステム	292
レイキャストコライダー	290
レイヤー	119
レベル	41
レベルオブジェクト	137
ロープ	48, 59, 68
ローポリゴンモデル	161
ログ出力	32

わ行

ワールド空間	188, 269, 287

●著者紹介

Jon Manning（ジョン・マニング）
Paris Buttfield-Addison（パリス・バターフィールドーアディソン）
ゲームおよびゲーム開発ツールを開発している Secret Lab の共同創設者。最近開発したゲームに、iPad向けの『ABC Play School』、『Night in the Wood』（インディーゲームの開発協力）、『Qantas Joey Playbox』などがある。
Secret Lab では、YarnSpinnerというナラティブゲームフレームワークを開発したり本を執筆したりもしている。
以前はモバイル開発者およびプロダクトマネージャーとして Meebo（Google に買収された）で働いていた。二人とも博士号をコンピューティングの分野で取得している。
Jon の Twitter アカウントは @desplesda で、http://www.desplesda.net に Webページ。Paris の Twitter アカウントは @parisba で、http://paris.id.au に Webページ。
Secret Lab の Twitter アカウントは @thesecretlab で、http://www.secretlab.com.au に Webページ。

●訳者紹介

鈴木 久貴（すずき ひさたか）
株式会社ソニー・インタラクティブエンタテインメントで、プレイステーションのシステムのUIフレームワークチームに所属しているソフトウェアデベロッパー。Unityは大学でVRシステムやインタラクティブシステムの研究を通して学んできた。やりたいことはとにかく口に出して宣言することで実現に近づくと信じている。最近は斎藤幸延に憧れ、筋力ほしさにジム通いを始めた。

あんどうやすし
「私は翻訳者だ。知りたいこと何でも教えよう（wiki調べ）」
「Unityのことどれくらい好きかおしえて？」
「………いっぱいちゅき♡」

江川 崇（えがわ たかし）
Smartium株式会社代表取締役。Google Developer Expert（Android）。モバイルやクラウドに関連する技術的な支援を本業としているソフトウェアデベロッパー。最近は機械学習やディープラーニング、ナチュラルインタラクション技術の開発に携わる機会が多く、VRをはじめ、技術的なアセットを入れ替える試行錯誤中。

安藤 幸央（あんどう ゆきお）
1970年北海道生まれ。株式会社エクサ コンサルティング推進部所属。OpenGLをはじめとする3次元コンピューターグラフィックス、ユーザーエクスペリエンスデザインが専門。Webから情報家電、スマートフォンアプリ、VRシステム、巨大立体視ドームシアター、デジタルサイネージ、メディアアートまで、多岐にわたった仕事を手がける。@yukio_andoh

高橋 憲一（たかはし けんいち）
株式会社カブクで3Dグラフィックスのレンダリングや解析エンジンの実装を担当するソフトウェアエンジニア。これまで携帯向けの3DグラフィックスエンジンやスマートフォンのARアプリ（セカイカメラ）の開発に携わり、Cardboardと出会って以来VRにも興味を持ち研究を続けている。

●カバーの説明

本書の表紙の生物は、トゲアシフトナナフシとカミキリムシ（カミキリムシ科）
です。

トゲアシフトナナフシは、オーストラララシア原産の草食性の羽のない昆虫です。
オスの体長は10〜13センチ、より大きいメスは約15センチに成長します。多く
のナナフシは木の上で生息しますが、トゲアシフトナナフシは地面の上で暮らし
（一般的に熱帯雨林）、カモフラージュとカタレプシーの組み合わせを用いて夜間
に食糧を探し回ります。日中は落ちた樹皮の下や樹洞の中に群がります。この昆
虫はペットとして人気で、オスの後ろ脚にある長いトゲは、パプアニューギニア
で釣り針として使われています。

カミキリムシ科の昆虫は、体長以上の長さにも及ぶ特有の長く強力な触角を持ち
ます。この科は、タイタンオオウスバカミキリ（世界最大の昆虫、脚を含まない
体長が32センチ）から、体長がたった数ミリの小さいホタルカミキリ属の3種ま
で、26,000種以上を含みます。カミキリムシ科の学名Cerambycidaeは、ギリシ
ア神話のケラムボスという、妖精たちによって甲虫の姿に変えられた羊飼いに由
来します。

Unityによるモバイルゲーム開発
── 作りながら学ぶ2D/3Dゲームプログラミング入門

2018年 8 月21日　　初版第 1 刷発行

著者	Jon Manning（ジョン・マニング）、
	Paris Buttfield-Addison（パリス・バターフィールドーアディソン）
訳者	鈴木 久貴（すずき ひさたか）、あんどうやすし、
	江川 崇（えがわ たかし）、安藤 幸央（あんどう ゆきお）、
	高橋 憲一（たかはし けんいち）
発行人	ティム・オライリー
制作	ビーンズ・ネットワークス
印刷・製本	日経印刷株式会社
発行所	株式会社オライリー・ジャパン
	〒160-0002 東京都新宿区四谷坂町12番22号
	Tel (03)3356-5227
	Fax (03)3356-5263
	電子メール japan@oreilly.co.jp
発売元	株式会社オーム社
	〒101-8460 東京都千代田区神田錦町3-1
	Tel (03)3233-0641（代表）
	Fax (03)3233-3440

Printed in Japan (ISBN978-4-87311-850-5)
乱丁本、落丁本はお取り替え致します。

本書は著作権上の保護を受けています。本書の一部あるいは全部について、株式会社オライリー・ジャパン
から文書による許諾を得ずに、いかなる方法においても無断で複写、複製することは禁じられています。